U0272243

玉米抗逆减灾技术

Stress Resistance and Disaster Mitigation Technology of Maize

马春红　高占林　张海剑　编著
Ma Chunhong　Gao Zhanlin　Zhang Haijian

中国农业科学技术出版社
China Agricultural Science and Technology Press

图书在版编目（CIP）数据

玉米抗逆减灾技术 / 马春红，高占林，张海剑编著 . — 北京：中国农业科学技术出版社，2016.12

ISBN 978-7-5116-2734-6

Ⅰ . ①玉… Ⅱ . ①马… ②高… ③张… Ⅲ . ①玉米—抗性②玉米—病虫害防治 Ⅳ . ① S513.034 ② S435.13

中国版本图书馆 CIP 数据核字 (2016) 第 213691 号

| 责任编辑 | 于建慧 |
| 责任校对 | 马广洋 |

出 版 者	中国农业科学技术出版社
	北京市中关村南大街 12 号　邮编：100081
电　　话	（010）82109194（编辑室）（010）82109702（发行部）
	（010）82109702（读者服务部）
传　　真	（010）82106629
网　　址	http：//www.castp.cn
经 销 者	各地新华书店
印 刷 者	北京富泰印刷有限责任公司
开　　本	710mm×1 000mm　1 /16
印　　张	16.75
字　　数	296 千字
版　　次	2016 年 12 月第 1 版　2016 年 12 月第 1 次印刷
定　　价	50.00 元

《玉米抗逆减灾技术》
编著委员会

策　划：曹广才（中国农业科学院作物科学研究所）

顾　问：贾银锁（河北省农林科学院遗传生理研究所）

主编著：马春红（河北省农林科学院遗传生理研究所）

　　　　高占林（河北省农林科学院植物保护研究所）

　　　　张海剑（河北省农林科学院植物保护研究所）

副主编著（按汉语拼音排序）：

　　　　郭　宁（河北省农林科学院植物保护研究所）

　　　　李耀发（河北省农林科学院植物保护研究所）

　　　　柳斌辉（河北省农林科学院旱作农业研究所）

　　　　赵　璞（河北省农林科学院遗传生理研究所）

参编人员（按汉语拼音排序）：

安静杰（河北省农林科学院植物保护研究所）

卜俊周（河北省农林科学院旱作农业研究所）

蔡海燕（河北省农林科学院农业信息与经济研究所）

党志红（河北省农林科学院植物保护研究所）

董文琦（河北省农林科学院）

高占林（河北省农林科学院植物保护研究所）

郭　宁（河北省农林科学院植物保护研究所）

及增发（河北省农林科学院）

李　梦（河北省农林科学院）

李耀发（河北省农林科学院植物保护研究所）

柳斌辉（河北省农林科学院旱作农业研究所）

马春红（河北省农林科学院遗传生理研究所）

马广源（河北省农林科学院植物保护研究所）

石　洁（河北省农林科学院植物保护研究所）

田　玉（河北省农林科学院经济作物研究所）

温之雨（河北省农林科学院遗传生理研究所）

于学睿（河北省农林科学院遗传生理研究所）

张海剑（河北省农林科学院植物保护研究所）

张文英（河北省农林科学院旱作农业研究所）

赵　璞（河北省农林科学院遗传生理研究所）

Editorial committee

作者分工

EDITORIAL COMMITTEE

前 言

PREFACE

玉米（*Zea mays* L.）是中国种植面积最大、总产量最高，增产潜力最大的粮食作物，玉米对于国家粮食安全的重要性不言而喻。2014 年，中国粮食生产实现"十一连增"，玉米占到粮食总产量的 35.53%。同时，作为重要的饲料和工业原料，玉米的需求量增长快，对粮食增产和农民增收意义重大。

中国玉米种植在全国各地区分布广泛而不均衡，在区域分布上主要集中在东北、华北和西南地区，大致形成一个从东北到西南的斜长形玉米栽培带。其中，黑龙江、吉林、辽宁、河北、山东、山西、河南、陕西、四川、贵州、云南、广西壮族自治区等是主要省（区）。东北是中国玉米的主要产区，根据 2014 年《中国农业年鉴》统计数据，其中，黑龙江是全国玉米种植的第一大省，播种面积 5 447.5 千 hm²，年产量 3 216.4 万 t；其次是吉林省和河南省，吉林省玉米播种面积 3 499.1 千 hm²，年产量 2 775.7 万 t；河南省玉米播种面积 3 203.3 千 hm²，年产量 1 796.5 万 t；内蒙古自治区、河北省、山东省种植均在 3 000 千 hm² 以上，年产量分别为 2 069.7 万 t、1 703.90 万 t、1 967.10 万 t。东北三省玉米种植面积约占全国种植面积的 1/3，总产量占全国玉米产量的 40%，充分显示了东北地区在玉米生产方面的优势和在全国玉米生产中的地位。在播期上可以实现四季种植，南至 18° N 的海南省，北至 51° N 的黑龙江省的黑河，东起台湾地区和沿海省份，西到新疆及青藏高原均有种植。

春玉米主要分布在黑龙江省、吉林省、辽宁省、内蒙古自治区、宁夏回族自治区全部玉米种植区，河北、陕西两省的北部、山西省大部和甘肃省的部分地区，西南诸省的高山地区以及西北地区，其共同特点是纬度和海拔高度的原因，积温不足，难以实行多熟种植，以一年一熟春玉米为主。

夏玉米主要集中在黄淮海地区，包括河南省、山东省全部、河北省的中南部、陕西省中部和南部、江苏省中部、安徽省北部，西南地区也有部分种植。

为此，河北省农林科学院遗传生理研究所、河北省农林科学院植物保护研究所、河北省农林科学院旱作农业研究所等多家科研院所于2015年上半年开始酝酿和主持编写《玉米抗逆减灾技术》一书。2015年6月组织有关科研单位的知名玉米专家制订了编写计划，经过大家共同努力，完成了本书的编写、审稿和定稿工作。参编、参审人员分别来自河北省农林科学院遗传生理研究所、河北省农林科学院植物保护研究所、河北省农林科学院旱作农业研究所等单位。

《玉米抗逆减灾技术》全面覆盖中国每个玉米种植区，围绕玉米生产中可能遇到的各类灾害和逆境，重点介绍逆境和灾害的发生规律、为害机理、诊断指标及抗逆、防灾、减灾对策与前沿技术。全书由中国玉米生产布局及其生产地位、玉米生长发育、玉米种植的逆境胁迫概述、玉米主要病害及其防治、玉米主要虫害及其防治、玉米抗旱栽培、玉米新发病虫害的发生与防治7章组成，实用性突出，知识性较强，是一本比较系统的有较强操作性的玉米抗逆减灾工具性图书。

本书内容上注重有关基本知识、基本理论和基本方法与实用技术，同时也基本反映了本领域现代科技水平及世界前沿问题。本书理论联系实际，信息量丰富，文字表达简练，深入浅出，结构系统、完整。希望此书的出版能对推动中国玉米抗逆减灾及玉米生产发展起到积极作用。

本书编写过程中参考了大量的相关文献和资料，在此谨对相关作者和编者表示感谢。

《玉米抗逆减灾技术》可供各级农业生产管理人员、农技推广人员、玉米种植户学习使用，也可供农业科研人员与农业院校师生阅读参考。

书中不当和疏漏之处在所难免，敬请同行和读者指正。

马春红

2016年1月27日

目 录
CONTENTS

Contents

中国玉米生产布局
及其生产地位

第一节　中国玉米生产布局

一、中国玉米生产布局

玉米具有较强的适应性，是世界上分布最广泛的作物之一。玉米原产地在中、南美洲热带地区。随着经济发展，种植地域逐渐向亚热带、温带推移。在欧洲已移至 60°N（挪威），北美洲北界到加拿大南部。目前除南极洲外，在世界各地都有玉米种植。玉米在世界各地种植的南界是 35°~40°S，北界是 45°~50°N，饲用玉米可种植到 58°~60°N 地区。玉米种植的海拔高度范围也较广，海拔 4 000 m 范围内，玉米都可生长良好，从低于海拔 20 m 的盆地直至海拔 4 000 m 的高原，都有玉米种植。世界上一般种植玉米的丘陵和山地，其海拔范围在 250~3 000 m。从地理位置和气候条件看，世界玉米种植集中在北半球温暖地区，即 7 月等温线在 20~27℃，无霜期在 140~180 d 的范围内。在夏季平均气温 <19℃或最热月平均气温 <13℃的地区，由于热量不足而不能种植玉米。在热带、亚热带、温带的广大地区有 70 多个国家种植玉米，但以亚热带和温带地区的玉米产量较高。平原、盆地、高原、山地、丘陵都可种植玉米，林地和草地中也可种植。玉米可在雨养条件下栽培，也可在有灌溉条件下生产，可见玉米对生产和生态条件要求并不十分严格。世界上最适宜种植玉米的地区有美国中北部的玉米带、亚洲的中国东北平原和华北平原、欧洲的多瑙河流域地区、中南美洲的墨西哥和秘鲁等地区。当今世界玉米种植面积最大的是亚洲，其次是北美洲、非洲、南美洲和欧洲，其他地区很少种植。

中国是全球第二大玉米生产国，各省、自治区、直辖市均有种植，年产量 1.5 亿 t，占世界总产量的 20% 左右。同时，中国也是玉米的头号消费大国，消费量的 90% 以上靠国内生产。

中国玉米分布密集带的西北界限大体上同年降水量 500 mm 的地带平行，表明降水量成为玉米分布密集带向西北方向发展的限制因子。同时玉米生长发育的最适温度并不是玉米高产的最适温度，在灌浆期长而且气候冷凉地带玉米产量高。中国东北和华北、西南山地具备了这种气候条件。玉米分布密集带从东北向西南走向时，其种植海拔相应升高，如东北大多低于海拔 500 m，而在 200 m 以下比较集中；华北在 1 200 m 以下，集中在 300~700 m；湖北、四川等地可种到海拔 1 700 m，云贵高原则可种到 2 500 m，主要集中在 500~1 500 m。这种纬度和海拔高度的变化与玉米灌浆期所需的温度和积温有关。

中国玉米产区主要集中在东北、黄淮海、西南、西北、长江中下游、华南六大产区，形成了一条从东北斜向西南的条状中国玉米分布密集生产带。生产带中的主产区为东北——内蒙古自治区（以下简称内蒙古）春玉米区、黄淮海夏玉米区和西南山地丘陵玉米区。中国国家统计局数据表明，截至 2013 年中国玉米播种总面积达到 35 029.8 千 hm^2，总产量为 2 0561.4 万 t，平均每公顷产量约 5 870kg。其中，东北三省及内蒙古自治区春玉米的播种总面积为 13 515.3 千 hm^2，总产量为 8 674.6 万 t，占全国玉米总产量的 1/3。以山东省、河北省、河南省为代表的黄淮海平原夏玉米的播种总面积为 9 167.2 千 hm^2，总产量为 5 391.8 万 t，占全国玉米总产量的 1/4。

以下分别阐述中国不同玉米种植区地域范围、环境条件、播种概况。

（一）北方春玉米区

自 40° N 的渤海岸起，经山海关，沿长城顺太行山南下，经太岳山和吕梁山，直至陕西省的秦岭北麓以北地区。包括黑龙江省、吉林省、辽宁省、宁夏回族自治区（以下简称宁夏）和内蒙古的全部，山西省的大部，河北省、陕西省和甘肃省的一部分，是中国的玉米主产区之一。种植面积稳定在 650 多万 hm^2，占全国 36% 左右；总产量 2 700 多万 t，占全国的 40% 左右。北方春播玉米区属寒温带湿润、半湿润气候带。冬季低温干燥，夏季平均温度在 20℃以上；≥ 10℃的积温，北部地区 2 000 ℃左右，中部地区 2 700℃左右，南部地区 3 600 ℃左右；无霜期 130~170 d。全年降水量 400~800 mm，其中，60%降水集中在 7—9 月。此区内的东北平原地势平坦、土层深厚、土壤肥沃；大部分地区温度适宜，雨热同步，日照充足，昼夜温差大，适于种植玉米，是中国玉米的主产区和重要的商品粮基地。该地区玉米产量很高，最高产量达到 15 t/hm^2。

（二）黄淮海平原夏玉米区

南起 33° N 的江苏省东台，沿淮河经安徽省至河南省，入陕西省沿秦岭直至甘肃省。包括黄河、淮河、海河流域中下游的山东省、河南省全部，河北省大部，山西省中南部、陕西省关中和江苏省徐淮地区，是全国最大的玉米集中产区。常年播种面积占全国 40% 以上。种植面积约 600 万 hm^2，约占全国的 32%，总产约 2 200 万 t，占全国的 34% 左右。黄淮海平原夏玉米区属暖温带半湿润气候类型，气温较高，年平均气温 10~14℃，无霜期从北向南 170~240 d，≥ 0℃的积温 4 100~5 200 ℃，≥ 10℃的积温 3 600~4 700℃。年辐射 460~166 kJ/cm²，日照 2 000~2 800 h。降水量 500~800 mm，从北向南递增。自然条件对玉米生长发育十分有利。本区气温高，蒸发量大，降水过分集中，夏季降水量占全年的 70% 以上，经常发生春旱夏涝，而且常有风、雹、病虫等自然灾害，对生产不利。本区处于黄淮海 3 条河流水系下游，地上水和地下水资源都比较丰富，灌溉面积占 50% 左右。

（三）西南山地丘陵玉米区

该区也是中国的玉米主要产区之一。包括四川省、云南省、贵州省的全部，陕西省南部，广西壮族自治区（以下简称广西）、湖南省、湖北省的西部丘陵山区和甘肃省的一小部分。玉米常年种植面积占全国种植面积的 20%~22%，总产占 18% 左右。本区属温带和亚热带湿润、半湿润气候带，雨量丰沛，水热资源丰富。各地气候因海拔不同而有很大变化，除部分高山地区外，无霜期多在 240~330 d，从 4—10 月平均气温均在 15℃以上。全年降水量 800~1 200 mm，多集中在 4—10 月，有利于多季玉米栽培。本区光照条件较差，全年阴雨寡照天气在 200d 以上，还经常发生春旱和伏旱。病虫害的发生比较复杂而且严重。本区近 90% 的土地分布在丘陵山区和高原，而河谷平原和山间平地仅占 5%。多数土地分布在海拔 200~5 000 m 范围内，地势垂直差异很大。玉米从平坝一直种到山巅，垂直分布特征十分明显，旱坡地比重大，土壤贫瘠，耕作粗放，玉米产量很低，夏旱和秋旱是部分地区玉米增产的限制因子。

（四）南方丘陵玉米区

分布范围很广，北界与黄淮海平原夏播玉米区相连，西接西南山地套种玉米区，东部和南部濒临东海和南海，包括中国南北过渡带广大地区、广东省、海南省、福建省、浙江省、江西省、台湾省等的全部，江苏省、安徽省的南部，广西壮族自治区、湖南省、湖北省的东部，是中国主要水稻产区，玉米种植面积较小，常年播种面积占全国的 5%~8%，总产占全国总产的 5% 左右。近年来由于种植结构的变化，棉花种植面积下降，玉米种植面积大幅增长。该区土壤多属红壤和黄壤，肥力水平较低，玉米单产水平不高，在 6 个玉米产区中，单产水平最低。本区属热带和亚热带湿润气候，气温较高。年降水量 1 000~1 800 mm，雨热同季，霜雪极少。全年日照时数 1 600~2 500 h，适宜农作物生长的日期在 220~365 d，3—10 月平均气温在 20 ℃左右。

本地区历来实行多熟制，一年两熟到三熟或四熟制，一年四季都能种植玉米是本区一大特点。秋玉米主要分布在浙江省、江西省、湖南省和广西壮族自治区的部分地区，常作为三熟制的第三季作物，兼有水旱轮作的效果。冬玉米主要分布在海南省、广东省、广西壮族自治区和福建省的南部地区，20 世纪 60 年代以后发展成为玉米、高粱等旱地作物的南繁育种基地，80 年代以后又逐渐成为中国反季节瓜菜生产基地。玉米在当地多熟制中成为固定作物，也是水旱轮作的重要成分。代表性的种植方式有：小麦—玉米—棉花（江苏）、小麦（或油菜）—水稻—秋玉米（浙江、湖北）、春玉米—晚稻（江西）、早稻—中稻—玉米（湖南）、春玉米（套种绿肥）—晚稻（广西）、双季稻—冬玉米（海南）。本区具有育苗移栽玉米的丰富经验，如浙江省、江西省、湖南省等秋玉米区，一般采用营养钵育苗，收获中稻后及时移栽玉米，能显著提高玉米产量。近年冬玉米种植面积呈增加趋势。

（五）西北灌溉玉米区

包括新疆维吾尔自治区（以下简称新疆）的全部，甘肃省的河西走廊和宁夏回族自治区的河套灌区。种植面积约占全国的 2%~4%，总产量占全国玉米总产量的 3% 左右。本区属大陆性干燥气候带，年降水较少，仅 200~400 mm，种植业完全依靠融化雪水或河流灌溉系统。无霜期一般为 130~180 d。日照充足，每年 2 600~3 200 h，≥ 10℃ 的积温为 2 500~3 600℃，新疆南部可达 4 000℃。本区光热资源丰富，昼夜温差大，对玉米生长发育和获得优质高产非常有利，属全国玉米高产区。自 20 世纪 70 年代以来，随着农田灌溉面积的增加，玉米面积逐渐扩大，玉米增产潜力巨大。

（六）青藏高原玉米区

包括青海省和西藏自治区（以下简称西藏）。玉米是当地近年新兴作物之一，栽培历史很短，玉米种植面积和总产都不足全国的百分之一，但单产水平较高。本区海拔较高，地形复杂，高寒是此区气候的主要特点。年降水量为 370~450 mm。最热月平均温度低于 10℃，个别地区低于 6℃。在东部及南部海拔 4 000 m 以下地区，≥ 10℃ 的积温达 1 000~1 200℃，无霜期 110~130 d，可种植耐寒喜凉作物。光照资源十分丰富，日照时数可达 2 400~3 200 h。昼夜温差大，十分有利于玉米的生长发育和干物质积累。西藏南部河谷地区降水较多，可种植水稻、玉米等喜温作物。

（七）海南玉米南繁基地

海南三亚是中国冬季玉米南繁最佳的基地。三亚市属于热带海洋气候，地处 109° 19′ E，18° 8′ N。年平均温度 23.80 ℃，海拔 8m。9 月到翌年 4 月 ≥ 10 ℃ 的活动积温 5 899 ℃，≥ 10 ℃有效积温 3 469 ℃，全年均可种植玉米。种植空间隔离在 500 m 以上；在生育期相近的品种，错期在 30 d 以上即可，熟期不同的品种在时间隔离上先播早熟品种。根据海南三亚历年的气象资料和玉米对环境条件的要求，在海南玉米播种的最佳时期为 10 月下旬。在 10 月以前有台风为害的现象，播种后会影响玉米苗期的生长。三亚的降水量从 9 月到翌年 1 月减少，从 1 月开始又逐渐上升，而 10 月下旬到翌年 2 月这一时期气候最适宜玉米的生长。

二、中国玉米生产水平

（一）播种面积

中国是世界上第二大玉米生产国，年产量 1.5 亿 t，占世界总产量的 20% 左右。同时，中国也是玉米的头号消费大国，消费量的 90% 以上靠国内生产。中国玉米年播种面积占全球玉米总播种面积的 20% 左右。随着玉米需求增加，玉米的播种面积呈逐年上升趋势。依据 2014 年《中国农业年鉴》中数据，2013 年全国玉米播种面积为 36 318.4 千 hm²，总产量为 21 848.9 万 t，每公顷产量为 6 016 kg。比上年播种面积增加 1 288.6 千 hm²，总产量增加 1 287.5 万 t，每公顷产量提高 146 kg。

按农作物播种面积排序，玉米是中国第一大作物。按总产量，玉米是中国第二大作物。黑龙江省近年来玉米发展迅速，目前是全国玉米播种面积最大省份，长江流域以南地区饲料工业和畜牧业发达，玉米产量仅占全国的 20%，消费量却达全国总产量的 50% 以上。近年来，该地区为解决玉米供给不足的矛盾，纷纷扩大玉米种植面积，提高玉米自给率。

（二）总产量与单产

玉米是东北地区主栽的粮食作物之一，由于种植效益较好和玉米种植技术的不断进步，玉米生产发展迅速，是东北近 20 年发展最快的作物，其种植面积的扩大、单产水平的提高和总产量的增加速度远远超过其他作物。东北三省中尤以黑龙江省的玉米发展势头最猛。根据 2014 年《中国农业年鉴》统计数据，2013 年辽宁省玉米播种面积 2 245.6 千 hm²，总产量 1 563.2 万 t，每公顷产量 6 961 kg；吉林省玉米播种面积 3 499.1 千 hm²，总产量 2775.7 万 t，每公顷产量 7 933 kg；黑龙江省玉米播种面积 5 447.5 千 hm²，总产量 3 216.4 万 t，每公顷产量 5 904 kg；东北三省玉米种植面积约占全国种植面积的 1/3，总产占全国玉米产量的 40%，充分显示了东北地区在玉米生产方面的优势和在全国玉米生产中的地位。随着玉米用途的扩展和功能的增加，特别是玉米淀粉加工业的兴起和规模扩大，东北地区玉米栽培面积还呈增加趋势。

北京玉米播种面积 114.5 千 hm²，总产量 75.2 万 t，每公顷产量 6 567 kg；天津玉米播种面积 191.7 千 hm²，总产量 102.1 万 t，每公顷产量 5 329 kg；河北玉米播种面积 3 108.8 千 hm²，总产量 1 703.9 万 t，每公顷产量 5 481 kg；内蒙古玉米播种面积 3 170.6 千 hm²，总产量 2 069.7 万 t，每公顷产量 6 528 kg；山西玉米播种面积 1 670 千 hm²，总产量 955.5 万 t，每公顷产量 5 721 kg；河南玉米播种面积 3 203.3 千 hm²，总产量 1 796.5 万 t，每公顷产量 5 608 kg；山东玉米播种面积 3 060.7 千 hm²，总产量 1 967.1 万 t，每公顷产量 6 427 kg；四川省玉米播种面积 1378.0 千 hm²，总产量 762.4 万 t，每公顷产量 5 533 kg。

中国国家统计局发布的数据称，2014 年中国玉米产量为 2.1567 亿 t，比去年的 2.18 亿 t 减少 1%，因为部分玉米产区出现干旱。专家预计 2014 年全国玉米总产约 2.123 亿 t，比上年减产约 0.06 亿 t，减幅 2.75%。

其中，全国夏粮总产量 13 659.6 万 t，比上年增加 474.8 万 t，增长 3.6%；全国夏粮播种面积 27 603.6 千 hm²（41 405.4 万亩），比 2013 年增加 15.5 千 hm²（23.2 万亩），增长 0.1%；全国夏粮单位面积产量 4 948.5kg／hm²（329.9 kg／亩），比 2013 年增加 169.3 kg／hm²（11.3kg／亩），提高 3.5%。

第二节　中国玉米种植制度和播期类型

一、种植制度

中国幅员辽阔，横跨寒温带、温带、暖温带、亚热带、热带不同的气候带。不同地区的气候条件、土壤条件、地形地势等自然条件以及玉米品种特性等生物性状决定了中国玉米种植情况。其中，春玉米主要分布在东北、内蒙古地区、西北地区、西南地区各个省的丘陵山地和干旱地区，种植制度多为一年一熟；夏玉米主要分布在黄淮海平原广大地区，种植制度多为一年两熟，多采取玉米—小麦套种；秋玉米主要分布在南方沿海各省及内陆地区的丘陵山地，种植制度多为一年三熟，多采取水稻—水稻—玉米或者油菜—水稻—玉米的耕作方式；冬玉米主要分布在云南、广西和海南等地区，种植制度多为一年四熟。

北方春玉米区主要种植在旱地，大部分地区为一年一熟制。种植方式有清种、间作、套种等。玉米清种是此区的主要种植方式，约占玉米面积的50%以上，分布在东北三省平原和内蒙古自治区、陕西省、甘肃省、山西省、河北省的北部高寒地区。由于无霜期短，气温较低，玉米为单季种植。但玉米在轮作中发挥重要作用，通常与春小麦、高粱、谷子、大豆等作物轮作。20世纪70年代以后，由于玉米播种面积迅速增加，一些玉米主产区的玉米种植面积已达当地作物种植面积的70%~80%，轮作倒茬已经很困难，因此发展成为玉米连作制。

黄淮海平原夏玉米区属一年两熟生态区，玉米种植方式多样，间、套、复种并存。玉米主要种植在冬小麦之后，小麦和玉米两茬作物套种、复种面积较大。

西南山地丘陵玉米区地形复杂，农作物种类较多，以水稻、玉米、小麦和薯类为主。间作套种是本区玉米种植的重要特点。种植方式复杂多样。种植制度从一年一熟到一年多熟兼而有之。基本种植方式有三种。

高山地区气候冷凉，以一年一熟的春玉米为主，或是春玉米同马铃薯带状间作；丘陵山区气候温和，以二年五熟制春玉米或一年二熟制的春玉米为主，与早春作物马铃薯、蚕豆、豌豆、油菜、间套复种，或春小麦套种或复种早熟玉米；平原地区是以玉米为中心的三熟制，例如小麦—玉米—甘薯，小麦—玉米—水稻，绿肥—玉米—水稻等三熟制，有间作套种，也有复种，其中以小麦—玉米—甘薯构成的三熟制推广面积最多。

南方丘陵玉米区实行多熟制，一年两熟到三熟或四熟制，一年四季都能种植玉米是本区一大特点。秋玉米主要分布在浙江省、江西省和湖南省、广西壮族自治区的部分地区，常作为三熟制的第三季作物，兼有水旱轮作的效果。冬玉米主要分布在海南省、广东省、广西壮族自治区和福建省的南部地区，20世纪60年代以后发展成为玉米、高粱等旱地作物的南繁育种基地，80年代以后又逐渐成为中国反季节瓜菜生产基地。玉米在当地多熟制中成为固定作物，也是水旱轮作的重要成分。代表性的种植方式有：小麦—玉米—棉花（江苏）、小麦（或油菜）—水稻—秋玉米（浙江、湖北）、春玉米—晚稻（江西）、早稻—中稻—玉米（湖南）、春玉米（套种绿肥）—晚稻（广西）、双季稻—冬玉米（海南）。本区具有育苗移栽玉米的丰富经验，例如浙江、江西、湖南等省秋玉米区，一般采用营养钵育苗，收获中稻后及时移栽玉米，能显著提高玉米产量。近年冬玉米种植面积呈增加趋势。

西北灌溉玉米区主要实行春播玉米一年一熟制，少部分地区实行玉米和小麦套种或复种。西北灌溉玉米区气候干燥，降水稀少，但光热资源丰富，昼夜温差大，作物病虫害较轻，又有良好的灌溉系统，因此农作物增产潜力很大。在甘肃省河西走廊灌溉农业区和宁夏回族自治区河套灌区，套种玉米大面积单产 7 500~9 000 kg/hm^2，新疆维吾尔自治区大面积玉米"吨田"（1t/ 亩）也屡见不鲜。本区是中国重要农牧区之一，每年需要大量玉米作饲料。因此，本区应当扩大玉米种植面积，提高玉米的单位面积产量。

青藏高原玉米区包括青海省和西藏自治区。玉米栽培历史很短，玉米种植面积和总产量都不足全国的百分之一，但单产水平较高。本区海拔较高，地形复杂，高寒是此区气候的主要特点。本区主要是一年一熟的春玉米栽培。随着生产条件的改善，增施有机肥和化肥，实行机械化栽培，提高种植管理水平，采用地膜覆盖和育苗移栽等技术，发展一定面积的玉米是有可能的。在品种熟期类型选择上，适应于一熟制，从中早熟至中熟甚至中晚熟类型，皆可因地选用。

二、玉米播期类型

中国玉米按照不同的播种时期又可以分为春播玉米、夏播玉米、秋播玉米和冬播玉米。

（一）春播玉米

因播种期早，中国北方农民又称之为早玉米。春播玉米的播种期和收获期地域间相差很大。过渡带地区一般 4 月中下旬开始至 5 月上旬播种，以 10cm 土层温度稳定在 10℃以上时播种为宜。收获期从 8 月底到 9 月初。生育特点是苗期生长缓慢，基部节间较短，穗位低，植株健壮，抗倒伏能力较强。果穗大，单株产量较高。在盛夏高温、多雨季节、易感染大斑病、小斑病等。主要害虫有地老虎、玉米螟等。栽培方式有单作，或与豆类、薯类等间作、套作。

（二）夏播玉米

又称夏玉米。指夏季播种的玉米。过渡带地区一般 6 月初播种，部分地区 5 月底套种，9 月底收获，多为接麦茬。夏玉米较春玉米生育期较短，一般 90~110 d，生产上多选用中早熟或中熟品种。夏玉米生长发育较快，灌浆时间较短，高温多雨的 7—8 月易感染锈病，生育后期天气多变易倒伏。栽培方式多单作接小麦茬，播种方式多茬直播，少量地区麦收前套播。

（三）秋播玉米

一般 7—9 月播种，露地栽培从 7 月初至 8 月初均可播种，秋延后大棚栽培可延后至 8 月中旬播种。多在江浙或华南地区种植，品种也以甜、糯玉米等鲜食玉米品种为主。过渡带地区基本无种植。

（四）冬播玉米

属于反季作物，一般当年 10 月下旬至 11 月播种，翌年 4—5 月收获。一般在云南省、海南省等地种植。根系发育较差，吸收水肥能力较弱，生长发育不如夏播玉米旺盛。同一品种，冬播比夏播植株矮小，生育期延长。另外，冬玉米怕霜冻，如生长期遇霜冻，轻则减产，重则颗粒无收。所以，一是必须选择无霜地区种植冬玉米，二是了解当地最低气温出现时期，安排好播期。

玉米可以与多种作物进行间作、套种、复种等种植。玉米与大豆间作可以改变群体结构和透光状况，提高产量。玉米与大豆间作，由于植株高矮和叶片生长状况等的差异，在太阳高度角的日改变中，均能增加群体的受光面积，从而能充分利用空间，发挥边行优势和光热资源潜力，提高土地利用率和单位面积总产量，比玉米单作或大豆单作有较高的经济效益。玉米与大豆间作还可以协调地下部分对土壤养分的互补与竞争关系。间作后，田间作物种类、群体结构及生态条件都随之改变，对于病虫害、旱涝灾害以及冻害等的为害都有不同程度的缓解。

玉米与小麦间作显著提高了各层土壤中小麦根的重量，同时提高了小麦、玉米的根系数量和地上部生物量，使生长前期根系大小发生较大变化，而对根系活力影响较小。间作使玉米根际土速效 N 含量增加，速效 P、K 含量降低；使小麦根际土 N 含量降低，P、K 含量提高。小麦与玉米间作后，根系分泌有机酸的种类明显增加；而植株体内和根系中有机酸的种类和数量却有所降低。玉米还可以与马铃薯、花生、芝麻、牧草、蔬菜等其他作物间作。马铃薯在冷凉区粮食作物中占有特别地位。在中国北方旱区，玉米套种马铃薯的种植方式非常普遍。

小麦与玉米套种在一作有余和二年三熟制地区应用较普遍。在河北省低平原区，小麦套种玉米，间作大豆。在10月上旬播种小麦，翌年6月上旬套种玉米间作大豆。一般采取"小畦大背"。每带200cm，种植5行小麦，行距20cm，大背60cm。小麦收获前25~30d在大背套种2行玉米，行距40cm，与小麦间距10cm，小麦收获后，在小麦茬上种植3行大豆，行距40cm，与玉米间距40cm。东北地区有冬（春）小麦套种玉米模式。

玉米可以与油菜套种在陕西省关中地区较多。选用宽带和南北行，有利于通风透光，可减少共栖期间玉米对油菜的郁闭遮光。玉米与紫花苜蓿属于粮草套作范畴。可以改善土壤理化性状，固定N素。粮草套作可以促进养畜。玉米与其他作物套种，以马铃薯、甘薯、蔬菜、药材等与玉米套种为常见。东北地区与玉米套作的夏季蔬菜主要有圆葱、蒜薹、矮芸豆、青豌豆等。

本章参考文献

曹宁，张玉斌，闫飞，等.2009.低温胁迫对不同品种玉米苗期根系性状的影响[J].中国农学通报，25（16）：139-141.

陈彦惠，张向前，常胜合，等.热带玉米光周期敏感相关性状的遗传分析[J].中国农业科学，2003，36（3）：248-253.

崔俊明，芦连勇，宋长江，等.2006.不同热带、亚热带玉米种质在温带和热带地区种植比较研究[J].杂粮作物，26（4）：260-264.

崔俊明，张红艳，黄爱云，等.2012.玉米各生育阶段之间的相关性及遗传特性分析[J].现代农业科技（5）：59-60，62.

冯颖竹，余土元，陈惠阳，等.2007.环境光强对糯玉米籽粒主要品质成分的影响[J].生态环境，6（3）：926-930.

谷岩，梁煊赫，王振民，等.2009.不同抗旱性玉米苗期叶片活性氧代谢对水分胁迫的响应[J].安徽农业科学，37（29）：14 089-14 091，14 117.

关泉杰，张明坤.2013.玉米生育阶段的划分与灌溉制度试验[J].黑龙江水利科技（8）：174-175.

郭建文，刘海.2014.高温胁迫对玉米光合作用的影响[J].天津农业科学，20（4）：86-88.

郭志华，刘祥梅，肖文发，等.2007.基于GIS的中国气候分区及综合评价[J].资源科学，29（6）：1-9.

黄晚华，杨晓光，曲辉辉，等.2009.基于作物水分亏缺指数的春玉米季节性干旱

时空特征分析 [J]. 农业工程学报，25（8）：28-34.

贾士芳，董树亭，王空军，等 .2007. 玉米花粒期不同阶段遮光对籽粒品质的影响 [J]. 作物学报，33（12）：1 960-1 967.

简茂球 .1994. 华南地区气候季节的划分 [J]. 中山大学学报（自然科学版），33（2）：131-133.

李潮海，栾丽敏，尹飞，等 .2005. 弱光胁迫对不同基因型玉米生长发育和产量的影响 [J]. 生态学报，25（4）：825-830.

刘传凤，高波，田辉 .2001. 华南春季温度气候变化研究 [J]. 气象，27（5）：19-24.

刘海，郭建文 .2014. 高温胁迫对玉米生长期生理特性的影响 [J]. 天津农业科学，20（3）：105-107.

马凤鸣，王瑞，石振 .2007. 低温胁迫对玉米幼苗某些生理指标的影响 [J]. 作物杂志，（5）：41-45.

牛斌，冯莎莎，张俊平 .2009. 小麦玉米间套作的光合变化 [J]. 安徽农业科学，37（35）：17 429-17 430，17 498.

任力达，郑亚静，朱艳媛，等 .2013. 玉米生长发育所需要的外界环境条件分析 [J]. 农业与技术，（4）：105.

任永哲，陈彦惠，库丽霞，等 .2005. 玉米光周期反应研究简报 [J]. 玉米科学，13（4）：86-88.

侍翰生，程吉林，方红远，等 .2012. 南水北调东线工程江苏段水资源优化配置 [J]. 农业工程学报，28（22）：76-81.

苏永秀，陈靖 .1996. 广西冬玉米气候区划研究 [J]. 广西气象，17（1）：48-50.

孙军伟，张珂，孟丽梅，等 .2011. 玉米灌浆期抗旱性鉴定形态指标的筛选 [J]. 湖南农业科学，（5）：1-3.

王宏博，冯锐，纪瑞鹏，等 .2012. 干旱胁迫下春玉米拔节—吐丝期高光谱特征 [J]. 光谱学与光谱分析，32（12）：3 358-3 362.

王瑞，马凤鸣，李彩凤，等 .2008. 低温胁迫对玉米幼苗脯氨酸、丙二醛含量及电导率的影响 [J]. 东北农业大学学报，39（5）：20-23.

王智威，牟思维，闫丽丽，等 .2013. 水分胁迫对春播玉米苗期生长及其生理生化特性的影响 [J]. 西北植物学报，33（2）：343-351.

徐成忠，董兴玉，杨洪宾，等 .2009. 积温变迁对夏玉米冬小麦两熟制播期的影响 [J]. 山东农业科学（2）：34-36.

杨猛，魏玲，庄文锋，等 .2012. 低温胁迫对玉米幼苗电导率和叶绿素荧光参数的

影响 [J]. 玉米科学，20（1）：90-94.

于文颖，冯锐，纪瑞鹏，等 .2013. 苗期低温胁迫对玉米生长发育及产量的影响 [J].
　　干旱地区农业研究，31（5）：220-226.

张保仁，董树亭，胡昌浩，等 .2007. 高温对玉米籽粒淀粉合成及产量的影响 [J].
　　作物学报，33（1）：38-42.

张冬梅 .2014. 温度对玉米生长发育的研究分析 [J]. 中国农资（8）：71.

张洪旭，杨德光，李士龙，等 .2008. 水分胁迫对玉米叶片水分代谢的影响 [J]. 玉
　　米科学，16（2）：88-90.

张淑杰，张玉书，纪瑞鹏，等 .2011. 水分胁迫对玉米生长发育及产量形成的影响
　　研究 [J]. 中国农学通报，27（12）：68-72.

张雪峰 .2013. 低温胁迫对玉米种子萌发过程中抗氧化酶活性的影响 [J]. 黑龙江农
　　业科学（5）：11-13.

张智猛，戴良香，胡昌浩，等 .2007. 灌浆期不同水分处理对玉米籽粒蛋白质及其
　　组分和相关酶活性的影响 [J]. 植物生态学报，31（4）：720-728.

赵福成，景立权，闫发宝，等 .2013. 灌浆期高温胁迫对甜玉米籽粒糖分积累和蔗
　　糖代谢相关酶活性的影响 [J]. 作物学报，39（9）：1 644-1 651.

赵俊芳，杨晓光，刘志娟 .2009. 气候变暖对东北三省春玉米严重低温冷害及种植
　　布局的影响 [J]. 生态学报，29（12）：6 544-6 551.

赵美令 .2009. 玉米各生育时期抗旱性鉴定指标的研究 [J]. 中国农学通报，25
　　（12）：66-68.

Christine H F，Helene Vanacker，Leonarbo D G，et al. 2002. Regulation of
　　photosynthesis and antioxidant metabolism in maize leaves at optimal and chilling
　　temperatures：review[J]. Plant Physiology and Biochemistry，40：659-668.

Francisco M A，Paula C C，David J W，et al. 2010. Effect of foliar application of
　　antitranspirant on photosunthesis and water relation of pepper plants under different
　　levels of CO_2 and water stress[J]. Journal of Plant Physiology，167（15）：1 232-
　　1 238.

Yosuke Tamada，Eiji lmanari，Ken-ichi Kurotani et al. 2003. Effect of photooxidetive
　　destruction of chloroplasts on the expression of nuclear genes for C_4 photosynthesis and
　　for chloroplasr biogenesis in maize[J]. Journal Plant Physiology，160（1）：3-8.

第二章
玉米生长发育

第一节　玉米生育期与生育阶段

一、玉米生育期

（一）生育期

也即生活周期，指播种到成熟（完熟）的天数，生产上指出苗到成熟的天数。

1. 熟期类型划分

玉米品种成熟类型的划分是玉米育种、引种、栽培以致生产上最为实用和普遍的类型划分。根据生育期长短，可以把玉米分成不同的熟期类型，依据联合国粮农组织的国际通用标准，可分为超早熟型、早熟型，中早熟型，中熟型、中晚熟型、晚熟型、超晚熟型，共7类：①超早熟类型：植株叶片数 8~11 片，生育期 70~80d。②早熟类型：植株叶片数 12~14 片，生育期 81~90d。③中早熟类型：植株叶片数 15~16 片，生育期 91~100 d。④中熟类型：植株叶片数 17~18 片，生育期 101~110d。⑤中晚熟类型：植株叶片数 19~20 片，生育期 111~120 d。⑥晚熟类型：植株叶片数 21~22 片，生育期 121~130d。⑦超晚熟类型：植株叶片数 23 片或以上，生育期 131~140d。

东北地区为春玉米区，熟期划分与国际及夏玉米区有所不同：①超早熟品种：生育期 95~105d，需 ≥ 10℃的积温 1 700~1 900℃。②早熟品种：生育期 105~110 d，需 ≥ 10℃的积温 1 900~2 100℃。③中早熟品种：生育期 110~115d。其中吉林省中早熟品种，需 ≥ 10℃的积温 2 100~2 300℃，生育期 115d 左右。黑龙江省中早熟、早熟品种，需 ≥ 10℃的积温 2 200~2 300℃，生育期 110d 左右。④中熟品种：生育期 115~120d。辽宁省中熟品种，需 ≥ 10℃的积温 2 300~2 650℃，生育期 120d 左右。吉林省中熟品种，需 ≥ 10℃的积温 2 300~2 500℃，生育期 120d 左右。黑龙江省中熟品种，需 ≥ 10℃的积温 2 300~2 400℃，生育期 115d 左右。⑤中晚熟品种：生育期 120~125d。辽宁省中晚熟品种，需 ≥ 10℃的积温 2 650~2 800℃，生育期 125d 左右。吉林省中晚熟品种，需 ≥ 10℃的积温 2 500~2 700℃，生育期 125d 左右。黑龙江省中熟品种，需 ≥ 10℃的积温 2 450~2 600℃，生育期 120d 左右。⑥晚熟品种：生育期 125~130d。辽宁省晚熟品种，需 ≥ 10℃的积温 2 800~3 200℃，生育

期 130d 左右。吉林省晚熟品种，需 ≥ 10℃的积温 2 700℃以上，生育期 128d
左右。黑龙江省晚熟品种，需 ≥ 10℃的积温 2 650℃以上，生育期 125d 左右。⑦超晚熟品种：生育期 130~140d。辽宁省极晚熟品种，需 ≥ 10℃的积温
3 200℃以上，生育期 135d 左右。

2. 玉米熟期指标

玉米生育期的长短，是直接关系到一个玉米品种是否适应当地气候条件，能否正常生长成熟的关键性指标。中国玉米生态类型多样，熟期类型复杂。为了充分发挥玉米单交种的增产潜力，必须依据当地的生态条件，选用适宜熟期类型的品种。每个类型的品种都有一定的生态适应范围。在实际生产中，引入新品种时，一定要准确地识别和掌握其熟期类型，才不致失误。有时某品种被介绍为某类型，实际引入试种时生育期拖长，不能正常成熟。划分和识别品种的熟期类型，指标必须合理、可靠。

表达熟期类型的指标通常有热量指标（活动积温）、形态指标（叶片数）和生育指标（生育天数）。曹广才等（1996）研究发现，植株叶片数可以作为北方旱地玉米品种熟期类型的形态指标，而李青松等（2010）对春播玉米品种熟期类型进行了划分研究，结果表明：活动积温、生育天数和叶片数三者之间呈极显著正相关，活动积温和生育期天数能较准确地表达玉米熟期类型，叶片数只可作为辅助指标；通过聚类分析，将 73 个玉米品种分为 10 类熟期类型；并以此为基础科学推断划分春玉米熟期类型为 12 类。

长期以来，中国各地对玉米生育期的田间调查记载方法不统一，主要分为以下几类。

（1）地区 + 播种至成熟天数调查记载法　将玉米从播种到成熟所经历的天数记载为玉米的生育期。这是以往教科书及大部分玉米专著里通行的记载方法。但这种记载方法存在一些不科学的地方。一是玉米从播种到出苗，在不同地区、不同年份的时间长短差别较大。如同一品种，在高纬度地区，因播种时温度较低，从播种至出苗需 10~20d 的时间，而在低纬度地区，因其气候温暖湿润，从播种至出苗仅需 6~7d 的时间。不同地区，因气候条件不同，仅玉米出苗期的长短差异即较大。二是中国高纬度地区与低纬度地区，高海拔地区与平原地区，夏季气温虽然差别不大，但到秋季玉米灌浆期就出现了较大的不同。高海拔、高纬度地区，秋季气温低，玉米灌浆缓慢，较平原、低纬度地区所需时间要长一些。若仅以天数记载玉米灌浆时间，即使同一玉米品种，其在不同地区的灌浆成熟期差别亦较大。三是日照长短也是影响玉米生育期长短的重要因素。不同地区，日照长短不同。在短日照条件下，可以促进玉米加速发

育而提早成熟，相反，则延迟成熟。

（2）地区＋出苗至成熟天数＋≥10℃活动积温调查记载法　这是目前国家区域试验实行的调查记载方法。这种办法虽然把玉米出苗期的时间做了删除，减少了玉米生育期因出苗期的长短不一而造成的误差，但也导致了与一些省、市、自治区通行的"地区＋播种至成熟天数"调查记载法不一致，导致同一个玉米品种，省（自治区、市）审定公告里的生育期天数与国家审定公告里的生育期天数存在明显差异。

（3）≥10℃活动积温调查记载法　在高纬度、高海拔地区，因地区间气候条件差异较大，只能以玉米生育期所需≥10℃活动积温来衡量一个玉米品种生育期的长短。此方法科学，但不够直观。

（4）地区＋播种至成熟天数＋≥10℃活动积温调查记载法　这种方法在一些高纬度地区比较常用。仅以积温记载，不直观，无时间概念；仅以天数记载，因地区间存在较大差异，不科学、不合理。两者结合记载，优缺点可以互补。一个玉米品种的生育期天数，因在不同地区、不同年份种植，有一些差异，但其一生所需≥10℃活动积温是相同的。

作物生育期并非一成不变，其变化是作物本身生理过程和环境条件综合作用的结果。翟治芬等（2012）在收集整理全国2 414个县的玉米生育期数据的基础上，绘制了1 970s和2 000s中国玉米的播种期与收获期分布图；并整理了全国618个气象站点1971—2010年气象资料，绘制了1 970s时段和2 000s时段中国年均温度、降雨和太阳辐射量空间分布图。以农业种植一级区为基本单位，建立不同区域农业气候资源变化与玉米生育期变化的回归方程，预测了2 030s中国玉米的生育期。结果表明，与1 970s时段相比，2 000s时段东北大豆春麦甜菜区的玉米播种期基本保持不变；其他各农业种植一级区的玉米播种期均提前1~15d；除东北大豆春麦甜菜区和北部高原小杂粮甜菜区春玉米的成熟期平均推迟了11d和3d，2 000s时段其他玉米种植区域的成熟期平均提前3~12d。2 000s时段云贵高原稻玉米烟草区的玉米生育期缩短约5d，黄淮海棉麦油烟果区、华南双季稻热带作物甘蔗区和西北绿洲麦棉甜菜葡萄区的玉米生育期基本保持不变；其他各区域玉米生育期均有所延长。与2 000s时段相比，2 030s除东北大豆春麦甜菜区外玉米播种期以提前为主，玉米成熟期的变动则较为复杂，玉米的生育期则以延长为主。东北大豆春麦甜菜区的春玉米播种期将推迟2~5d，其他各农业种植一级区的玉米播种期将提前2~19d；东北大豆春麦甜菜区、北部高原小杂粮甜菜区和华南双季稻热带作物甘蔗区的玉米成熟期将推迟4~15d，黄淮海棉麦油烟果区、长江中下游稻棉油桑茶区、川陕盆地稻玉米薯类柑橘桑区和云贵高原稻玉米烟草区的玉米成熟期将提前2~12d，南方丘陵双季稻茶柑橘区和西北绿洲麦棉甜菜葡萄区的玉米成熟期则基本保持不变。2 030s 时段黄淮海棉麦油烟果区和云贵高原稻玉米烟草区的玉米生育期则将缩短 3~6d，其他区域的玉米生育期将延长 2~15d。

（二）生育时期（物候期）

玉米从播种到新种子成熟所经历的天数，称为生育期。在正期播种条件下，这些时期往往对应着一定的物候现象，故也称物候期。生育期的长短因品种、播种期及光照、温度等环境条件而异。品种叶片数多，播种期早，日照较长或温度较低时，其生育期均较长；反之，则较短。而生育时期通常是指某一新器官的出现使植株形态发生特征性变化的时期。在玉米生产及科学研究中，常用的主要生育时期如下。

1. 播种期

即播种的日期。田间调查标准为播种当天的日期，以"日 / 月"表示。

2. 出苗期

幼苗的第一片绿叶从胚芽鞘中抽出，苗高 2~3cm。田间调查时，全田有50%穴数幼苗出土高达 2cm 时为出苗期。此期虽然较短，但外界环境条件对种子的生根、发芽、幼苗出土以及保证全苗有重要作用。

3. 拔节期

以玉米雄穗生长锥进入伸长期为拔节期的主要标志，此期茎基部已有2~3 个节间开始伸长，植株开始旺盛生长，叶龄指数（主茎展开叶 / 主茎总叶片 × 100）为 30 左右。田间调查时，全区 50% 以上植株基部茎节开始伸长，手摸茎秆基部能感到节时为拔节期。在拔节期至拔节后 10d 内追肥，有促进茎生长和促进幼穗分化作用。

4. 大喇叭口期

这是中国农民的俗称。此时玉米植株外形大致是棒三叶（即果穗叶及其上、下两片叶）大部伸出，但未全部展开，心叶丛生，形似大喇叭口。该生育时期的主要标志是雄穗分化进入四分体期，雌穗正处于小花分化期，叶龄指数约为 60，距抽雄穗一般 10d 左右。田间调查时，全区 50% 以上的植株上部叶片呈现喇叭口形的日期为大喇叭口期。此时追肥有促进穗大、粒多，减少小花退化作用，并对后期灌浆也有好处。

5. 抽雄期

雄穗主轴从顶叶露出 3~5cm 的时期。茎秆下部节间长度与粗度基本固定，雄穗分化已经完成。田间调查时，全区 50% 以上的植株雄穗顶端露出顶叶的日期为抽雄期。此时隔行去雄具有增产作用。

6. 吐丝期

雌穗花柱从苞叶伸出 1~2cm 的时期。田间调查时，全区 50% 以上的雌穗抽出花柱的日期为吐丝期。在正常情况下，抽丝期与雄穗开花散粉期同时或迟 1~2d。大喇叭口期如逢干旱（俗称卡脖旱）时，这两期的间隔天数增加，严重时则会造成花期不遇。

7. 籽粒形成期

植株果穗中部籽粒体积基本建成，胚乳呈清浆状，故又称灌浆期。这一时期的管理目标是减少营养消耗，扩大通风透光，提高光合效率，提高产量，抗旱排涝，防止倒伏。在玉米灌浆期灌水，可提高玉米的结实率，促进养分转动，保证籽粒饱满，提高产量和品质。

8. 成熟期

雌穗苞叶变黄而松散，籽粒呈现本品种固有形状、颜色，种胚下方尖冠处形成黑色层的日期。此时干物质不再增加，是收获的适期。田间调查时，90% 籽粒出现成熟黑层的日期为成熟期。成熟期又可细分为乳熟期、蜡熟期和完熟期 3 个阶段。

（1）乳熟期 全田 60% 以上植株果穗中部籽粒干重迅速积累并基本建成，胚乳呈乳状后至糊状。一般中熟品种需要 20d 左右，即从授粉后 16d 开始到 35~36d 止；中晚熟品种需要 22d 左右，从授粉后 18~19d 开始到 40d 前后；晚熟品种需要 24d 左右，从授粉后 24d 开始到 45d 前后。此期各种营养物质迅速积累，籽粒干物质形成总量占最大干物重的 70%~80%，体积接近最大值，籽粒水分含量在 70%~80%。由于长时间内籽粒呈乳白色糊状，故称为乳熟期。可用指甲划破，有乳白色浆体溢出。

（2）蜡熟期 全田 60% 以上植株果穗中部籽粒干重接近最大值，胚乳呈蜡状，用指甲可以划破。一般中熟品种需要 15d 左右，即从授粉后 36~37d 开始到 51~52d 止；中晚熟品种需要 16~17d，从授粉后 40d 开始到 56~57d 止；晚熟品种需要 18~19d，从授粉后 45 天开始到 63~64d 止。此期干物质积累量少，干物质总量和体积已达到或接近最大值，籽粒水分含量下降到 50%~60%。籽粒内容物由糊状转为蜡状，故称为蜡熟期。

（3）完熟期 蜡熟后干物质积累已停止，主要是脱水过程，籽粒水分降到 30%~40%。成熟期籽粒变硬，呈现品种固有的形状和颜色，胚的基部达到生理成熟，去掉尖冠，出现黑层，即为完熟期。完熟期是玉米的最佳收获期；若进行茎秆青贮时，可适当提早到蜡熟末期或完熟初期收获。正确掌握玉米的收获期，是确保玉米优质高产的一项重要措施。完熟期后若不收获，这时玉米茎秆的支撑力降低，植株易倒折，倒伏后果穗接触地面引起霉变，而且也易遭受鸟虫为害，使产量和质量造成不应有的损失。玉米是否进入完全成熟期，可从其外观特征上看：植株的中、下部叶片变黄，基部叶片干枯，果穗苞叶成黄白色且松散，籽粒变硬，并呈现出本品种固有的色泽。

二、玉米生育阶段

玉米各器官的发生、发育具有稳定的规律性和顺序性（图2-1）。依其根、茎、叶、穗、粒先后发生的主次关系和营养生长、生殖生长的进程，将其一生划分成营养生长阶段、营养生长与生殖生长并进阶段、生殖生长阶段。营养生长阶段，也即苗期阶段；并进阶段，也即穗期阶段；生殖生长阶段，也即花粒期阶段。每个阶段包括一个或几个生育时期。生产上根据每个生育阶段的生育特点进行阶段性管理。

图2-1　玉米生长发育

（一）营养生长阶段

营养生长阶段也称苗期阶段。这一生育阶段主要是分化根、茎、叶等营养器官，次生根大量形成。从生长性质来说是营养生长阶段，从器官建成主次来说，以根系建成为主。该时期根系生长较快，地上部分生长缓慢，其田间管理目标是苗全、苗齐和苗壮。壮苗的标准是：根系发达，根深叶绿、叶片宽短，苗基较扁，节间粗短，群体整齐一致，长势旺盛。同时要注重根系的发育情况，这一时期主要做好查苗补苗、间苗、定苗，同时要做好追肥中耕，定苗后根据幼苗的长势情况决定是否需要蹲苗。苗期阶段又可以细分为以下两个阶段。

1. 发芽出苗期（从种子萌动至第1片叶出土）

种子播下之后，当温度、水分、空气得到满足时，即开始萌动。当胚根突破胚根鞘露白时，即很快长出，一般先出胚根，后出胚芽。胚芽的最外层是一个膜状的锥形套管，叫胚芽鞘，它能保护幼苗出土时不受土粒摩擦损伤，出苗时它像锥子一样尖端向上，再靠胚轴的向上伸长力，使得胚芽顺利地升高到地面，这是玉米比其他作物更耐深播和较易出土的原因。胚芽鞘露出地面见光后便停止生长，随之第一片叶破鞘而出，当第一片叶伸出地面 2cm 时即为出苗。

2. 苗期（从第 2 片叶出现至拔节）

第二片叶展开时，在地面下的第一个地下茎节处开始出现第一层次生根，以后大约每展开两片叶就产生 1 层新的次生根，到拔节前大约共形成 4 层。它们主要分布在土壤近表面，同初生根一起从土壤中吸收养分和水分，供植株地上部分生长发育需要。在发根的同时，新叶也不断出现，除了在种胚内早已形成的 5~7 片叶之外，其余的叶片及茎节都是在拔节以前由幼芽内的生长点分化而成。出苗到拔节需要经历的时间因品种特性及所处环境条件而异。一般生育期短的品种，环境条件优越，所需时间短；反之，生育期长的品种，环境条件较差，出苗到拔节时间就长。

苗期（三叶期到拔节期）的苗肥作用，主要是促进发根壮苗。随着幼苗的生长发育，对养分的消耗量也不断增加，虽然这个时期对养分的需求量还较少，但是获得高产的基础，只有满足此期的养分需求，才能获得优质的壮苗。苗肥应早施、轻施和偏施，以 N 素化肥为主。在底肥中未搭配速效肥料或者未施用种肥的田块，早施、轻施可弥补速效养分的不足，有促根壮苗的作用。偏施是提小苗赶壮苗，使弱苗变壮苗，全田生产均匀。苗肥一般在幼苗出4 片叶时结合间苗、定苗进行，以 1~1.5kg 的纯 N 开穴施下，随即覆土，使肥效在根系建成时期发挥作用。对未施底肥或抢茬播种的夏玉米，则应早施苗肥，如以腐熟有机肥配合氮素化肥施用，则效果更好。

（二）营养阶段和生殖阶段并进阶段

营养阶段和生殖阶段并进阶段也称穗期阶段，是从拔节到雄穗开花。此阶段既有根、茎、叶旺盛生长，也有雌雄穗的快速发育。玉米幼茎顶端的生长点（即雄穗生长锥）开始伸长分化的时候，茎基部的地上节间开始伸长，即进入拔节期。玉米生长锥开始伸长的瞬间，植株在外部形态上没有明显的变化，在生理上通常把这一短暂的瞬间称之为生理拔节期。生理拔节期与通常所说的拔节期在含义上基本相同，只不过用生理拔节期这一概念更确切地表明雄穗生长锥分化从此时已开始。这期间增生节根 3~5 层，茎节间伸长、增粗、定型，叶片全部展开，抽出雄穗其主轴开花。进入拔节期时，早熟品种已展开 5 片

叶，中熟品种展开 6~7 片叶，中晚熟品种展开 8 片叶左右。拔节期叶龄指数
30% 左右（叶龄指数系某一生育时期展叶片数与该品种全株总叶片数的百分
比），如果已知某品种总叶片数，即可用叶龄指数作为田间技术措施管理的依
据。这一阶段新叶不断出现，次生根也一层层地由下向上产生，迅速占据整个
耕层，到抽雄前根系能够延伸到土壤 110cm 以下。原来紧缩密集在一起的节
间迅速由下向上伸长，此期茎节生长速度最快。从拔节期开始，玉米植株就由
单纯的营养生长阶段转入营养生长与生殖生长并进阶段。调节植株生育状况，
促进根系健壮发达，争取茎秆中下部节间短粗、坚实，保证雌雄穗分化发育良
好，长成壮株，为穗大、粒多、粒重奠定基础。

拔节到抽雄阶段是玉米一生中重要的发育阶段，中熟品种需 30~35d，晚
熟品种需 35~40d 时间。这一生育阶段在营养生长方面，根、茎、叶增长量
最大，株高增加 4~5 倍，75% 以上的根系和 85% 左右的叶面积均在此期形
成。在生殖生长方面有两个重要生育时期，即小口期和大口期。小口期处在
雄穗小花分化期和雌穗生长锥伸长期，叶龄指数 45% ~50%，此期仍以茎叶
生长为中心。大口期处在雄穗四分体时期和雌穗小花分化期，是决定雌穗花
数的重要时期，叶龄指数 60% ~65%。大口期过后进入孕穗期，雄穗花粉充
实，雌穗花柱伸长，以雌穗发育为主，叶龄指数 80% 左右。到抽雄期叶龄指
数接近 90%。

玉米的穗期是根茎、叶营养器官旺盛生长，雌雄分化发育的时期，营养生
长与生殖生长同时并进，是玉米一生中生长最快，也是地上部分干物质增长最
快的时期，要求充足的养分和水分，这一时期是决定穗数和粒数的重要时期。
科学的田间管理可以控制植株营养生长，使其不过旺，促进茎秆粗壮和果穗发
育，争取穗大粒多。主要田间管理措施如下。

1. 合理灌溉

春玉米出苗—拔节以后常遇春旱，是否浇拔节水，视降水量的情况而定。
在玉米需水关键期，降水量不能满足需要，经常遇卡脖旱的威胁，所以春季
保墒、大喇叭期及抽穗前后的灌溉是保证春玉米高产的重要措施。套作玉米
6 月底 7 月初拔节雌雄穗分化需水量大，不一定时逢雨季，即使浇过春水，
由于气温高蒸发量大，失墒快。遇旱的可能性也很大，灌溉是获取高产的必
要措施。

2. 中耕培土，防倒伏

拔节孕穗后，植株逐渐高大，遇大风雨易倒伏，应及时中耕培土，促进支
持根迅速入土，增强植株抗倒能力。中耕培土可结合施穗肥进行。

3. 田间施肥

该期间施肥重点如下。

（1）拔节期（拔节至抽穗）的拔节肥应稳施　在玉米6~8片叶，苗高30cm时追肥。拔节肥能促进玉米上部叶片增大，扩大光合作用面积，延长下部叶片的功能期。拔节期也是玉米果穗形成的重要时期，也是养分需求量最高的时期。这一时期吸收的N占整个生育期的1/3，P占1/2，K占2/3。此期如果营养供应充足，可使玉米植株高大、茎秆粗壮、穗大粒多。稳施既可满足拔节阶段生长快、对营养吸收多的要求，达到叶片茂盛，茎秆粗壮的目的，又不会引起茎叶生长过旺而发生倒伏。因此，拔节肥一般应以有机肥为主，并适当掺和少量速效N、P肥。但对底肥不足、苗势较差的玉米，应增加化肥用量，一般每亩*可追1.3~2.0kg纯N的化肥，通常在玉米拔节前后，出8片左右叶时开穴追施。田肥苗健的应适当少施，田瘦苗弱的应早施多施。拔节肥的适宜追施位置是距植株10~12cm。

（2）穗期（抽穗至开花）的穗肥作用　是促进果穗的小穗小花分化，促使穗大粒多，同时使中上部叶片增大，上部叶的距离拉长。因此，在正常情况下，一般多施穗肥都能显著增长。从植株形态看，穗肥大致在玉米出现大喇叭口时期施用，该时期约离抽雄花前10~15d。这是玉米生长发育最旺盛阶段，也是养分吸收最快最大的时期，是决定果穗大小，穗粒数多少的关键时期。这时重施穗肥，肥水齐攻，既能满足穗分化的肥水需要，又能提高中上部叶片的光合生产率，使输入果穗养分多，粒多而饱满，对提高产量有显著效果。但对底肥不足，苗势差的田块，穗肥应提前施用。由于玉米在出现大喇叭口时期，茎秆基部的2~3个节间已伸长定型，穗肥用量应根据苗情、地力和拔节肥施用情况而定，一般每亩可穴施2.0~3.0kg纯N。大喇叭口期追肥在距植株15~20cm。

（三）生殖生长阶段

生殖生长阶段，也称花粒期阶段。开花结粒期，茎叶生长量已达到最大值，并停止生长，转入以开花授粉和结实成熟为中心的生殖生长阶段，是决定有效穗数、每穗粒数和粒重的关键时期。这一时期管理到位就能防止茎叶早衰，促进开花授粉、灌浆，提高结实粒数和粒重。包括开花、吐丝、成熟3个时期。此阶段营养生长基本结束，进入以开花、受精、结实籽粒发育的生殖生

---

* 1亩 ≈ 667m²。全书同。

长阶段。籽粒迅速生成、充实，成为光合产物的运输、转移中心。因此该项阶段田间管理的中心任务是：保证正常开花、授粉、受精，增加粒数；最大限度地保持绿叶面积，增加光合强度，延长灌浆时间；防灾防倒，争取粒多粒大粒饱、高产。该阶段可以细分为花期和粒期两个阶段。

1. 花期（从雄穗抽出至雌穗受精完毕）生长发育特点

（1）抽雄开花　多数玉米品种雄穗抽出后2~5d就开始开花散粉，晚的可达7d，个别品种雄穗刚从叶鞘抽出就开始开花散粉。一般开花后的2~5d为盛花期，这4d开花数约占开花总数的85%，而又较明显集中在第3天、第4天，约占总开花数的50%。一般雄穗开花全程需5~8d，如果遇雨可延迟到7~11d。玉米在昼夜都能开花，一般7—11时较盛，其中7—9时开花最多，夜间少。

（2）吐丝受精　多数玉米品种在雄穗开花散粉后2~4d雌穗开始吐丝。一般位于雌穗中部的花柱先伸出苞叶，然后向下、向上同时进行，果穗顶部花柱最后伸出苞9叶。一个穗上的数百条花柱从开始伸出到完毕一般历时5~7d，个别小穗型品种少于5d。通常所说的吐丝期是指中部花柱伸出苞叶之日。花柱伸出苞叶之后继续伸长，一直到受精过程结束才停止生长，花柱干枯自行脱落。花柱伸出后如果没有成功授粉，其生命力将持续10~15d，花柱伸长最大长度可达30~40cm。花柱自行脱落是雌花完成受精过程的外部标志，受精完成就表明一粒新的种子开始发育。

从雄穗抽出到雌穗小花受精结束，一般需7~10d，晚熟的多花型品种所需时间长些。

2. 粒期（从受精花柱自然脱落到子粒脐部黑色层出现）生长发育特点

生育期不同的品种，粒期经历时间也不同，即生育期（出苗至成熟）130d的中熟品种，粒期一般55d左右；生育期135d的中晚熟品种，粒期58d左右；生育期140d的晚熟品种，粒期62d左右。不论生育期及粒期长短，按籽粒的形态、干重和含水量等一系列变化，均可将粒期大致分为四个时期，即形成期、乳熟期、蜡熟期和完熟期。粒期是决定穗粒数和千粒重的关键时期。

搞好花粒期的管理，是促进玉米丰产早熟的保障之一。

（1）加强水肥管理　①灌浆开始后。玉米的需肥量又迅速增加，以形成籽粒中的蛋白质、淀粉和脂肪，一直到成熟为止。玉米施粒肥能防止后期脱肥早衰，提高叶片的光合作用与延长光合时间，因而使粒重增加。特别在穗肥不足，果穗节以下黄叶多的田块，补施粒肥有很好效果，但对穗肥足，长势旺，叶色深，果穗节下缘叶多的不宜施用，以免延迟成熟。粒肥一般应在果穗吐丝时施用为好，这样能使肥效于灌浆乳熟时期发挥作用。粒肥用量不宜过大，穴施碳酸氢铵 3~5kg 即可，也可用 2% 的 N、P 混合液作叶面喷施，每亩 75~100kg。追肥次数应根据土壤肥力、施肥量、底肥、口肥多少，还要综合考虑玉米的栽培类型、品种特性、产量水平、土壤和气候条件等因素而定。② 抓好后期浇水。玉米中后期遇旱，要及时进行浇水，为穗大粒饱创造良好的生长条件。

（2）隔行去雄辅以人工授粉　① 隔行去雄。玉米实行隔行去雄，可减少养分消耗，增加玉米田间通风透光，有利于叶片进行光合作用，具体办法是在玉米雄穗刚抽出尚未开花散粉时，每隔一行去掉一行雄穗（边行不可去雄，以免影响授粉）。② 人工授粉。人工授粉可增加授粉率，减少玉米秃尖，提高产量。

（3）去除无效果穗　除去玉米植株上部果穗和发育迟、吐丝较晚的不能授粉结实的第二、第三果穗，可促使养分集中供应主穗促早熟。

（4）适时晚收　据测定，玉米在没有完全成熟时，每晚收 1d 千粒重增加 1g 左右，所以玉米适时晚收 5~7d，在不增加任何投入的情况下，每亩可增加 50~70kg 的产量。提倡晚收的时间为 9 月下旬到 10 月初，推迟 7~10d。适当晚收可延长玉米灌浆的时间，使玉米充分成熟。玉米适期推迟收获的标准是苞叶松散枯黄，籽粒变硬，含水量 25% 左右，籽粒表面有较好的光泽，靠近胚的基部出现黑色层，籽粒乳线消失，即以完熟初期至完熟中期收获产量最高。由于平播夏玉米播种时间为 6 月中旬，而为了种麦，多数农田的习惯收获时间为 9 月中旬，玉米的生育期仅为 90~95d。在收获玉米的时候正是玉米的腊熟后期，这时每亩每天灌浆的粒重为 10~11kg，所以如晚收获 5~10d，就可以使玉米每亩增产 50~100kg。试验表明，麦收后平播的"郑单 958"，10 月 5 日收获比 9 月 25 日收获（晚收 10d），玉米的千粒重增加了 19.5% 和 22.2%，每亩地增产了 107.3kg 和 127.7kg，平均每晚收 1d 增产玉米 10.8kg 和 12.8kg。因此，夏玉米适期晚收，是玉米增产简便易行的有效措施。

此外，在玉米穗期和花粒期，叶斑病、青枯病、锈病和褐斑病等病害均有可能发生，应及时做好病害防治工作（图 2-2）。对于叶斑病，可先摘除玉米底部 1~2 片病叶集中销毁，然后用 50% 多菌灵或 70% 甲基托布津 500 倍液，或用 75% 代森锰锌 500~800 倍液，喷雾防治。发现青枯病零星病株时，则应用多菌灵 500 倍液浇根，每株灌药液 500ml。锈病防治可在初发期用 20% 粉锈宁乳油 1 125~1 500 ml/hm^2，喷雾防治。褐斑病防治可选择三唑酮、甲基硫菌灵、多菌灵、禾果利等杀菌剂进行防治。

图 2-2 病害

第二节　生长发育与抗逆减灾的关系

一、逆境胁迫的发生规律

（一）温度胁迫

玉米起源于中美洲热带地区，在系统发育过程中形成了喜温的特性，因此是喜温作物。通常以10℃作为生物学上的0℃，10℃以上的温度才是玉米生物学的有效温度。

玉米播种后，在水分适宜的条件下，温度达到7~8℃时即可开始发芽，但发芽极为缓慢，容易受有害微生物的感染而发生霉烂。所以在田间低温条件下，微生物对种子的发芽比低温直接对种子发芽的为害性更大。玉米种子发芽的最适温度28~35℃。但在生产上晚播往往要耽误农时，而过早播种又易引起烂种缺苗，通常把土壤表面5~10cm温度在10℃以上的时期，作为春播玉米的适宜播种期。

中国北方春季温度上升缓慢，在正常播期范围内，播种到出苗所需的时间较长，一般15~20d；华北地区4月中旬左右播种的约10d出苗；南方气温较高，夏、秋播玉米仅5d左右即可出苗。土壤水分适宜的条件，土壤温度对播种到出苗所需时间的长短有显著影响。

春玉米在日平均温度达到18℃时开始拔节。这一时期玉米的生长速度在一定范围内与温度成正相关，即温度愈高，生长愈快。所以穗期在光照充足、水分、养分适宜的条件下，日平均温度在 22~24℃ 时，既有利于植株生长，也有利于幼穗发育。

玉米花期要求日平均温度为 26~27℃，此时空气湿度适宜，可使雄雌花序开花协调，授粉良好。当温度高于 32~35℃，空气湿度接近 30%，土壤田间持水量低于 70%，雄穗开花持续时间减少，雌穗抽丝期延迟，而使雌、雄花序开花间隔变长，造成花期不遇。同时由于高温干旱，花粉粒在散粉后 1~2h 即迅速失水（花粉含 60% 水分），甚至干枯，丧失发芽能力；花柱也会过早枯萎，寿命缩短，严重影响授粉，而造成秃顶和缺粒。

成熟后期，温度逐渐降低，有利于干物质的积累。在这一时期内，最适宜于玉米生长的日平均温度为 22~24℃。在此范围内，温度愈高，干物质积累速度愈快，千粒重越大。反之，灌浆速度减慢，经历的时间也相应延长，因此，千粒重降低。当温度低于 16℃ 时，玉米的光合作用降低，淀粉酶的活性受到抑制，从而影响淀粉的合成、运输和积累。由于低温使灌浆速度减慢，延迟成熟，故易受秋霜为害。当温度高于 25℃ 以上时，又同时受到干旱影响，将使籽粒迅速脱水，出现高温逼熟现象。因此在温度低于 16℃ 或高于 25℃ 时，都会使籽粒秕瘦，粒重减轻，产量降低。

1. 低温冷害

低温冷害指农作物生育期间，在重要阶段的气温比要求偏低，引起农作物生育期延迟，或使生殖器官的生理机能受到损害，造成减产。低温冷害的发生范围具有地域性和时间性。日本、韩国、美国和中国低温冷害发生较为突出。中国平均每年因低温冷害造成农作物受灾面积达 364 万 hm^2。夏季低温冷害主要发生在东北，因为这里纬度较高，5—9 月的热量条件虽能基本满足农作物的需要，但热量条件年际间变化大，不稳定，反映在农业生产上就是高温年增产，低温年减产。

玉米生育期间的低温霜冻，是中国北方玉米产区的主要气象灾害，是高产稳产的主要限制因素之一。据东北三省 1957、1969、1972 和 1976 年 4 个严重低温冷害年的统计资料，玉米平均比上年减产 16.1%。近期 1995 和 1997 年 9 月中旬的局域性早霜，单产减少 10%~15%。低温冷害对玉米产量影响较大。

2. 高温胁迫

近年来，随着气候变暖，中国局部地区气候反常，气温超过 30℃ 以上的天气明显增多，对玉米正常结实造成严重影响。玉米在苗期处于生根期，抗不良环境能力较弱，若遇连续 7d 高温干旱，就会降低玉米根系的生理活性，使植株生长较弱，抗病力降低，易受病菌侵染发生苗期病害。玉米灌浆到蜡熟期，若遇到雨天过后突然转晴的高温、高湿天气，容易引发青枯病（茎基腐病或茎腐病），造成产量和品质降低。

（二）水分胁迫

水分胁迫又分为干旱和涝、渍害。

1. 干旱

干旱是指长时期降水偏少，造成大气干燥，土壤缺水，使农作物体内水分亏缺，影响正常生长发育造成减产，缺水严重时，植株还有可能枯萎、死亡（图2-3）。干旱根据其发生季节可分为春旱、夏旱和秋旱。春旱对玉米为害很严重，可能导致播种面积下降、播期延迟以及出苗不全、不齐、缺苗断垄等现象，将直接影响玉米生产，一般发生在4—5月。降水量的相对变率大是发生春旱的主要原因；此外，春季温度回升快，相对湿度迅速降低，风速也大，致使解冻返浆后的土壤水分迅速消耗。

图2-3 干旱

夏旱致使穗粒数减少，空秆率增加，百粒重下降。夏旱发生的频率虽较春旱低，但其为害却比春旱严重，夏旱常伴随高温少雨，不利于作物生长。通常夏季正值玉米生长发育的重要阶段，营养生长和生殖生长并进，是产量形成的关键阶段，这个阶段如遭遇"卡脖旱"，对玉米全生育期影响较大。

秋季有效降水少，如气温偏高，则易导致秋旱，其主要是影响玉米灌浆。玉米灌浆期需要足够的土壤水分，墒情较好时，根系才能在吸收水分时随同吸收需要的养分，运送到叶片中，经光合作用及一系列生理生化作用合成有机物质，再运输到籽粒中贮存，使籽粒饱满，增加产量。在灌浆期遭遇高温干旱，使灌浆减缓，光合作用减弱，合成的有机物质减少，最终籽粒秕瘦，空秆率增加，百粒重下降，最终造成减产。

2.涝害和渍害

涝、渍害是世界许多国家的重大农业灾害。如日本和东南亚国家的作物涝、渍害都相当严重。中国也是涝、渍害严重发生的国家。根据联合国粮农组织（FAO）的报告和国际土壤学会绘制的世界土壤图估算，世界上水分过多的土壤约占 12%。

涝、渍害对作物的为害多在夏秋之交。雨水过多，土壤排水不良的情况下经常会发生涝害（地表积水）和渍害（土壤水饱和，但地表无积水），影响作物正常生长和发育。作物生长期间雨水较多、地下水位较高、耕层滞水较多或地面易积水是作物生产的重大障碍因素。

（三）其他胁迫

土壤盐渍化已成为导致世界范围内作物产量受损的重要原因，大约有超过 20% 的耕地和超过 50% 的水浇地由于灌溉不当而受到盐渍化的严重影响。玉米属于盐敏感作物，当盐浓度较高时，盐胁迫干扰胞内的离子稳定，导致膜功能异常，代谢活动减弱，玉米生长受抑，最终整株植物受到严重影响、减产直至死亡。

二、加强田间管理

（一）温度胁迫应对措施

1.低温应对策略

（1）选用早熟品种，严禁越区种植　玉米冷害多为延迟性冷害，主要是由于积温不足引起的。因此，应选用适合本地种植的熟期较早的品种，例如无霜期为 120~130d 的地方选用生育期不超过 120d 的品种。

（2）适期早播，种子播前低温锻炼　早播可巧夺前期积温 100~240℃，应掌握在 0~5cm 地温稳定通过 7~8℃时播种，覆土 3~5cm，集中在 10~15d 播完，达到抢墒播种，缩短播期，一次播种保全苗的目的。播前种子可进行低温锻炼。即将种子放在 26℃左右的温水中浸泡 12~15h，待种子吸水膨胀刚萌动时捞出放在 0℃左右的窖里，低温处理 10h 左右，即可播种。用这种方法处理之后，幼苗出苗整齐，根系较多，苗期可忍耐短时期 −4℃的低温，提前 7d 左右成熟。

（3）催芽座水，一次播种保全苗　催芽座水种，具有早出苗、出齐苗、出壮苗的优点。可早出苗 6d，早成熟 5d，增产 10%。将合格的种子放在 45℃温水里浸泡 6~12h，然后捞出在 25~30℃条件下催芽，2~3h 将种子翻动 1 次，在种子露出胚根后，置于阴凉处晾芽 8~12h。将催好芽的种子座水埯种或开沟渗水种，浇足水，覆好土，保证出全苗。

（4）保护地栽培防冷促熟技术　可以采取人为增加出苗阶段温度，达到放冷促熟的目的。

2．高温应对策略

（1）选育推广耐热品种　利用品种遗传特性预防高温为害。

（2）调节播期，避开高温天气　春播玉米可推迟至 6 月播种，减少开花授粉期遭遇高温天气的受害程度。

（3）人工辅助授粉，提高结实率　在高温干旱期间，玉米的自然散粉、授粉和受精结实能力均有下降，如开花散粉期遇到 38℃ 以上持续高温天气，建议采用人工授粉增加玉米结实率，减轻高温对授粉受精过程的影响。

（4）适当降低密度，采用宽窄行种植　在低密度条件下，个体间争夺水肥的矛盾较小，个体发育较健壮，抵御高温伤害的能力较强，能够减轻高温热害。采用宽窄行种植有利于改善田间通风透光条件、培育健壮植株，使植体耐逆性增强，从而增加对高温伤害的抵御能力。

（5）加强田间管理，提高植株耐热性　通过加强田间管理，培育健壮的耐热个体植株，营造田间小气候环境，增强个体和群体对不良环境的适应能力，可有效抵御高温对玉米生产造成的为害。具体有如下几方面：① 科学施肥，重视微量元素的施用。以基肥为主，追肥为辅；重施有机肥，兼顾施用化肥；注意氮磷钾平衡施肥（3：2：1）。叶面喷施脱落酸（ABA）水杨酸（SA）、激动素（BA）等进行化学调控也可提高植株耐热性。② 苗期蹲苗进行抗旱锻炼，提高玉米的耐热性。利用玉米苗期耐热性较强的特点，在出苗 10~15d 后进行为期 20d 的抗旱和耐热性锻炼，使其获得并提高耐热性，减轻玉米一生中对高温最敏感的花期对其结实的影响。③ 适期喷灌水，改变农田小气候环境。高温期间或提前喷灌水，可直接降低田间温度；同时，灌水后玉米植株获得充足的水分，蒸腾作用增强，使冠层温度降低，从而有效降低高温胁迫程度，也可以部分减少高温引起的呼吸消耗，减免高温伤害。

（二）水分胁迫应对措施

1.干旱应对措施

减少干旱造成的玉米产量损失，主要从两方面入手。一是采用耐旱性好的玉米种质，利用玉米自身的遗传特性来对抗干旱胁迫；二是采取一系列的栽培手段，减轻水分亏缺从而达到降低产量损失的目的，如节水灌溉、化学材料应用以及合理施用N、K、甜菜碱也可以从一定程度减少干旱造成的损失。玉米抽雄前后一个月是需水临界期，对水分特别敏感。此时缺水，幼穗发育不好，果穗小，籽粒少。如遇干旱，雄穗或雌穗抽不出来，似卡脖子，故名卡脖旱。为了减轻卡脖旱的影响，可采取的措施如下。

（1）积极开发一切可以利用的水源灌溉　可以直接增加相对湿度，缓解旱情，有效削弱卡脖旱的直接为害。

（2）培育选用抗旱品种　有条件的提倡用生物K肥拌种，可以提高玉米的抗旱能力。

（3）采用竹竿赶粉或采粉涂抹等人工辅助授粉法　使落在柱头上的花粉量增加，增加授粉受精的机会。

（4）根外喷肥　用尿素、磷酸二氢钾水溶液及过磷酸钙、草木灰过滤浸出液于玉米破口期、抽穗期、灌浆期连续进行多次喷雾，增加植株穗部水分，能够降温增湿，同时可给叶片提供必需的水分及养分，提高籽粒饱满度。

（5）施用有机活性液肥或微生物有机肥　可喷洒，或喷洒农家宝、促丰宝等植物增产调节剂等，可以减轻干旱的影响，促进增产。

2.涝害应对措施

在玉米生产中，为从根本上防御渍涝，应该配备基本的农田水利设施，使田间沟渠畅通，做到旱能灌、涝能排，为玉米渍涝灾害防御奠定基础。同时，应在玉米生产中改变种植方式来防止夏季雨水过多造成的渍涝，采用凸畦田台或大垄双行种植。这种种植方式的优点为：一方面，当雨量较大时，有利于雨水聚集，加速土壤沥水的过程，减少土壤耕层中的滞水；二是有利于调整玉米根系分布，改善田间土壤的通气状况，从而提高玉米根系着生和分布高度。另外可以采取适期早播，避开芽涝，把玉米最怕渍涝的发芽出苗期和苗期安排在雨季开始以前，尽量避开雨涝季节，可有效避免或减轻渍涝的为害。科学选择品种也能减少渍涝灾害损失。不同玉米品种的耐渍涝能力存在较大差异。在玉米的生产中选用耐渍涝的品种，由于其抗渍涝性强，在发生渍涝为害时，减产量较低，单产显著高于不耐渍品种。

发生水淹时，淹水时间越长受害越重，淹水越深减产越重。及时排水散墒可以最大程度的减少损失。排水后还需要一系列的措施来恢复受害玉米生长，具体如下。

（1）排水散墒 被水淹、泡的玉米田要及时进行排水，挖沟修渠，尽早抽、排田间积水，降低水位和田间土壤含水量，确保玉米后期正常生长；灾情较轻地块要及时挖沟排水，排水晒田，提高地温，确保正常生长；对于未过水、渍水，但有出现内涝可能的地块，也要及时挖水沟排水，预防强降雨造成内涝。

（2）及时扶立 受过水、强风等因素影响造成倒扶的地块，要根据具体情况及时进行处理。大雨过后，玉米茎及根系比较脆弱，扶立时要防止折断和进一步伤根，加重玉米的受灾程度。被风刮倒的玉米要及时（1~3d内）扶起、立直，越早越好，并将根部培土踏实（尤其是风口地带），杜绝二次倒伏。

（3）适时毁种 因水灾绝收的玉米地块，要及时清理田间杂物及秸秆，毁种适宜、对路、好销售的晚秋作物，最大限度地减少空地面积。

（4）加强管理 受到水淹胁迫的地块在排水扶立之后还应加强管理，采取一系列措施保证后续生产过程。① 去掉底叶。过水和渍水地块，玉米下部叶片易过早枯黄，要及时去掉黄枯叶片，减少养分损失，提高通风透光，减少病害发生，促进作物安全成熟。② 拔除杂草。在 8 月末对玉米田进行放秋垄、拔大草，减少杂草与玉米争肥夺水。③ 防治蚜虫。玉米田如发现蚜虫，用40% 乐果乳油 1 500~2 000 倍药液喷雾防治，以保证正常授粉和结实。④ 促进早熟。叶面喷施磷酸二氢钾和芸苔素内酯等，迅速补充养分，增强植株抗寒性，促进玉米成熟。⑤ 扒皮晾晒。在玉米生长后期采取站秆扒皮晾晒，加速籽粒脱水，促进茎、叶中养分向果穗转移和籽粒降水，降低含水量，促进玉米的成熟和降水。⑥ 预防早霜。要提早做好预防早霜的准备工作。尤其是水灾较重、玉米生长延迟、易受冻害、冷害影响的地区。方法可采取放烟熏的办法。在早霜来临前，低洼地块可在上风口位置，放置秸秆点燃，改变局部环境温度，人工熏烟防霜冻。⑦适时晚收。提倡适时晚收，不要急于收获，适当延长后熟生长时间，充分发挥根茎储存养分向籽粒传送的作用，提高粮食产量和品质。一般在玉米生理成熟后 7~10d 为最佳收获期，一般为 10 月 5—15 日。

（三）盐胁迫应对措施

1.加强农田基本建设

加强农田基本建设，搞好盐碱地块的改良增施优质腐熟的农肥，有条件的地区可修筑台田、条田，或用磷石膏等改良土壤。

2.选择相对抗盐碱的品种

盐碱地一般土壤瘠薄，地势低洼，早春土壤温度回升慢。选用玉米品种时要注意选择适合本地区种植的生育期适中、抗逆性强、耐盐碱的品种。

3.适当深耕

提高整地质量盐碱地可进行适当深耕，防止土壤返盐，有效地控制土壤表层盐分的积累。要进行秋整地、秋起垄，翌年垄上播种。

4.精细播种

盐碱地玉米由于受盐碱为害和虫害的影响较重，出苗率相对较低。种植时应选择盐害较轻的地块，适时晚播，适当加大播种量，并注意防治地下害虫，提高出苗率，播种时可适当深开沟将玉米种子播在盐分含量低的沟底，然后浅覆土。

5.加强田间管理

盐碱地玉米出苗晚、生长慢、苗势弱。在田间管理上要采取早间苗、多留苗、晚定苗的技术措施。一般在 2~3 片叶时间苗，6~7 片叶时定苗。及时进行中耕除草，提高地温，减少水分蒸发带来的土壤返盐现象。在降雨后要及时进行铲地，破除土壤板结，防止土壤返盐。

6.科学施肥

复合肥做底肥时要选择硫酸钾型复合肥，不能选用氯基复合肥。玉米出苗后植株出现紫苗时要及时进行叶面喷施磷酸二氢钾，促进幼苗生长。

本章参考文献

包和平 .2010.玉米生育期的划分及注意事项 [J].吉林农业（20）：24.

曹广才，吴东兵 .1996.植株叶数是北方旱地玉米品种熟期类型的形态指标 [J].北京农业科学，14（4）：4-7.

陈朝辉，王安乐，王娇娟，等 .2008.高温对玉米生产的为害及防御措施 [J].作物杂志（4）：90-92.

陈国平，赵仕孝，杨洪友，等 .1988.玉米涝害及其防御措施的研究——Ⅰ.芽涝对玉米出苗及苗期生长的影响 [J].华北农学报（2）：12-17.

冯晔，张建华，包额尔敦嘎，等 .2008.高温、干旱对玉米的影响及相应的预防措施 [J].内蒙古农业科技（6）：38-39.

郭战欣 .2008.玉米中后期的管理技术 [J].河北农业科技（9）：8-9.

· 李景峰 .2012. 淮北地区夏玉米渍涝灾害及其防御措施 [J]. 现代农业科技（12）：65–67.

李青松，方华，郭玉伟，等 .2010. 春播玉米品种熟期类型划分研究 [J]. 河北农业科学，14（9）：8–11，25.

刘宁，邱立宝，石绪海，等 .2007. 谈玉米生育期调查记载方法 [J]. 中国种业（7）：47.

马梅素 .2015. 玉米中后期管理技术 [J]. 种业导刊（7）：12–13.

田兴龙，孟庆平 .2009. 盐碱地种植玉米应注意的几个问题 [J]. 现代农业（3）：42.

王静红 .2011. 玉米生育期四个重要的追肥时期 [J]. 民营科技（7）：87.

吴东兵，曹广才，阎保生，等 .1999. 晋中高海拔旱地玉米熟期类型划分指标 [J]. 华北农学报，14（1）：42–46.

杨德勇 .2013. 浅析玉米种植技术的田间管理 [J]. 农村实用科技信息（4）：15.

翟治芬，胡玮，严昌荣，等 .2012. 中国玉米生育期变化及其影响因子研究 [J]. 中国农业科学，45（22）：4 587–4 603.

张红，董树亭 .2011. 玉米对盐胁迫的生理响应及抗盐策略研究进展 [J]. 玉米科学，19（1）：64–69.

张振海，常治锋，朱志渊，等 .2008. 玉米的一生 [J]. 河南农业（4）：41.

第三章
玉米种植的
逆境胁迫

玉米种植中，经常遭受来自生物圈、大气圈、土壤圈中各种不利因素的影响，引起玉米植株的一定伤害，对生长发育产生不利影响，从而造成产量损失，称为逆境胁迫。

第一节 生物胁迫

一、玉米病害

（一）侵染性病害

玉米植株受到病原物侵袭后，其正常的生理代谢功能和生长发育受到影响，在生理和外观上表现出异常，对作物有较强的侵染性，在一定气候条件下还具有较强的传播性的一类病害。侵染性病害常导致作物减产甚至无收。侵染玉米的病原物主要包括病毒、细菌、真菌、线虫等。引起的病害称为病毒性病害、细菌性病害、真菌性病害和线虫病害。玉米侵染性病害种类占玉米病害总数的 80% 以上，是为害玉米生产的主要因素。据报道，世界上为害玉米的侵染性病害有 160 余种，在中国，玉米生产中发生频率高、为害严重的 20 余种，包括玉米大斑病、小斑病、茎腐病、粗缩病等。

1.病毒性病害

玉米病毒病种类较多，目前世界上已报道的有 50 多种病毒在自然条件下可寄生玉米，试验条件下有 30 多种病毒可寄生玉米，至少有 8 个不同科属的病毒可对玉米造成严重为害。玉米病毒病是系统侵染性病害，可以导致玉米植株矮化、叶片褪绿、花叶、黄化、枯斑、丛枝、雌雄穗不育、植株坏死或直接死亡等症状，是玉米上为害损失重而难以防治的病害。撕取表皮镜检时有时可见内含体，在电镜下可见到病毒粒体和内含体。感病植株，多为全株性发病，少数为局部性发病。在田间，一般新叶先出现症状，然后扩展至植株的其他部分。此外，随着气温的变化，特别是在高温条件下，病毒病常会发生隐症现象。近年来，由于耕作栽培制度的改变导致毒源虫源累积，加之品种抗性和气候变化等多种因素影响，玉米病毒病的发生呈上升扩大蔓延趋势。迄今国内自然或人工接种对玉米造成为害的病毒主要有玉米矮花叶病毒（MDMV）、甘蔗花叶病毒（SCMV）、白草花叶病毒（PenMV）、水稻黑条矮缩病毒 RBSDV（异名：玉米粗缩病毒 MRDV）、玉米褪绿矮缩病毒（MCDV）、玉米褪绿斑驳病毒（MCMV）、玉米条纹病毒（MSV）、玉米鼠耳病毒（MWEV）、大麦黄矮病毒（BYDV）、小麦条纹花叶病毒（WSMV）、玉米条纹矮缩病毒（MSDV）、大麦条纹花叶病毒（BCMV）、稻条纹叶枯病毒（RSV）、水稻齿矮病毒（RRSV）、水稻瘤矮病毒（RGDV）、南方水稻黑条矮缩病毒（SRBSDV）等 16 种。其中，玉米矮花叶病、玉米粗缩病、玉米致死性坏死病、玉米红叶病是当前玉米生产中的主要病毒病。

（1）玉米矮花叶病（Maize Dwarf Mosaic Virus Disease） 在中国各玉米产区都有发生，包括黑龙江、吉林、辽宁、内蒙古、河北、河南、北京、天津、山西、陕西、江苏、上海、浙江、广东、海南、广西、四川、云南、重庆、新疆、甘肃等省（自治区、直辖市）。但在西北、华北地区的一些省份平原地区发病较重，华东地区也有加重为害的趋势，流行年份可造成大面积严重减产，是玉米生产上的重要病害。

（2）玉米致死性坏死病（CLN 或 MLN） 是由玉米褪绿斑驳病毒（MCMV）与小麦条纹花叶病毒（WSMV）、玉米矮花叶病毒（MDMV）、甘蔗花叶病毒（SCMV）发生协生作用产生的。据报道，云南已发现 MCMV，并且 SCMV、MDMV 和 WSMV 在中国也分布广泛。WSMV 曾在西北地区的甘肃、陕北和新疆等地大面积发生，造成小麦轻者减产 30%~50%，严重发病可减产 80% 以上，甚至颗粒无收。WSMV 为中国进境检疫对象。1968 年，MDMV 在河南省新乡、辉县等地发生，粮食损失近 2 500 万 kg。之后，MDMV 迅速蔓延到河北、山东、陕西、甘肃、四川、浙江、辽宁和山西等地，损害严重。据报道，在北京、浙江、杭州、广东和山东等地区引起玉米矮花叶病的是 SCMV。MLN主要发生在温度较高的区域，目前仅在云南省发现。云南省的地理位置及生态环境，特别是海拔 1 800 m 以下地区能满足发病条件。

（3）玉米粗缩病（Maize Rough Dwarf Disease，MRDD） 俗称"万年青""小老苗"，是一种世界性玉米病毒病害，为媒介昆虫飞虱传播的病害（图 3-1）。国内最早于 1954 年在新疆和甘肃发现，20 世纪 60 年代以后东部各省有所发生。70 年代中期，华北推行玉米间作套种，提前播种，粗缩病发生猖獗。近年来由于传毒昆虫繁殖数量的剧增，导致玉米粗缩病在山东、河北、河南、江苏、安徽、浙江、辽宁、甘肃、新疆等省区都有不同程度的发生，在江苏等南方玉米种植区，

图 3-1 粗缩病

由于与水稻或小麦轮作，传毒介体昆虫在水稻和小麦上繁殖数量大，因此，在玉米苗期大量带毒介体迁入玉米田，导致粗缩病连续多年发生严重。目前，该病已经成为山东、江苏、安徽等地玉米生产上的主要病害。

（4）玉米红叶病（Barley Yellow Dwarf Virus） 又称玉米黄矮病毒病，属于媒介昆虫蚜虫传播的病害。在主要发生在甘肃省东部地区，此外，陕西、河南、河北、山东、山西、贵州等地也属常发区。

（5）玉米鼠耳病（Maize Wallaby Ear Virus，MWEV） 1988年于四川南充地区首次发现，此后，在四川省仪陇县的日兴、新华，南充的龙门、龙蟠、南部的升中、阆中的沙溪、石子、三台、剑阁、苍溪、梓桐、广元、古蔺、夹江、乐至、贵州省大方、纳雍、修方、息烽、开阳、桐梓等县、重庆市长寿区、壁山县也相继发生。

（6）玉米条纹矮缩病（Maize Stripe Dwarf Virus） 又称玉米条矮病，俗称穿条绒。由灰飞虱传播，在甘肃省敦煌市、浙江省杭州市及新疆等地有发生报道，是甘肃和新疆地区玉米的主要病害。1969—1971年在甘肃敦煌县连续3年大发生，产量损失50%。

（7）玉米条纹病毒病（Maize Streak Virus） 由玉米短头飞虱传播，主要发生于低洼潮湿的热带和亚热带地区。在中国主要发生在台湾地区。

2. 细菌性病害

目前，世界上已鉴定出引起植物病害的细菌达300余种，已报道的玉米细菌性病害有13种。症状复杂多样，主要引起植株斑点、矮缩、萎蔫、溃疡、腐烂及畸形等。多数叶斑受叶脉限制成多角形或近圆形。病斑初期呈水渍状或油渍状，半透明，边缘常有褪绿的黄色晕圈。有的病害易与真菌和病毒病害及一些生理性病害的症状相混淆，难以区别。多数细菌病害在发病后期，当气候潮湿时，从病部的气孔、水孔、皮孔及伤口处溢出黏状物，即菌脓，这是细菌病害区别于其他病害的主要特征。腐烂型细菌病害的重要特点是腐烂的组织黏滑且有臭味。国内外关于玉米病害的研究报道很多，但对于玉米细菌性病害给予的关注较少，有关发生为害和研究的报道也有限。鉴于细菌性病害潜在为害的严重性，中国已将玉米细菌性枯萎病列为进境危险性检疫病害。目前，在中国玉米产区分布最普遍广泛的仅有玉米细菌性茎腐病，其他玉米细菌性病害包括细菌性顶腐病、细菌干茎腐病、细菌性叶斑病、细菌性穗腐病在中国一些玉米种植区、试验的鉴定圃和生产田中也有发生，其中，既涉及普通玉米，也涉及甜、糯玉米，田间症状主要有各种叶斑以及穗腐。中国玉米的细菌性病害不多，并且这些细菌性病害尚未造成严重的生产损失。但考虑到玉米细菌性病害的主要传播途径是种子和病残体带菌，随着中国不断从国外引进玉米种质，国内玉米商业化制种的迅速发展导致种子的大规模异地调运以及秸秆还田等技术的推广应用，对玉米细菌性病害的防范必须引起高度重视。

（1）细菌性茎腐病（Bacterial Stalk Rot）　俗称烂茎病，腰烂病。在中国一些玉米种植区偶有发生，近年来发病范围有逐渐扩大的趋势。河南、海南、浙江、吉林、陕西、甘肃、天津、山东、安徽、福建、广西、四川、云南等省（市）都有发生的报道。在四川和河南主要玉米产区发生较重。

（2）细菌性顶腐病（Bacterial Top Rot）　是近几年出现的一种新病害，目前在河北、河南、山东、新疆等地均有发生。

（3）细菌干茎腐病（Bacterial Dry Stalk Rot）　为土壤和种子传播的病害，是 2006 年在中国发生的一种新病害。该病仅在少数玉米自交系上发生，目前仅发现在甘肃和新疆的制种基地中发生。

（4）细菌性叶斑病（Bacterial Leaf Spot）　主要包括泛菌叶斑病（*Pantoea* bacterial spot）、芽孢杆菌叶斑病（*Bacillus* bacterial leaf spot）和细菌性褐斑病（Holcus spot）。其中，最常见、分布较广、对生产威胁较大的是泛菌叶斑病，主要分布在河北、北京、广东、海南、贵州、宁夏等地。芽孢杆菌叶斑病是一种新的土壤传播病害，目前仅在浙江省发现。细菌性褐斑病在中国局部地区发生，目前仅在海南地区发现。

（5）细菌性穗腐病（Bacterial Ear Rot）　是一种气流传播的病害，在各地零星发生，在南方甜玉米种植区（如广东省）发生较重。

（6）玉米细菌性枯萎病（Maize Stewart's Bacterial Wilt）　又称细菌性萎蔫病，是中国重要的对外检疫对象，该病于 1897 年在美国纽约州首次发现。枯萎病是玉米上的一种毁灭性病害，特别是对甜玉米的为害尤为严重。受害植株叶片干枯，有的提早成熟、矮化、不结实，严重者可减产 90%~100%，目前在中国的发病情况还不明，应引起高度警惕。

3. 真菌性病害

中国玉米带位于 20°~45° N 从东北到西南的狭长地区，南北地域距离和海拔跨度大，气候条件复杂，真菌种类繁多，复杂多样。各种真菌性病害的发生分布存在差异。真菌病害的主要症状是组织局部坏死、腐烂、萎蔫，少数为畸形；在发病部位常产生霉状物、粉状物、锈状物、粒状物等病症。在玉米生产过程中，由真菌引起的侵染性病害多达 50 余种，其中，生产上常见的病害可达 20 多种，对玉米生产造成为害损失的可达 10 余种。主要包括玉米大斑病、小斑病、弯孢霉叶斑病、灰斑病、圆斑病、茎腐病、丝黑穗病、瘤黑粉病、纹枯病、根腐病等。在不同生态区和种植类型区，真菌侵染性病害发生的种类和严重程度不同。北方春玉米区主要病害为玉米丝黑穗病、茎腐病、大斑病和瘤黑粉病，灰斑病、弯孢菌叶斑病、纹枯病、疯顶病和顶腐病为害区域和程度呈增加趋势，其中，灰斑病的发生区域扩展很快。黄淮海夏玉米区主要为玉米大斑病、小斑病、粗缩病、南方锈病、褐斑病和苗枯病的蔓延较快，对产量影响较大。南方锈病过去主要在华南流行，1998 年开始在山东省、河南省大面积发生。粗缩病在山东省自 2005 年以来已连续 4 年严重发生，发病率在 10%~70%，部分田块绝产。西南玉米区主要病害为纹枯病，穗腐（粒）病、茎腐病和大、小斑病，灰斑病在云南呈加重发生趋势。南方玉米区茎腐病、穗（粒）腐病、纹枯病和大、小斑病为害较重。西北地区主要为丝黑穗病、瘤黑粉病和大斑病。

（1）玉米大斑病（Northern Corn Leaf Blight）是一种以叶片上产生大型病斑为主的病害，是中国和世界玉米生产中发生普遍并可造成严重损失的叶枯性病害，主要分布于气候较冷凉的玉米种植区。在中国分布广泛，黑龙江、吉林、辽宁、内蒙古、河北、河南、山东、安徽、江苏、山西、陕西、北京、天津、四川、重庆、贵州、云南、上海、浙江、江西、福建、广东、海南、广西、湖南、湖北、宁夏、新疆、甘肃、台湾地区都有发生。主要集中在黑龙江、吉林、辽宁、内蒙古东部和中部、甘肃东部、宁夏、陕西中部和北部、河北北部、北京北部、天津北部、湖南西部、湖北西部、四川、重庆、贵州、云南等以春玉米种植为主的地区。

（2）玉米小斑病（Southern Corn Leaf Blight） 又称玉米蠕孢菌叶斑病、玉米斑点病。是一种以叶片上产生小型病斑为主的病害，1925 年首次报道，是世界性分布的玉米病害。20 世纪 60 年代，该病是由国外引进感病自交系以及国内感病品种和自交系的普遍推广造成的。小斑病在中国大部分玉米种植区均有发生，主要分布在气候温暖湿润的夏玉米种植区，包括陕西中部、山西南部、河北中南部、北京南部、天津、河南、山东、安徽北部、江苏北部；在西南的四川、重庆、贵州、云南的低海拔地区，辽宁中南部以及上海、浙江、江西、福建、广东、海南、广西、湖南、湖北都有普遍发生；黑龙江、吉林、内蒙古、新疆、甘肃、宁夏也都有小斑病发生的报道。

（3）玉米弯孢霉叶斑病（Curvularia Leaf Blight） 又称拟眼斑病、螺霉病、黑霉病。20 世纪 70 年代末至 80 年代初，在中国山东沿海地区就发生此病害，但当时没有能够确定其病原，称其为"无名斑"；80 年代以来，华北一些地区玉米骨干自交系如黄早 4、E28、丹 340、掖 107 等在田间发生新的叶部病害，当时人们称为黄斑病（段双科，1984）。目前在全国主要玉米产区普遍发生，主要分布在辽宁、北京、河北、河南、陕西、山东、吉林、天津、山西、甘肃、浙江、江苏、四川等地。

（4）玉米灰斑病（Gray Leaf Spot）　又称尾孢叶斑病，属于气流传播病害，分布于世界各玉米种植区，在中国一直为次要病害，自20世纪后期日趋严重，至90年代已经成为东北玉米产区的重要病害之一，并蔓延到华北等地，目前在东北春玉米区、黄淮海夏玉米区和西南玉米区都有分布，主要包括黑龙江、吉林、辽宁、内蒙古、山西、河北、山东、湖北、四川、重庆、贵州、云南等地区。该病在北方春玉米区呈明显逐步向北扩展的趋势，已成为吉林和黑龙江重要的玉米叶斑病之一，在云南西部的腾冲蔓延至云南全省，年扩展速度约150~200km，为害性已超过玉米大斑病成为云南省玉米生产中的重要病害。在云南西南部地区、四川雅安地区、湖北恩施地区，灰斑病已造成严重的生产损失。

（5）玉米圆斑病（Northern Corn Leaf Spot）　是一种在玉米叶片、叶鞘、苞叶上产生病斑，并在果穗上引起籽粒腐烂的病害，该病属气流传播病害，种子也可传播。该病害1958年在云南发现，20世纪80年代在东北地区种植的玉米骨干自交系"吉63"上普遍发生，并严重影响玉米制种田。其后几年中有零星发生，但未形成较大影响。近年来，该病在陕西省、重庆市发生，并在云南全省发生，有加重为害的趋势。目前分布范围较小，仅在局部地区发生，主要分布在云南、吉林、河北、辽宁、北京、黑龙江、内蒙古、陕西、山东、浙江、四川、重庆、贵州、台湾等地区。

（6）玉米茎腐病（Stalk Rot）　属于土壤传播病害，在中国各玉米产区均有发生，连续多年的秸秆还田措施，致使土壤中病原菌的群体数量急剧上升，为病害发生创造了基本条件。玉米茎腐病主要包括玉米腐霉茎腐病和玉米镰孢茎腐病。玉米腐霉茎腐病主要分布在黑龙江、吉林、辽宁、山东、河北、河南、北京、天津、山西、陕西、安徽、江苏、浙江、广东、广西、湖北、湖南、四川、宁夏、海南、新疆、甘肃等省（自治区、直辖市），病害重要发生区域为华北、东北和西北。玉米镰孢茎腐病主要分布在黑龙江、吉林、辽宁、山西、陕西、河北、山东、江苏、浙江、广西、湖北、四川、云南、内蒙古、北京、河南、安徽、湖南、甘肃、宁夏、贵州等省（自治区、直辖市）。

（7）玉米丝黑穗病（Head Smut）　属于土传病害，虽然种子偶会带菌，但不是病害发生的主要原因。该病在全国各玉米种植区均有不同程度的发生，是中国春玉米种植区最重要的病害之一。该病害于1919年在中国东北地区首次被

图3-2 丝黑穗病

发现，20世纪70年代后期，由于大量种植感病品种，造成中国东北、华北、西南及西北地区玉米丝黑穗病大流行。目前该病在东北地区、华北北部、西北东部及西南丘陵山区发生普遍。包括黑龙江、吉林、辽宁、内蒙古、河北、陕西、四川、广西、甘肃、山西等地区（图3-2）。

（8）玉米瘤黑粉病（Common Smut）是玉米生产上的重要病害之一，既可以土壤传播，也可以气流传播和种子传播，但种子传播的作用比较小（图3-3）。玉米瘤黑粉病在全国各玉米种植区均有不同程度的发生，北至黑龙江，南到广东都有发生，是玉米生产中的重要病害。近年来，玉米瘤黑粉病发生呈加重趋势。在中国北方地区发生比较普遍而严重。在新疆、甘肃等玉米制种基地该病发生较重，同时黄淮海夏玉米区和东北春玉米区秸秆还田技术的推广，使得土壤中病原菌数量累积，导致该病呈逐年加重的趋势。目前已报道发生该病的地区包括黑龙江、吉林、辽

图3-3 瘤黑粉病

宁、内蒙古、山东、河北、河南、北京、天津、安徽、江苏、山西、陕西、上海、浙江、广东、广西、湖北、湖南、四川、云南、重庆、贵州、福建、台湾、海南、新疆、甘肃、宁夏等省（自治区、直辖市）。

（9）玉米纹枯病（Banded Leaf and Sheath Blight）　又名烂脚瘟，属于土壤传播病害。最早在吉林省发生，后逐渐发展成为中国玉米生产中的重要病害之一，尤其在华东、华南和西南玉米种植区，由于降水多、土壤黏、地下水位高、种植密度增加等因素导致田间湿度增大，玉米纹枯病已成为该玉米区域影响玉米生产的重要因素。目前该病已成为中国各玉米种植区普遍发生的病害，已报道的包括黑龙江、吉林、辽宁、山西、陕西、山东、河北、河南、安徽、江苏、上海、浙江、湖北、湖南、四川、云南、重庆、贵州、广东、广西、台湾等省区市都有该病的发生。近年，北方一些地区也由于气候原因，常常发生纹枯病。病害主要发生在玉米生长中后期，但在南方，病害可以发生在植株生长前期。

（10）玉米顶腐病（Top Rot）　是我国玉米产区的一种新病害，该病为土壤传播病害，但也可以通过种子带菌进行远距离的病害传播。在中国玉米种植区都有不同程度的发生。该病于1998年在辽宁省阜新地区首次发现，其后在许多省份都有发生为害的报道，包括黑龙江、吉林、辽宁、内蒙古、山东、河北、河南、山西、陕西、四川、贵州、新疆、甘肃等省市。近几年，顶腐病的发生呈上升趋势，为害损失重，潜在威胁高。

（11）玉米褐斑病（Brown Spot）　又称玉米节壶菌病，在中国发生非常普遍，从北方春玉米区的黑龙江克山到西南玉米区的云南腾冲都有分布，包括黑龙江、吉林、辽宁、内蒙古、山东、河北、河南、北京、天津、安徽、江苏、山西、陕西、浙江、江西、四川、云南、广东、广西、海南、台湾等省（自治区、直辖市）。由于耕作制度的改度、感病品种的大范围推广及气候条件等因素导致该病在华北地区和黄淮流域的河北、北京、河南、山东、安徽、江苏等省（市）的发生为害有加重和上升的趋势。近年来，在北方地区灌溉条件较好的玉米田发病有所加重。

（12）玉米北方炭疽病（Eye Spot）　又称眼斑病，属于气流传播病害，是玉米生产上的一种新病害，1998年在辽宁省义县枣刺山首次发现。后调查发现该病在辽宁省发生普遍，目前，该病在黑龙江、吉林、辽宁、内蒙古、河北、陕西、云南等地均有发生。在辽宁部分地区发病较严重，该病常常与弯孢叶斑病混合发生，在严重发病地块，北方炭疽病对玉米生产有一定程度的影响，重病田甚至绝收。

（13）玉米南方锈病（Southern Corn Rust） 20世纪70年代在海南省和台湾省发现，直到90年代在夏玉米区开始发生。目前该病发生普遍，发生区域年度间有所不同。辽宁、陕西、河北、北京、河南、山东、安徽、江苏、上海、浙江、福建、台湾地区、广东、海南、广西、湖南、湖北、重庆、贵州和云南都有该病发生的报道。主要发生区域为夏玉米种植区，包括山东、河北中南部、河南、安徽和江苏的北部地区、海南、广东、广西、福建和浙江，海南省冬季是南方锈病的爆发季节，对南繁玉米影响较大。目前，南方锈病有逐步北扩的趋势，北京、辽宁丹东地区都有发生。

（14）玉米普通锈病（Common Corn Rust） 1937—1939年在陕西、贵州和西康等地首先报道，主要分布在东北地区、华北地区、西南高海拔山地以及西北等冷凉玉米种植区。在局部地区，如贵州西北部、云南的一些山区发生严重，对生产有较大影响。普通锈病主要发生在玉米生长后期，气候冷凉则病害严重。目前主要分布在包括黑龙江、吉林、辽宁、山东、河北、山西、陕西、广东、广西、甘肃、宁夏、四川、云南、贵州、海南、台湾等省（区）。

（15）玉米穗腐病（Ear Rot） 在中国发生非常普遍，分为镰孢穗腐病、黄曲霉穗腐病、青霉穗腐病、黑曲霉穗腐病、木霉穗腐病以及黑球孢穗腐病（图3-4）。在中国，这些穗腐病散发在各地，没有特定的分布区域，黑龙江、吉林、辽宁、内蒙古、山东、河北、山西、陕西、河南、北京、天津、安徽、江苏、湖北、四川、重庆、云南、贵州、甘肃、湖南都有穗腐病的发生报道。

图3-4 穗腐病

其中，镰孢穗腐病是中国穗腐病的主体，分布非常广泛。而在西南地区，由于田间湿度大，因此木霉穗腐病发生较为普遍。

（16）玉米疯顶病（Crazy Top Downy Mildew） 又称霜霉病，属于种子传播和土壤传播的病害，于1974年在山东省首次发现，宁夏、新疆和甘肃西部是中国玉米疯顶病的常发区域，由于品种更替与栽培制度的变化，近年来该病发生趋于普遍和严重，南北各玉米栽培地区都有发生。20世纪90年代至21世纪初期玉米疯顶病在中国发展迅速，辽宁、内蒙古、山东、河北、山西、陕西、河南、北京、安徽、江苏、湖北、四川、重庆、云南、贵州、青海、宁夏、台湾等省（自治区、直辖市）都有该病的发生。疯顶病是玉米的全株性病害，病株雌、雄穗增生畸形，结实减少，严重的颗粒无收。

（17）玉米鞘腐病（Sheath Rot） 为气流传播病害。是近年来发生在中国玉米上的一种新病害，主要发生在玉米生长期间高温多雨的地区和年份。2008年，徐秀德等首次报道该病在辽宁、吉林和黑龙江省的春玉米区发生。目前，该病在全国各玉米种植区均有发生，包括黑龙江、吉林、辽宁、山东、河北、河南、山西、陕西、湖南、四川、江苏、宁夏、甘肃、海南等省的春、夏玉米产区均有发生，且有逐年加重的趋势。

（18）玉米黑束病（Black Bundle Disease） 又称导管束黑化病或导管束黑腐病，该病主要症状是维管束变为黑褐色至黑色故名黑束病。1972年首次在中国山东滨州市惠民县玉米自交系上发现，在甘肃和新疆发生较重，此后，随着种子的调运，玉米黑束病从甘肃和新疆蔓延至陕西、山西、河南、河北、北京及东北地区。由于黑束病的症状主要发生在玉米生长后期的乳熟阶段，发病急，植株全株叶片快速干枯，因此对生产仍有较大影响。由于病害可以通过种子远距离传播，是一个值得关注的病害。

（19）玉米根腐病（Root Rot） 属于土壤传播病害，根腐病在中国各玉米种植区普遍发生，但严重程度不同，主要是在夏玉米区和苗期降雨较多的地区发生较重。主要包括黑龙江、吉林、辽宁、山东、河北、山西、河南、安徽、江苏、浙江、广西、福建、甘肃。玉米播种后遇雨，造成土壤积水，易引发根腐病。一般情况下，玉米根腐病发病率较低，对生产影响较小，但由于近年来夏玉米区实行秸秆还田措施，使得土壤中病原菌数量积增，当遇到适宜发病条件时，会造成根腐病的大发生。

（20）玉米全蚀病（Corn Take-all） 是一种难以根除的毁灭性土传病害，曾列为检疫对象。该病害只在中国局部地区发生。1986年在辽宁省铁岭市首次发现，引起玉米早衰减产，造成大面积为害。后又在沈阳、丹东以及吉林、黑龙江、内蒙古、山东、河北、山西、陕西、河南等省（自治区）相继发生。病原菌侵染玉米根部和茎基部，致使植株叶片黄枯早衰，影响结实和籽粒灌浆成熟，严重的造成茎秆松软倒伏。

（21）玉米干腐病（Dry Rot） 又称玉米穗粒干腐病，俗称"烂苞米""霉苞米""臭玉米"等。在云南、贵州、广东、江苏、浙江、安徽、山东、山西、湖北、湖南、四川、陕西、辽宁、吉林和黑龙江都有分布。病菌主要为害果穗和茎秆。玉米受害以后，除导致穗腐以外，病株多折断倒伏，引起减产，在中国东北春玉米区发生较重。

4.线虫病害

线虫是一类两侧对称原体腔无脊椎动物，据估计，全世界有线虫50余万种，是仅次于昆虫的第二大类动物，包括人体寄生线虫，家禽牲畜及各种大小动物的寄生线虫，高等和低等植物的寄生线虫，动物尸体及植物残株中的腐生线虫，吃微生物的捕食性线虫，在淡水河流、湖泊、海洋、南北极冰洋、温泉热水、沼泽、沙漠和各地土壤内自由生活的线虫等。植物寄生线虫简称植物线虫，可以寄生在植物的根系、幼芽、茎、叶、花、种子和果实内，因此它的为害具有隐蔽性，常常不能引起人们的足够重视。据报道，世界上已记载的植物线虫5 000余种，几乎每种植物都可被一种或几种线虫寄生或为害，每年因植物线虫为害造成经济损失约达1 000亿美元以上。

植物寄生线虫侵染玉米引起的减产很少引人注意。据报道，全世界至少有120种植物寄生性线虫可寄生玉米，能够引起玉米地上部植株矮小、枯萎；叶片褪绿或变色；根系变色、畸形、坏死、形成虫瘿，次生根减少，根尖肿胀、早衰；营养不均、缺失等。尽管寄生玉米的线虫很多，但真正在田间严重为害玉米的线虫仅有几种，主要包括短体线虫属 *Pratylenchus* spp.、根结线虫属 *Meloidogyne* spp.、胞囊线虫属 *Heterodera* spp.、针线虫属 *Longidorus* spp.、刺线虫属 *Belonolaimus* spp.、纽带线虫属 *Hoplolaimus* spp.、拟毛刺线虫属 *Paratrichodorus* spp.、剑线虫属 *Xiphinema* spp.、螺旋线虫属 Helicotylenchus spp.、锥线虫属 *Dolichodorus* spp. 和矮化线虫属 *Tylenchorhynchus* spp.。中国玉米上研究较多的线虫主要为短体线虫、根结线虫和胞囊线虫等。

（1）根腐线虫病（Lesion Nematodes） 玉米上最常见的寄生线虫病害，是由短体线虫为害引起的一种病害，主要种类有短小短体线虫 *Pratylenchus brachyurus*（Godlfrey）Filipjev & Schuumans-Stekhoven、六裂短体线虫 *Pratylenchus hexincisus* Taylor & Jenkins、穿刺短体线虫 *Pratylenchus penetrans*（Cobb）Chitwood & Oteifa、玉米短体线虫 *Pratylenchus zeae* Graham 和草地根腐线

Pratylenchus scribneri Steiner。短体线虫虫体较小，成虫长度在 300~800μm，侧区通常有 4 条侧线，侧线从中食道球处的体侧延伸到尾部。头部低平（高度通常小于头基环直径的 1/2），没有明显的突出，头部连续到略缢缩，头架骨化显著。唇区有环纹，体环大约 1μm。口针粗短，基部球发达，食道腺覆盖肠腹面。雌虫单生殖腺、前伸，有后阴子宫囊；尾长是肛门处体宽的 2~3 倍，尾端圆、钝（很少尖）。雄虫交合伞延伸到尾端，引带不伸出泄殖腔。

该属线虫为害玉米根部，侵入寄主的根部皮层，常造成皮层细胞崩溃，根系减少，引起坏死斑，由褐色变黑色，也可侵入植物根部维管束，严重者造成玉米根部腐烂、地上部植株矮化、叶色褪绿萎黄、生长缓慢。该属线虫的各个龄期都能在根内和根与土壤之间自由运动，破坏根皮层的细胞引起局部损伤，往往由于并发微生物感染而引起更严重的根部损伤。

该类线虫为寄主根系皮层的迁徙性内寄生线虫，两性生殖，生活史比较简单，雌成虫将卵单个地产在植物根内或土壤中，初龄和二龄幼虫在卵中脱皮，从卵中孵化后经 3 次脱皮变为成虫。穿刺短体线虫完成 1 代生活史需 30~85d 不等，在 30℃ 下完成生活史时间最短，适宜繁殖温度为 24℃，在而短小短体线虫、六裂短体线虫和玉米短体线虫的适宜繁殖温度为 30℃。尽管卵可以在根内越冬，但主要的越冬虫态是成虫和 4 龄幼虫，在玉米植物的根部，以夏末和初秋线虫数量最多，而春末和夏初最少。

该属线虫寄主范围广，包括农作物、蔬菜、水果、花卉、杂草等。在中国辽宁、北京、江苏、山东、河南、山西、河北、陕西、广西、黑龙江、安徽等玉米产区都有该线虫的分布报道。

（2）根结线虫病（Root-Knot Nematodes）是由根结线虫（*Meloidogyne* spp.）侵染玉米引起的病害。主要种类有：南方根结线虫 *Meloidogyne incognita*（Kofoid & White）Chitwood、花生根结线虫 *Meloidogyne arenaria*（Neal）Chitwood 和爪哇根结线虫 *Meloidogyne javanica*（Treub）Chitwood。雌、雄异形，根瘤中含有白色雌虫，雌成虫膨大呈梨状。虫体前部变窄，到颈前部最窄，体宽 0.3~0.8mm，头部可动并有口针，具较大的中食道球和食道腺，阴门位于虫体末端，双卵巢，多重卷曲，卵通常产出在尾末端外边的卵囊内，常常突出到根结（虫瘿）外，卵囊往往变成褐色并且可能含有数百个卵，在卵囊内通常含有一条或几条细长的雄虫。在雌虫后部的中央，表皮上有一个环绕着肛门和阴门的表皮特征的花纹，叫作会阴花纹（Perineal Pattern），这个花纹被用来鉴定种。雄虫蠕虫型，平均长度为 0.7~1.9mm。侧区一般具 4 条侧线，尾部常扭曲 90° 以上，尾短，无交合伞。2 龄幼虫长度约 400μm，口针纤细。侧区一般具 4 条侧线，尾部有透明区。

根结线虫在植物根内固着寄生，2龄幼虫为侵染阶段侵入根内，口针刺入中柱分生细胞并注入食道腺分泌液，诱导头部周围的细胞膨大形成相当于营养库的巨型细胞，2龄幼虫从中获取营养，经3次蜕皮，雌幼虫发育膨大为球形成熟雌虫固着在根内继续取食为害，雄幼虫发育成线形成虫离开根组织进入土壤中。由于根组织细胞不正常生长，根部形成大大小小不规则的根瘤通常称之为根结（Root Knot）。根结的大小、数量与侵染的根结线虫种类、数量以及寄主植物种类有关。

根结线虫主要为害玉米根系，由于根结线虫寄生在根尖或细根内，吸取根系细胞的养分，取食维管束的薄壁组织，形成巨细胞。为害玉米后，玉米幼苗从下部叶片尖端开始，沿叶缘向基部萎蔫变黄，植株矮小，甚至干枯死亡。地上部分可引起植物萎黄或生长不良，与缺肥症状类似。但多数情况下，玉米地上部的症状并不明显，主要症状表现在地下部分，根的数量减少或过度增多，根细弱；雌虫成熟时膨大呈长颈烧瓶状，老熟时呈鸭梨形，前端尖，后端圆，乳白色。线虫侵入根尖后使根尖膨大呈纺锤形或不规则形的根结，白色至淡褐色，后从根结上又长出许多细小须根，须根尖端又被线虫侵染形成新的根结，经过多次再侵染形成毛根，使植株生长受阻，矮小黄化，严重时不结实。根结的大小也要比其他植物上的根结要小得多，似米粒大小。严重时整个或部分根系腐烂。被害植株后期穗小或结实不良。

（3）胞囊线虫病（Corn Cyst Nematode）　由异皮胞囊线虫（*Heterodera zeae* Koshy & Sethi）为害引起。雌雄异型，成熟雌虫的虫体膨大成梨形或檬形，0.5~1mm，刚形成的雌成虫是白色或淡黄色的，表皮很厚，当雌虫死去的时候其表皮变成褐色而坚韧，并有锯齿状的或点状的鉴别性的表面花纹。死的雌虫，连同其所含的具胚的卵共称为胞囊（Cyst）。在一些种类中，还有一些卵是产在虫体外面的胶质的卵囊中。食道为垫刃型，阴门位于虫体末端的锥体上，双卵巢。雄虫是运动缓慢的蠕虫形线虫，长度在1~2mm，雄虫尾部很短，钝圆，无交合伞。2龄幼虫蠕虫型，长度一般为0.5mm左右，有一粗的口针，具很发达的中食道球和食道腺，侧区具有4条侧线，尾部有透明区。

胞囊内含有大量的卵（200~600个），每个卵孵化出一条侵染性的2龄幼虫。在没有寄主时胚胎卵的数量每年缓慢地衰退，线虫可以在没有寄主的情况下5~10年以后的休耕的土壤中一直存活。异皮属中的许多种类的幼虫因受到寄主植物活性根分泌物能扩散的物质引诱而孵化，幼虫穿入幼根在输导组织的中柱附近占据一个位置，环绕着线虫头部的许多细胞融合成一个细长的结构即合胞体，线虫取食，建立寄主关系。与根结线虫（*Meloidogyne* spp.）不同，被感染的根一般不形成瘿瘤。生活史一般在一个月以内完成，因此在土壤中能很快建立起很高的虫口密度。被感染的植物矮小，常常变黄，并且很快枯萎，从而大幅度减产。

（4）玉米线虫矮化病（Maize Nematode Stunt Disease） 近年，东华北春玉米区暴发的一种为害严重的新病害。该病病原为长岭发垫刃线虫 *Trichotylenchus changlingensis*。该病害有 2 个典型特征，即茎基部从内向外腐烂开裂和植株矮化。在 2 叶 1 心期地上部即可表现症状，幼嫩叶片上出现黄色褪绿或白色失绿的平行于叶脉的纵向条纹，且植株明显矮化；在 4 叶期拔出病株，根部和茎基部外观正常，未见病斑及虫孔，小心剥去外部 2 层叶鞘后，在茎基部可见褐色水浸状病斑，继续去叶鞘，病斑扩大，并伴随轻微的组织开裂，纵剖根茎结合部，可见内部组织明显坏死。随着植株生长，茎基部病斑处形成大小不等的类似虫孔的组织开裂，纵剖后观察撕裂组织呈明显的对合，有别于一般害虫的钻蛀取食害状。发病轻的植株开裂不明显，仅在叶片上出现黄白失绿条纹，后期能够结实；重病株开裂深达髓部，茎基部节间缩短，导致植株矮缩；叶片皱缩扭曲，不能正常抽雄和形成果穗。

雌虫虫体较长，呈圆筒状，固定后呈 C 状；体表环纹明显，3 条侧线，侧区有网格化；唇区高，缢缩明显；唇环 5~6 条；口针细长，口针基球略向后倾斜；中食道球卵圆形，食道腺呈长梨形，不覆盖肠；排泄孔距头端 128.1（110.1~143.1）μm；尾圆锥形至亚圆柱形，末端光滑无环纹。雄虫略小于雌虫，交合刺发达，略弯曲，弧形，末端有环纹，引带发达，末端新月形；交合伞起始于交合刺基部前，包至尾尖；其他形态特征与雌虫相似。

国家玉米产业体系调查显示，该病田间发生率普遍在 21%~67%，由于发病植株基本不结果穗，因此发生率基本上等于损失率。2009 年，吉林省玉米矮化病发生面积达 37.3 万 hm^2，辽宁省仅黑山市就发生逾 6 667 hm^2，同年该病害在北京市延庆、怀柔县以及河北省平泉县、唐山市郊区也有发生；2009年，国家玉米产业体系报告估计因矮化病产量损失达 3 亿 kg，农民直接经济损失约 4.5 亿元。2011 年，在山西省五台县发现典型矮化病株，2012 年，在河北省涿州市夏玉米区也发现该病害。

（二）非侵染性病害

非侵染性病害是指从病植株上看不到任何病征，也分离不到病原物，没有逐步扩散的现象。从病情看，非侵染性病害是由不适宜的环境条件，即非生物因素引起的，因为没有病原物，因此在田间发生后不会传染蔓延，病情比较稳定，并且环境条件改善后，还会有所缓解。不适宜的环境条件包括许多方面，但主要是不适宜的土壤和气象条件。土壤和气象条件是宏观的、区域性的，因此，非侵染性病害在田间的分布往往是成片或大面积同时发生同一症状的病害。

1. 缺素症

在植物生长过程中，由于某种元素的缺失或不足而表现的病态，通常被称作缺素症。缺素不仅影响玉米生理功能，而且会使产量降低，品质变劣。根据元素缺失或不足的不同，缺素症可分为以下几种。

（1）缺氮症（Nitrogen Deficiencies） 在玉米的每一个生长时期都可发生。玉米苗期缺氮主要表现为植株矮小、叶色黄绿，生长缓慢。成株期玉米缺氮主要表现为从基部老熟叶片开始，叶尖逐渐发黄，沿中脉呈"V"字形扩展，叶片中心先变黄色，叶缘仍为绿色，略卷曲，最后呈焦灼状枯死。一般先从下部老叶表现症状，然后向嫩叶发展。缺氮植株抽雄期延迟，或雄穗发育不良；雌穗小而籽粒少，空穗率提高，产量降低。土壤瘠薄、缺少有机质是缺氮的主要原因。低温冷害，大雨淋溶，淹水潮湿，少雨干旱，有机肥施用不足等都会加重发病。

（2）缺磷症（Phosphorus Deficiencies） 在玉米的各生育阶段均可发生缺磷症状，以苗期最为明显。苗期缺磷症玉米整个生育期均可发生缺磷症状，以苗期最为明显。受害植株生长缓慢，根系发育不良，植株较矮、瘦弱，茎基部、叶鞘甚至全株呈现紫红色，叶尖和叶缘出现黄色，严重时叶尖枯萎呈褐色。幼嫩植株表现尤为严重。随着植株发育生长，下部叶片由紫红色变成黄色，抽穗延迟。缺磷影响玉米授粉和籽粒灌浆，玉米果穗小，秃尖，易弯曲，行列不整齐，籽粒也不饱满，成熟期推迟。部分地区土壤缺磷是引起玉米缺磷症的主要原因，而干旱、玉米苗期根系受到虫害或药害、土壤板结等影响根系生长的因素也是诱发缺磷的重要原因。在缺磷地区提倡施用农家肥和磷肥。玉米生长前期缺磷时，建议向玉米叶片喷施浓度为 1%~2% 的过磷酸钙、重过磷酸钙或磷酸二铵溶液。

（3）缺钾症（Potassium Deficiencies） 近年来，玉米田有机肥施用量锐减，土壤缺钾情况普遍发生，且有逐年加重趋势。玉米缺钾苗期即有症状表现，拔节—授粉期更为明显。苗期缺钾生长缓慢，植株矮小，叶色呈黄色—黄绿色，并带黄色条纹，俗称"镶金边"，成株期缺钾，老叶首先表现症状，叶尖开始沿叶缘向下变黄，随后变褐，但靠近中脉两侧仍保持绿色，严重时呈灼烧状焦枯。缺钾严重时，植株矮小，茎秆机械组织不坚硬，易感茎腐病，遇风易倒伏，根系不发达，节间缩短。果穗发育不良，籽粒不饱满，顶部籽粒少，秃顶严重，籽粒中淀粉含量减少，千粒重低。玉米田应适当增施钾肥，并可提高抗病能力。土壤中速效钾和缓效钾含量较低，砂质土壤、钙质土壤和有机质含量少的土壤易于缺钾；长期不施有机肥或不进行秸秆还田的土壤会导致缺钾加重。

（4）缺镁症（Magnesium Deficiencies）　玉米缺镁症一般在玉米拔节期以后发生。缺镁首先发生于下部叶片，叶脉间失绿而叶脉保持绿色；通常下部叶片前端脉间失绿，并逐渐向叶片基部发展，失绿部分黄化，形成黄绿相间的条纹或念珠状绿斑，叶尖沿着叶片边缘由红色变紫红色；极度缺镁时，脉间组织干枯死亡，整个叶片变黄，叶尖则变成棕色。由于镁元素能向幼嫩部分转移，故缺镁对幼叶影响较小。因此，常常容易出现老叶枯萎而幼叶残存的现象。

缺镁主要发生在湿润地区的酸性砂质土壤，如北方少数淋溶性土壤及南方许多酸性土壤，含钠量高的盐碱土及草甸碱土，土壤含钾量大，或施用石灰过多时也能引发土壤缺镁，而黏性土壤则很少缺镁；长期不施有机肥料和含镁肥料等，均会导致土壤中有效镁含量不足而引起玉米缺镁。

（5）缺硫症（Sulfur Deficiencies）　玉米苗期缺硫常导致上部叶片黄化，继之茎部和叶片变红，植株矮小。玉米缺硫时新叶呈均一的黄色，上部嫩叶叶脉处颜色变淡，成条纹状，随后由叶缘开始逐渐转变为淡红色至浅紫红色，下部叶片和茎基部也呈现紫红色，但老叶仍保持绿色，植株成熟期延后。同时会造成叶绿色含量减少，蛋白质合成减弱，植株生长不良，矮小细弱，产量和品质降低。可施用含硫肥料，如硫酸钾，既施了钾素又补充了硫素。生长在缺硫土壤上的玉米，在施用氮肥而不施硫肥时，出苗后 30 天内即呈现黄化现象。玉米缺硫症状与缺氮有些相似，但缺氮是在较老叶片上出现症状，而缺硫的基本特征则是幼叶失绿。

缺硫症多发生在有机质少、质地轻、交换量低的砂质土壤，温暖多雨、风化程度高、淋溶作用强、含硫量低的土壤，南方丘陵山区、半山区的冷浸田，长期不是有机肥和含硫化肥的土壤以及远离城镇和工矿区降水中含硫少的偏远地区。

（6）缺锌症（Zinc Deficiencies）　玉米对缺锌反应比较敏感，常被用于作物缺锌的指示作物。玉米缺锌症近年生产上多有发生，已造成一定损失而被人们关注。玉米缺锌症状分早期和中后期两个阶段。早期缺锌多从苗期开始，一般在幼苗出土后半月左右发生。幼苗期缺锌，新生叶的叶脉间失绿，叶片下半部显淡黄色，甚至白色，俗称"白芽症"或"花白苗"，叶片基部 2/3 处更为明显，故称作白苗病，叶鞘呈紫色，幼苗茎部变粗，植株较矮。新出土的幼苗形成白色芽，叶片成长后，叶脉之间出现淡黄色斑点，或缺绿条纹，有时中脉和边缘之间出现白色或黄色组织条带，或棕黑色坏死斑点，叶面呈现透明白色，风吹易折。严重缺锌时，叶尖初呈淡白色病斑，其后叶片突然变黑色，几天后植株死亡。玉米中后期缺锌，叶脉间失绿，出现色泽较浅的黄、绿相间条纹。并会使抽穗吐丝延迟，果穗发育不良，秃顶、缺粒，造成减产严重时叶片干枯，常沿叶脉开裂而破碎。反之，若锌肥施用过多，会出现玉米锌中毒现象，表现为叶片失绿，幼叶黄化，并出现红褐色斑点，严重时会枯死。缺锌玉米田可在苗期或拔节期叶面喷施 0.2% 硫酸锌溶液。

玉米缺锌常发生在 pH 值 >6.3 的中性和碱性土壤，特别是石灰性土壤，其中有机质贫乏和熟化度低的土壤更易发生缺锌；土壤或肥料中含磷过多，酸碱度高，有机质含量低，冷凉多湿，长期连作等有利于缺锌症发生。

（7）缺铁症（Iron Deficiencies） 玉米缺铁时，新生叶片黄化，中部叶片叶脉间失绿，呈清晰的条纹状，叶脉为绿色，但下部叶片保持绿色或略显棕色。严重时，新叶变成白绿色，或心叶不出，植株生长不良，矮缩，生育期延迟，影响抽穗。玉米缺铁、缺锰、缺锌的症状特点比较相似：缺铁时褪绿程度通常较深，失绿部分黄化与非失绿部分反差明显，均匀，一般不出现褐斑或坏死斑点；而缺锰褪绿程度较浅，且叶片上常出现褐斑或褐色条纹。缺锌常出现白芽、白苗或黄斑叶，而缺铁通常全叶黄白化而呈黄绿相间的条纹，严重时全株黄化。

土壤有效铁含量低，或土壤 pH 值较高，呈弱碱性到碱性反应时，易于发生缺铁症状。北方干旱、半干旱地区，尤其是石灰性土壤和盐碱土，土壤中的铁主要以 Fe^{3+} 和碳酸盐存在，难被作物吸收利用，玉米缺铁症状易于发生。南方酸性土壤施用过量石灰，或锰的供给过多，也能引起缺铁失绿症；土壤有效磷含量过高或施用磷肥肥料过多的土壤，由于颉抗作用使铁失去生理活性，长期不施有机肥料的土壤，有效铁的供给减少，此外作物根系受损，土壤通气不良等，也能诱发缺铁。

（8）缺锰症（Mangenes Deficiencies） 玉米缺锰时，初在幼叶上表现症状，新叶失绿，叶片弯曲下垂，上部叶片叶脉间组织失绿，呈淡黄色或黄色，形成黄绿相间的条纹，根系细长呈白色；下部叶片呈橄榄绿色条纹，初为浅绿色，渐变为灰绿色、灰白色、褐色或红色。缺锰严重时，白色条纹延长，症状多出现于叶片中央部位，其他部位颜色正常，植株严重矮化，甚至倒伏和死亡。缺锰症状常与缺铁或缺锌症同时发生而相互掩盖和混淆。

石灰性或碱性土壤上生长的玉米易发生缺锰症。此外，富含钙的成土母质发育的土壤，尤其是冲积土和沼泽土容易产生锰缺乏症，酸性土壤大量施用石灰会诱发玉米缺锰。锰在玉米植株中运转速度很慢，一旦输送到某一部位，就不再继续运转，因此缺锰首先表现在新叶上，一般 pH 值 >6.5 的石灰性土壤，或施用石灰过多的酸性土壤容易缺锰。可在苗期或拔节期叶面喷施 0.1% 硫酸锰溶液。

（9）缺硼症（Boron Deficiencies） 玉米缺硼，一般先从最幼嫩的叶片开始，缺硼植株新叶狭长，叶脉间会出现不规则的白色斑点，斑点之间会连成白色条纹，条纹上有蜡质物隆起。幼叶不能展开或薄小，生长点发育不良，形成簇生叶。植株矮小，顶端叶片密集狭小，发脆易破裂，节间不伸长。缺硼严重时，生长点死亡。缺硼时，在玉米早期生长和后期开花阶段植株呈现矮小，生殖器发育不良，雄穗常不能正常抽出，或抽出后雄花显著退化、变小以至萎缩，易造成空秆或败育。成熟期果穗短小，退化或呈畸形，籽粒稀少、秕空，畸形，分布不规则。顶端籽粒空秕，空秕部分可达整个穗长度的 1/3，造成减产。

玉米硼中毒时，叶尖及叶缘黄化且与正常组织颜色差异的界限分明，严重时叶尖及叶缘焦枯，叶片上有褐色坏死，有时与玉米缺钾症状相似。硼中毒时果穗多秃顶，植株提早干枯，产量降低。

缺硼多发生在土壤水溶性硼含量低、有机质含量少的砂质土壤。如辽宁东、南部地区丘陵花岗岩、片麻岩发育的泥沙土；辽宁西、北地区的碱性、石灰性土壤硼易被固定。高温干燥、干旱和水分过多，尤其是持续干旱条件下容易出现缺硼。酸性土壤过量施用石灰容易诱发缺硼；偏施氮肥，使 N/B 比过大，促进或加重缺硼。缺硼玉米可叶面喷施 0.1%~0.2% 硼砂溶液。

（10）缺钙症（Calcium Deficiencies） 玉米缺钙植株发育不良，生长点发黑并呈黏质化，叶片不能伸展，上部叶片扭曲黏缩一起，或新展开的功能叶叶尖或叶片前端叶缘枯焦，并出现不规则的二尺状缺裂。茎基部膨大，有时会产生侧枝，植株严重矮化，轻微发黄，新根少，根系短。在缺钙的酸性土壤中撒消石灰或施含钙质的肥料。在中性和微酸性土壤一般不缺钙，缺钙的玉米田多为酸性土壤（pH 值 <4.5）或含钾、镁过多的土壤。

（11）缺钼症（Molybdenum Deficiencies） 玉米缺钼时，种子萌发慢，幼苗扭曲，甚至早期死亡。植株长大后，植株矮化，生长不良，幼叶先萎蔫，随后边缘枯死，老叶从叶尖沿着叶缘枯死，老叶叶尖和叶缘先枯死，后叶脉间枯死。缺钼地块可施钼酸铵，钼酸钠肥料。

（12）缺铜症（Cuprum Deficiencies） 玉米缺铜最先出现在幼嫩叶片上，叶片长出后就发黄。严重缺铜时，植株矮小，嫩叶变黄，老叶出现边缘坏死，茎秆软，易弯曲。可用0.2%硫酸铜溶液喷施叶面，或每公顷施硫酸铜30kg。

2. 遗传性病害

玉米中许多基因表达导致植株非正常的形态和颜色变化，玉米大多基因是隐性遗传，只有少数基因为显性遗传。如果某些基因变异，常常会导致玉米植株或局部组织器官发生性状改变而受到为害。诸如某些基因变异，限制植株体内叶绿素合成，导致植株白化，或植株叶片产生白色、黄色条纹、斑驳等复杂多样的症状。在玉米生产上，常见的遗传性病害有籽粒爆裂病和遗传性叶斑等。

（1）籽粒爆裂病（Silk-Cut） 指玉米果穗上籽粒冠部种皮开裂，裂口呈现不规则状，露出白色胚乳，似爆裂的玉米花，故称爆粒病。籽粒发生爆裂后，形成了大量可以被病菌侵染的伤口，因此极易引起穗腐病，常呈褐色腐烂并覆盖各色霉层。防治该病害方法为淘汰发病品种。

（2）遗传性条纹病（Genetic Stripe） 田间零星分布，幼苗即可发病，常在植株的下部或一侧或整株的叶片上出现与叶脉平行的褪绿条纹，宽窄不一，黄色、金黄色或白色，边缘清晰光滑，其上无病斑，也无霉层。阳光强烈或生长后期失绿部分可变枯黄，果穗瘦小。此病害是由少数基因，如 $wd1$、$isr1$、$sr2$ 等控制的遗传性病害。所以要避免选用有遗传性条纹的自交系作为育种亲本材料。当田间发生此类病害时，可在间、定苗时拔出病苗。

遗传性斑点病（Genetic Leaf Spots and Flecks） 该病害田间症状表现较多，常与侵染性叶斑病相混淆，区别于叶斑病的典型症状如下：在同一品种的所有玉米叶片上相同位置出现大小不一，圆形或近圆形，黄色褪绿斑点。斑点无侵染性病斑特征，无中心侵染点，无特异性边缘，中央不变色。病斑上无其他真菌寄生，分离不到病原菌。后期病斑常受日灼出现不规则黄褐色轮纹，或整个病斑变为枯黄，严重时叶片干枯，穗小或无穗，植株早衰。该种斑点病是由少数遗传基因控制的，属非侵染性遗传病害，条件适宜时发生，可造成很大产量损失。导致发生斑点的为显性的 Les 5 基因。生产上要避免选用有遗传性条纹的自交系作为育种亲本材料。

3. 药害

药害玉米田常用农药有除草剂、杀虫剂和杀菌剂，这些农药以杀死杂草、病菌、害虫和保护目标作物为目的。但任何作物不能完全抵御各种农药的伤害，而只是在一定剂量范围内表现出耐性，超过安全剂量范围或者受到不良环境条件等因素的影响后作物会表现出药害症状。根据施用农药的种类，药害可以分为除草剂药害、杀虫剂药害和杀菌剂药害。

（1）除草剂药害　目前人们普遍认为，除草剂药害指除草剂对植物种子及幼苗生长发育和生理系统产生的异常影响，导致植株死亡的表现和微观现象，以及由此引起植物产量和质量降低等不利影响。使用的除草剂种类不同，在玉米植株上产生的药害症状不同（图3-5）。

触杀性除草剂药害主要发生在作物的叶片上，茎秆部位很少。触杀性除草剂误喷或飘移到玉米植株

图3-5　除草剂药害

上，产生的药害斑与药液雾滴的大小和药液在叶面上流动的区域有关。药害引起的病斑一旦形成，不继续扩大，施药后新展开的叶片正常；药斑初期为水渍状，不规则或圆形、椭圆形病斑，灰绿色。后期为白色或黄白色，有黄色或褐色边缘，病斑中心死亡的叶片组织变薄，易破损形成孔洞。后期病斑上着生各色霉层，和叶斑病易混淆。

内吸性除草剂误喷或飘移到玉米植株上，在叶片上一般不形成药害斑，初期心叶基部叶脉出现红色或浅红色，或从叶片尖端开始褪绿，随后叶片变黄，顶部叶片逐渐萎蔫，有时心叶的基部呈水渍状腐烂，整株从心叶开始枯死。内吸性除草剂还会引起玉米幼苗畸形。

播后苗前除草剂使用不当或前茬作物除草剂对玉米的毒害，常导致玉米出苗率下降，幼苗畸形，生长点受到抑制，或者叶片局部失绿，根茎叶畸形，如培根细弱，心叶扭曲，不能展开，形成D形苗；植株矮缩，过度分蘖呈丛生状，气生根上卷不与土壤接触或变粗；地上部东倒西歪，穗小，苞叶缩短，籽粒外露，甚至整株死亡。若前茬使用针对双子叶植物的除草剂，因田间残留或药械中的残留，都会引起对玉米的伤害，如大豆除草剂异恶草松引起玉米白化苗。

苗后除草剂对玉米造成的损伤主要表现在：同一块田的大部分植株在相同叶位出现褪绿药斑，严重时受害植株矮小，叶片破裂，心叶扭曲不能抽出，根

系不发达，分蘖增多，形成丛生苗，严重者心叶腐烂，植株死亡。

（2）杀虫剂药害 杀虫剂使用不当常在玉米叶片上造成损伤，依施药方式和药剂成分的不同，症状也存在明显差异。

颗粒剂型的杀虫剂所造成的药害常出现在植株的相同部位叶片上，最初引起不规则形状的色素缺失，随后病部形成白色或浅黄色药斑，不受叶脉限制；受害叶片略皱缩，严重时病斑组织枯黄枯死，后期病部易腐生杂菌，出现霉状物。

以悬浮液喷雾的杀虫剂造成的叶片药害斑初期为水浸状，后期为形状不规则的黄白色药斑，形状大小受药液雾滴大小及流动区域影响，叶片上出现大量病斑时，常造成叶片变黄枯死。

毒饵误施到叶片上，药斑围绕饵料形成，多为白色透明不规则状。烈日下施药或所用药剂有熏蒸作用，会造成玉米叶片条纹状失绿，严重时叶片萎蔫枯死。

（3）杀菌剂药害 三唑类杀菌剂在作为种衣剂成分使用时，若包衣种子播种后遇到低温或干旱情况，会发生药害问题。药害症状表现为种芽拱不出土，玉米出苗延迟，药害轻时，幼芽出土迟 3~5 d，药害重则不出苗，田间出现缺苗断垄。幼芽弯曲，在地下子叶即展开，发根少，幼苗畸形。植株矮化，叶片变小变厚，叶色深绿，根短小，根毛稀少。药害轻者可逐渐恢复正常，药害重者不能拔节，严重减产或绝产。

二、玉米虫害

（一）节肢动物门分类概述

节肢动物门（Arthropoda）是动物界中最大的一个类群，已知种类约 110 万种，占动物界已知物种总数的 85 % 以上。生存于一切可以想象的生态环境之中，因而它们的形态也最具多样性，对于其高级分类历来争论频繁。目前，按国际上新的分类系统，节肢动物门分三叶虫亚门（已灭绝）、螯肢亚门、甲壳亚门、六足亚门、多足亚门 5 个亚门。

1.螯肢亚门

体分前体部（头胸部）和后体部（腹部）两部分。前体部由 6 节组成，有螯肢、触肢和 4 对步足；后体部最多有 12 个体节及一尾节，现报道的约有 8 万多种。螯肢亚门包括 3 个纲：肢口纲（Merostomata）、蛛形纲（Araehnida）以及曾称皆足纲（Pantopoda）的海蜘蛛纲（Pycnogonida）。

2. 甲壳亚门

不同类群的甲壳动物在形态、生活史等方面变化极大。头胸部常有1背甲；头部有第1触角、第2触角大颖、第1小颖和第2小颖等5对附肢，现报道的约7万多种。甲壳亚门分5纲：桨足纲（Remipedia）、头虾纲（Cephalocarida）、鳃足纲（Branchiopoda）、软甲纲（Malacostraca）、颚足纲（Maxillopoda）。

3. 六足亚门

体分头、胸、腹三部分。头部有触角、上唇、大颚、小颚和下唇等5对附肢；胸部3节，各有1对步足；第2、3胸节在有翅昆虫各有1对翅；腹部分节，无足。已知报道的种类约有95万多种，但未知的种类可能更多。六足亚门相当于以前分类系统中的昆虫纲（广义），是最重要的一类节肢动物；按尹文英等学者的"四系群"的观点，本亚门分为4个纲：原尾纲（Protura）（蚖）、弹尾纲（Collembola）（跳虫）、双尾纲（Diplura）、昆虫纲（Insecta 狭义 Insecta sensu Stricto）。

4. 多足亚门

体分头和躯干部，头部有触角、大颚、第1小颚（或愈合）和第2小颚（不同程度的愈合，或无）等4对附肢；躯干部长，由许多相同的节组成，各节有1~2对足。约12000种，全为陆生种类。分为4个纲：倍足纲（Diplopoda）、唇足纲（Chilopoda）、少足纲（Pauropoda）、综合纲（Symphyla）。

昆虫纲种类繁多，包括了前昆虫纲"有翅亚纲"中的各目。分3亚纲30目。石蛃亚纲（Archeognatha），仅1目，为石蛃目（Archeognatha），衣鱼亚纲（Zygentoma），仅1目，衣鱼目（Zygentoma 或狭义的缨尾目 Thysanura）；有翅亚纲（Pterogota），蜉蝣目（Ephemeroptera）、蜻蜓目（Odonata）、襀翅目（Plecoptera）、等翅目（Isoptera）、蜚镰目（Blattodea）、螳螂目（Mantodea）、蛩蠊目（Grylloblattodea）、螳螂竹节虫目（Mantophasmato dea）（2002年命名的新目）、竹节虫目（Phasmatodea）、纺足目（Embioptera）、直翅目（Orthoptera）、革翅目（Dermaptera）、缺翅目（Zoraptera）、啮虫目（Psocoptera）、虱目（Phthiraptera）、缨翅目（Thysanoptera）、半翅目（Hemiptera）、脉翅目（Neuroptera）、广翅目（Megaloptera）、蛇岭目（Raphidioptera）、鞘翅目（Coleoptera）、捻翅目（Strepsiptera）、双翅目（Diptera）、长翅目（Mecoptera）、蚤目（Siphonaptera）、毛翅目（Trichoptera）、鳞翅目（Lepidoptera）、膜翅目（HymenoPtera）。在玉米生产中，昆虫纲害虫较多，在中国分布范围广泛，在各玉米种植区都有分布。

蛛形纲是螯肢亚门中最大的一个纲，全世界已知的5万多种，包括蜘蛛、蝎、蜱、螨等。分为4个亚纲16个目，广腹亚纲（Latigastra），包括蝎目（Scorpiones）、伪蝎目（Pseudoscorpiones）、盲蛛目（Opiliones）、古怖目（Architarbi）、蜱螨目（Acarina）；胸口亚纲（Stethostoma）包括联足目（Haptopoda）、后足目（Anthracomarti）；单独亚纲（Soluta），包括角怖目（Trigotarbi）；柄腹亚纲（Caulogastra）包括须脚目（Palpigradi）、有鞭目（Uropigi）、裂盾目（Schizomida）、奇基目（Kustarachnae）、无鞭目（Amblypygi）、蜘蛛目（Araneae）、节腹目（Ricinulei）、避日目（Solifugae）。玉米上的蛛形纲害虫主要包括蜘蛛和螨等，在中国各玉米种植区都有分布。

（二）玉米的地上害虫

玉米地上部害虫主要包括刺吸式害虫、食叶害虫、钻蛀性害虫。刺吸式害虫是玉米苗期到大喇叭口期的主要害虫，常见的有蚜虫、蓟马、叶螨、灰飞虱、盲蝽和叶蝉等。该类害虫通过刺吸式或锉吸式口器吸食玉米植株的汁液，造成营养损失。主要为害叶片和雄穗，害虫直接取食造成受害部位发白、发黄、发红、皱缩，甚至枯死而使玉米直接减产。有些害虫如灰飞虱、蚜虫等还可传播病毒病，如粗缩病、矮花叶病等。蚜虫在雄穗上取食导致散粉不良，籽粒结实性差；排出的"蜜露"在叶片上形成霉污，影响光合作用。同时虫伤易成为细菌、真菌等病原菌的侵染通道，诱发病害如细菌性病害或瘤黑粉病、鞘腐病等，间接造成更大的产量损失。食叶性害虫以取食玉米叶片为主，常把叶片咬成孔洞或缺刻，有些害虫的大龄幼虫食量大，如黏虫，可将叶片全部吃掉，为害严重。食叶性害虫主要是通过减少植物光合作用面积直接造成产量损失；有时，害虫会咬断心叶，影响植株的生长发育；有些种类大龄后常钻蛀到茎秆内取食，造成更大的产量损失。该类害虫为咀嚼式口器昆虫，包括鳞翅目的幼虫如玉米螟、棉铃虫、黏虫、甜菜夜蛾、斜纹夜蛾等，鞘翅目的成虫如双斑长跗萤叶甲、褐足角胸叶甲、铁甲虫等，直翅目的蝗虫、蟋蟀等。钻蛀性害虫，除为害玉米果穗外还可在茎秆、穗轴、穗柄等部位造成蛀孔及孔道，直接取食籽粒或破坏植株的输导组织，阻碍水分和营养物质的运输，造成被害植株部分组织的枯死、折茎或倒伏，或使长势变弱、早衰，果穗小，籽粒不饱满，产量下降，品质变劣。常见的该类害虫主要有玉米螟、桃蛀螟、棉铃虫、大螟、高粱条螟、金龟子等。由于害虫发生时玉米正处于抽丝散粉期或灌浆期，田间植株高大且生长茂密，施药不便，所以，防治原则为防重于治，以生物防治为主，药物防治为辅，尤其禁止施用残留期长的剧毒农药。

1. 玉米螟

俗称玉米钻心虫，是重要的世界性农业害虫，包括两个种，即亚洲玉米螟 *Ostrinia furnacalis*（Guenée）和欧洲玉米螟 *Ostrinia nubilalis*（Hübner）。中国玉米螟优势种为亚洲玉米螟，在玉米、高粱种植地区均普遍发生，并且为害严重。包括黑龙江、吉林、辽宁、内蒙古、山东、河北、河南、北京、天津、安徽、江苏、上海、山西、陕西、浙江、江西、四川、重庆、云南、贵州、湖南、湖北、宁夏、广东、广西、甘肃、新疆、福建、海南、台湾地区。主要发生地区为东北地区的黑龙江省、辽宁省、吉林省，华北地区的北京、河北、河南及西南地区的四川、广西等省（自治区、直辖市）。欧洲玉米螟在全国分布范围比较小，主要分布在新疆伊宁、宁夏永宁、河北张家口、内蒙古呼和浩特、甘肃陇东等地。玉米螟对各地的春、夏、秋播玉米都有不同程度的为害，尤其以夏播玉米最重。

2. 大螟 *Sesamia inferens* (Walker)

为大螟属鳞翅目，夜蛾科，是一种为害玉米、水稻等禾本科作物的蛀茎夜蛾类害虫。大螟从北到南一年发生 2~8 代，以幼虫为害玉米。国内分布于 34° N 线以南，即陕西周至、河南信阳、安徽合肥、江苏淮阴一线以南，主要分布在中国南方各省，陕西、安徽、河南等地也有发生。是湖南、湖北、四川等省市玉米上的主要害虫，有时比玉米螟的为害程度还大，一般春玉米发生轻，夏玉米发生重，低洼地和麦套玉米发生也重。

3. 桃蛀螟 *Conogethes punctiferalis* (Guenée)

亦名 *Dichocrocis punctiferalis*（Guenée），又称桃多斑野螟、桃蛀野螟、桃斑螟、桃蠹螟、桃实螟蛾、桃斑蛀螟、豹纹蛾、豹纹斑螟、豹纹蛾，俗称桃蛀心虫。属鳞翅目，草螟科。是一种多食性害虫，在中国分布范围广，北起黑龙江、内蒙古，南至海南、台湾地区，东接前苏联东境、朝鲜北境，西至西藏、云南。包括辽宁、山东、河北、河南、北京、天津、安徽、江苏、山西、陕西、浙江、江西、四川、云南、广东、广西、湖南、湖北、宁夏、甘肃、西藏、福建、海南、台湾地区。

4. 高粱条螟 *Chilo sacchariphagus* (Bojer)

又称甘蔗条螟、条螟、高粱钻心虫、蛀心虫等。属鳞翅目草螟科。分布于中国大多数省份，常与玉米螟混合发生。主要为害高粱和玉米，还为害粟、甘蔗、薏米、麻等作物。为害甘蔗时称甘蔗条螟。在中国东北、华南、华北、西南、长江以北地区都有分布。江西、河北、四川、重庆、山东、湖南、湖北、广东及台湾省都有发生为害的报道。

5. 二点委夜蛾 *Athetis lepigone* (Möschler)

异名 *Proxenus lepigone* (Möschler)，属鳞翅目夜蛾科。国内最早的报道在1993 年，中国科学院动物研究所利用性信息素在北京通县胡各庄诱集到该虫雄蛾，当时称黑点委夜蛾，1999 年陈一心在《中国动物志》中将其更名为二点委夜蛾。2005 年首次报道在河北省多地区发生，2011 年该虫已在北京、天津、河北、河南、山东、山西、安徽、江苏北部等省普遍为害夏玉米。包括河北的邢台、邯郸、保定、石家庄、衡水、廊坊、沧州，河南的郑州、开封、洛阳、平顶山、安阳、新乡、焦作、濮阳、许昌、三门峡、商丘、周口，山东的菏泽、济宁、枣庄、临沂、泰安、烟台、滨州、淄博、聊城、济南、潍坊、德州、莱芜、青岛、日照、东营、威海，江苏的徐州、连云港市、盐城，山西的运城、临汾、晋城、长治，安徽省的亳州市和宿州。近年来，为害面积逐年扩大，目前已在辽宁、吉林、黑龙江、内蒙古、陕西、宁夏等地诱集到二点委夜蛾。

6. 棉铃虫 (*Helicoverpa armigera* Hübner)

又称玉米穗螟、青虫、棉桃虫等，隶属鳞翅目夜蛾科铃夜蛾属，是一种杂食性害虫，在中国各大玉米产区都有分布，包括黑龙江、吉林、辽宁、内蒙古、山东、河北、河南、北京、天津、安徽、江苏、山西、陕西、浙江、上海、江西、四川、重庆、云南、贵州、湖南、湖北、宁夏、广东、广西、甘肃、新疆、福建、海南、台湾等省（区、市）。近年来，棉铃虫对玉米、高粱等级作物的为害加剧，特别是在黄淮海地区发生严重，已成为黄淮海地区玉米穗期的主要害虫之一，个别年份甚至超过玉米螟的为害。

7. 黏虫 *Mythimna separate* (Walker)

又名东方黏虫，俗称行军虫、五花虫、剃枝虫、蚜蚂等，隶属鳞翅目夜蛾科。黏虫每年在中国南北往返迁飞为害，在各玉米产区普遍发生，除新疆玉米产区外的各省（区、市）都有发生为害的报道。按季节性发生规律（即代次）可将黏虫发生分布区域分为南方、江淮、黄淮、华北、东北、西北和西南 7 个地区。南方地区包括湖南、江西、福建、广东、广西和海南 6 省（自治区），以越冬代为主；江淮地区包括湖北、安徽、江苏、浙江、上海 5 省（市），以1 代为主；黄淮地区是指河南和山东 2 省，华北地区包括河北、山西、内蒙古、北京和天津 5 省（区、市），东北地区包括黑龙江、吉林、辽宁 3 省，西北地区包括陕西、甘肃、宁夏和青海 4 省区，西南地区包括西藏、云南、四川、贵州和重庆 5 省（区、市）。

8. 甜菜夜蛾 *Spodoptera exigua* Hiibner

又名玉米夜蛾，玉米小夜蛾，属鳞翅目，夜蛾科。该虫是一种世界性害虫，从 57° N~40° S 都有分布。可为害玉米、高粱、甜菜、大豆、花生、芝麻、烟草和蔬菜等 170 多种植物。20 世纪 80 年代以前，甜菜夜蛾仅在中国的局部地区零星为害。1986 年以来，甜菜夜蛾在中国发生为害的地区逐渐扩大，成灾频率和程度也越来越重。1997 年甜菜夜蛾在河南、河北、山东、安徽等省大发生之后，又于 1999 年在黄淮、江淮流域再度猖獗成灾，其发生面积之大，虫口密度之高，损失之惨重，均属历史罕见。甜菜夜蛾各地为害程度不一，以江淮、黄淮流域为害较为严重，受害面积较大。现在发生范围已遍及全国，包括河南、河北、山东、安徽、辽宁、广东、上海、江苏、浙江、湖南、湖北、贵州、江西等地。

9. 玉米蚜虫

又称玉米缢管蚜，俗称腻虫、蚁虫、蜜虫，隶属同翅目蚜科。在中国为害玉米的蚜虫主要有玉米蚜 *Rhopalosiphum maidis*（Fitch）、禾谷缢管蚜 *Rhopalosiphum padi*（Linnaeus）、麦长管蚜（荻草谷网蚜）*Sitobion miscanthi*（Takahashi）、麦二叉蚜 *Schizaphis graminum*（Rondani）、棉蚜 *Aphis gossypii* Glover、高粱蚜 *Melanaphis sacchari*（Zehntner）。其中玉米蚜为害最为严重。玉米蚜虫在中国分布广泛，在东北、华北、华东、华南、中南、西北、西南等各玉米产区都有发生。包括黑龙江、吉林、辽宁、内蒙古、山东、河北、河南、北京、天津、安徽、江苏、山西、陕西、浙江、上海、江西、四川、重庆、云南、贵州、湖南、湖北、宁夏、广东、广西、甘肃、新疆、福建、海南、台湾。玉米蚜又称玉米缢管蚜，分布在东北、华北、华东、华南、中南、西北、西南等各玉米产区，在东北春玉米区的辽宁，吉林及黄淮海夏玉米区为害较重。禾谷缢管蚜、麦长管蚜和麦二叉蚜广泛分布华北、东北、华南、华东、西南各麦区。棉蚜广泛分布全国各地，除西藏未见报道外，各地均有发生。

10. 斜纹夜蛾 *Spodoptera litura* (Fabricius)

属鳞翅目夜蛾科。为间歇、多食、暴发性害虫。分布广泛，在全国各地均有发生，主要发生在长江流域的江西、江苏、湖南、湖北、浙江和安徽等省，黄河流域的河南、河北、山东等地。

11. 梨剑纹夜蛾 *Acronicta rumicis* (Linnaeus)

属鳞翅目夜蛾科。主要分布于东北地区、河北、山东、江苏、江西、湖北、贵州等地。

12. 玉米蓟马

在中国各玉米种植区都有发生，为害玉米的蓟马主要有玉米黄呆蓟马 *Anaphothrips obscures*（Müller）、禾蓟马 *Frankliniella tenuicornis* Uzel、稻管蓟马 *Haplothrips aculeatus*（Fabricius），玉米黄呆蓟马和禾蓟马属于缨翅目蓟马科，稻管蓟马属于缨翅目管蓟马科。玉米黄呆蓟马，又名玉米黄蓟马、草蓟马，在我国主要分布在华北、新疆、宁夏、甘肃、四川、江苏、西藏、台湾。禾蓟马又称禾花蓟马、禾皱蓟马、瘦角蓟马，全国大部分地区都有发生。稻管蓟马又称薏苡蓟马、稻蓟马、禾谷蓟马，主要分布在东北、华北、西北、长江流域和华南各省。

13. 双斑长跗萤叶甲 *Monolepta hieroglyphica*（Motschulsky）

又称双斑萤叶甲、双圈萤叶甲，归属于鞘翅目叶甲科。在中国分布广泛，黑龙江、吉林、辽宁、内蒙古、河北、北京、江苏、山西、陕西、浙江、江西、四川、云南、贵州、湖北、宁夏、广东、广西、甘肃、新疆、福建、台湾等省（自治区、直辖市）。

14. 玉米铁甲虫 *Dactylispa setifera*（Chapuis）

属鞘翅目铁甲科，又名玉米趾铁甲。主要分布在广西、贵州、云南及海南。

15. 褐足角胸叶甲 *Basilepta fulvipes*（Motschulsky）

属鞘翅目肖叶甲科。2001 年首次在北京发现该虫，河北石家庄、廊坊、保定、邢台等地也相继发现该虫的为害。近年来该虫为害范围逐步扩大，包括黑龙江、吉林、辽宁、内蒙古、山东、河北、北京、江苏、山西、陕西、浙江、上海、江西、四川、云南、宁夏、贵州、湖南、湖北、广西、福建、台湾等省（区、市）在内的多地区也有该虫的为害。

16. 白星花金龟 *Protaetia brevitarsis*（Lewis）

属鞘翅目金龟甲总科花金龟科，又称白纹铜花金龟、白星花潜、白星滑花金龟、短跗星花金龟等。2001 年，白星花金龟在新疆首次报道后，为害范围逐步扩大，在东北春玉米区、黄淮海夏玉米区、华北玉米区、西南玉米区均有发生，包括黑龙江、河北、河南、山东、广西、西藏、甘肃、新疆、青海、四川、云南、宁夏、台湾等地。

17. 玉米三点斑叶蝉（*Zygina salina* Mit）

属半翅目叶蝉科斑叶蝉属。该虫在 1982 年在新疆北部发生为害，而后蔓延到新疆全区。

18. 盲蝽

为半翅目盲蝽科昆虫，为害玉米的主要有赤须盲蝽 *Trigonotylus coelestialium*（Kirkaldy）、绿盲蝽 *Lygocoris lucorum*（Meyer-Duer）、三点盲蝽 *Adelphocoris fasciaticollis* Reuter、牧草盲蝽 *Lyygus pratensis* 和苜蓿盲蝽 *Adelphocoris lineolatus* Goeze。其中赤须盲蝽最为重要，主要分布在东北、华北和西北地区，包括黑龙江、吉林、辽宁、内蒙古、河北、山东、河北、河南、北京、安徽、江苏、江西、陕西、甘肃、青海、宁夏和新疆等省（自治区、直辖市）。苜蓿盲蝽在黑龙江、吉林、辽宁、内蒙古、新疆、甘肃、河北、山东以及南方的江苏、浙江等地均有分布。牧草盲蝽主要分布在东北、华北、西北地区。

19. 稻绿蝽 *Nezara viridula*（Linnaeus）

属半翅目蝽科。该虫食性杂，该虫食性杂，除为害水稻外，还为害小麦、高粱、玉米、豆类、棉花、烟草、芝麻、蔬菜、甘蔗、柑橘等多种植物。北起吉林，南至广东省、广西壮族自治区，东起沿海各省，西至甘肃省、四川省和云南省均有分布。

20. 茶翅蝽 *Halyomorpha halys*（Stål）

属半翅目蝽科。主要为害梨等果树以及豆类等植物，近年来发现其为害玉米，在我国分布广泛，黑龙江、吉林、辽宁、内蒙古、山东、河北、河南、北京、天津、安徽、江苏、山西、陕西、浙江、上海、江西、四川、重庆、云南、贵州、湖南、湖北、广东、广西、甘肃、福建、海南、台湾等省（自治区、直辖市）都有分布报道。

21. 大青叶蝉 *Tettigella viridis*

为分布广泛的食杂性害虫，可为害玉米、高粱、稻、麦、豆类、蔬菜和果树等。成虫和若虫刺吸茎叶汁液。玉米和高粱被害叶面有细小白斑，叶尖枯卷，幼苗严重受害时，叶片发黄卷曲，甚至枯死。

22. 大猿叶虫 *Colaphellus bowringi*

属鞘翅目叶甲科。主要为害十字花科蔬菜、油菜、甜菜等，玉米生长期亦为害玉米叶片。在内蒙古、甘肃、青海、河北、山西、山东、陕西、江苏及华南、西南、东北各省区分布。

23. 小猿叶虫 *Phaedon brassicae*

属于鞘翅目叶甲科。别名猿叶甲、白菜猿叶甲、乌壳虫。分布于我国北起辽宁、内蒙古，南至台湾、海南、广东和广西等地。

24. 蟋蟀

属直翅目蟋蟀科。其种类重多，其中，为害玉米等作物的主要是大蟋蟀

（*Brochytrupes portentosus* Lichtenstein）和油葫芦（*Gryllus testaceus* walker）。大蟋蟀主要分布在中国南方各省，其中，以华南地区发生比较多。油葫芦在中国分布广泛，为害禾本科、豆科、棉花、瓜类等多种作物，主要分布在华东、华北、西南和中南地区，尤其以北方居多。

25. 飞虱

属同翅目飞虱科。在中国为害玉米的主要灰飞虱 *Laodelphax striatellus*（fallen）和白背飞虱 *Sogatella furcifera*（Horvath）。灰飞虱是玉米粗缩病的最主要的传毒媒介，主要分布在山东、河北、河南、江苏、安徽、浙江、辽宁、甘肃、新疆等地。白背飞虱分布广泛，几乎遍及中国所有的稻区，包括华南、华中、华北、东北以及西南稻区，西北稻区可达新疆自治区的米泉。

26. 草地螟 *Loxostege sticticalis*

别名甜菜网螟、黄绿条螟，属鳞翅目、螟蛾科。是北温带干旱少雨气候区的一种暴发性害虫。在中国主要分布在东北、西北和华北。主要发生地为 38°～43° N，108°～118° E 的高海拔地区（海拔 100~1600m），包括山西雁北、内蒙古乌兰察布盟和张家口市属部分县。

27. 红缘灯蛾 *Amsacta lactinea*（Cramar）

又称红袖灯蛾、红边灯蛾，属鳞翅目、灯蛾科。寄主范围广，20 世纪 70 年代初，河北、山东、山西等省曾大发生，为害严重。目前在全国南北方均有发生，包括黑龙江、吉林、辽宁、内蒙古、河北、河南、山东、安徽、江苏、辽宁、山西、陕西、北京、天津、四川、重庆、贵州、云南、上海、浙江、江西、福建、广东、海南、广西、湖南、湖北、宁夏、甘肃、台湾等省（区、市）。

28. 玉米叶螨

又名玉米红蜘蛛，俗称火蜘蛛、红砂火龙等，属真螨目叶螨科。在中国玉米叶螨的种类很多，主要有截形叶螨 *Tetranychus truncates* Ehara、朱砂叶螨 *Tetranychus cinnabarinus*（Boisduval）和二斑叶螨 *Tetranychus urticae* Koch。中国各玉米产区都有不同程度的发生。

29. 蝗虫

属直翅目蝗科。在中国为害玉米的蝗虫主要有东亚飞蝗 *Locusta migratoria manilensis*（Meyen）、中华稻蝗 *Oxya chinensis*（Thunberg）、大赤翅蝗 *Celes skalozubovi akitanus* Shiraki、疣蝗 *Trilophidia annulata*（Thunberg）和黄胫小车蝗 *Oedaleus infernalis infernalis* Saussure。东亚飞蝗在中国分布在 42° N 以南，100°～125° E 的平原地区，分布在海拔高度 200m 以下，北起辽宁、河北、山

西、陕西，南至广西、海南，东达沿海的山东、江苏、台湾，西至四川、甘肃南部等。发生基地多在海拔 50m 以下的沿海、沿河、沿湖和内涝洼地。中华稻蝗在全国各主要稻区均有发生，其中，华东、华中地区发生较重。大赤翅蝗主要分布在河北、山东等华北地区及东北和西北地区，疣蝗在中国许多地区都有分布，但不是蝗区的主要种群，一般不构成严重为害，黄胫小车蝗主要分布在山东、江苏、河南、河北、山西、陕西等黄淮夏玉米区以及西北的宁夏、甘肃等地。

30. 稻水象甲 *Lissorhoptrus oryzophilus* Kuschel

属鞘翅目象虫科，是国际性农业植物检疫性害虫。中国最早于 1987 年在河北省唐海县发现，其后在辽宁等省区有发生。

31. 蜗牛

属腹足纲柄眼目巴蜗牛科。为害玉米的主要有同型巴蜗牛 *Brddybaena similaris*（Ferussac）和灰巴蜗牛 *Brddybaena ravida*（Benson）。同型巴蜗牛主要分布在南方各地，而灰巴蜗牛在全国均有分布。

32. 稻纵卷叶螟 *Cnaphalocrocis medinalis*

是以为害水稻叶主的重要迁飞性害虫，也为害玉米、小麦、谷子、甘蔗等多种禾本科作物，20 世纪 70 年代以来，在全国各地大发生的频率明显加大，在中国分布广泛，黑龙江、吉林、辽宁、内蒙古、河北、河南、山东、安徽、江苏、辽宁、山西、陕西、北京、天津、四川、重庆、贵州、云南、上海、浙江、江西、福建、广东、海南、广西、湖南、湖北、宁夏、新疆、青海、西藏、甘肃、台湾等省（自治区、直辖市）都有分布。

33. 黄腹灯蛾 *Spilosoma menthastri*

又叫红腹灯蛾、星白灯蛾，主要为害玉米、大豆、棉花、甘薯、马铃薯、蓖麻、桑、十字花科蔬菜等植物。主要分布在黑龙江、吉林、辽宁、内蒙古、河北、安徽、江苏、青海、湖北、浙江、江西、福建、甘肃、四川、贵州、云南等地。

34. 稀点雪灯蛾 *Spilosoma urticae*

鳞翅目灯蛾科。北起黑龙江、内蒙古、新疆，共北缘靠近北部边境线，南抵浙江、贵州，东面临海，西向新疆西陲，并自甘肃折入四川，止于盆地西缘。幼虫为害玉米、小麦、谷子、花生、棉花叶片，尤其为害套种的玉米苗，初孵幼虫取食叶肉，残留表皮和叶脉，3 龄后蚕食叶片，5 龄进入暴食期，可把玉米叶片吃光。

（三）玉米地下害虫

地下害虫是指生活史的全部或大部分时间生活在土壤中，主要为害植物的种子、地下部分的根、块根、块茎、鳞茎或近地面部分的幼芽、幼苗、嫩茎等，常造成幼苗死亡、缺苗断垄或作物地下块根、块茎、幼果孔洞的一类害虫。地下害虫是农业虫害中重要的一类，该类害虫种类繁多，中国已记载的地下害虫达 320 余种，隶属 8 目 38 科。因其种类多、食性杂、分布广、生活周期长、为害重、潜藏在土壤中难以发现，因此给防治工作带来了很大困难。按其为害方式可将地下害虫分为 3 类：昼夜均栖息在土壤中并为害农作物的地下部分，如蛴螬类及金针虫类；白天栖息在土壤中，夜间出来为害农作物的地上部分，如地老虎类；白天栖息在土壤中，夜间出来为害农作物的地下和地上部分，如蝼蛄类。目前中国地下害虫的发生趋势总体情况是北方重于南方，优势种群因地而异，以春、秋两季为害较重。在中国为害玉米的地下害虫主要有蝼蛄类、蛴螬类、金针虫类、地老虎类、玉米旋心虫、弯刺黑蝽、玉米耕葵粉蚧、玉米蛀茎夜蛾、麦根蝽象等。

1. 玉米耕葵粉蚧 Trionymus agrostis（Wang et Zhang）

属同翅目粉蚧科粉蚧属。1989 年首次在河北省石家庄市的赵县、保定市满城县玉米田发现，在中国玉米生产区均有不同程度的发生，主要分布在黑龙江、吉林、辽宁、河北、北京、山东、河南、山西、陕西等地。黄淮海地区小麦、玉米两熟制地区发生普遍，尤以夏玉米受害较重。

2. 蝼蛄

属直翅目蝼蛄科，是一种常见的地下害虫，中国记载的蝼蛄有 6 种，为害玉米的主要有东方蝼蛄 Gryllotalpa orientalis（Burmeister）和华北蝼蛄 Gryllotalpa unispina（Saussure）。蝼蛄在中国分布广泛，为杂食性害虫，可为害多种作物。东方蝼蛄在中国各地均有分布，在南方各省市发生较重。华北蝼蛄广泛分布于东北、西北、华北、华东部分地区。

3. 蛴螬

别名大头虫、大牙、地狗子、地漏子、地蚕等，属鞘翅目，金龟甲科，是金龟甲幼虫的统称。金龟子是国内外公认的难以防治的土栖性害虫，其种类庞大，全世界记载有 3 万种以上，中国记录有 1 800 多种，常见的有 20 余种，为害玉米的主要有华北大黑鳃金龟 Holotrichia oblita（Faldermann）、东北大黑鳃金龟 Holotrichia diomphalia（Faldermann）、暗黑鳃金龟 Holotrichia parallela（Motschulsky）、铜绿丽金龟 Anomala corpulenta（Motschulsky）和黄褐丽金龟

Anomcla corpulenta（Faldermann）等。华北大黑鳃金龟是中国北方重要的地下害虫之一，主要分布在东北、华北及黄淮海部分地区。东北大黑鳃金龟主要分布于东北三省和内蒙古及西北部分省（区）。暗黑鳃金龟主要分布在华北、华东、西南、西北地区，包括辽宁、河南、安徽、四川、山东、河南、河北、江苏、重庆等省（直辖市）。铜绿丽金龟主要分布在黑龙江、吉林、辽宁、山西、陕西、山东、河北、河南、安徽、江苏、上海、浙江、湖北、湖南、四川、云南、重庆、贵州、广东、广西、北京、天津、内蒙古、福建、江西、甘肃、青海、台湾、海南、宁夏等地。黄褐丽金龟主要分布在长江以北各省区市。

4. 金针虫

属鞘翅目叩头甲科，为叩头甲幼虫的统称，为害玉米的主要有沟金针虫 *Pleonomus canaliculatus*（Faldermann）、细胸金针虫 *Agriotes fuscicollis*（Miwa）、褐纹金针虫 *Melanotus caudex*（Lewis），北起黑龙江、内蒙古、新疆，南至福建、湖南、贵州、广西和云南等省（自治区、直辖市）均有分布。沟金针虫主要分布在东北、华北、西北、华东地区。主要包括河北、山西、陕西、甘肃、江苏、山东、北京、河南、安徽、湖北、辽宁、内蒙古、青海等省（自治区）。细胸金针虫是中国北方地区的重要地下害虫，分布于中国 33°~55° N，98°~134° E 地区，该虫广泛分布在潮湿土壤地带，土质黏重、水分充足最适宜该虫生存。黄淮海流域、渭河流域、冀中低平原区是其常发生区，包括山东、山西、陕西、甘肃、河北、河南等地。褐纹金针虫分布辽宁、黑龙江、吉林、河北、山西、河南、陕西、湖北、宁夏、甘肃、山东、内蒙古、江苏、福建、广西和新疆等省区。

5. 地老虎

又叫地蚕、土蚕、切根虫等，属鳞翅目夜蛾科。地老虎种类繁多，在中国为害玉米的主要有小地老虎 *Agrotis ypsilon*（Rottemberg）、黄地老虎 *Agrotis segetum* Schiffermüller 和大地老虎 *Trachen tokilnis* Butler。小地老虎在中国各省（区、市）均有分布报道，但其主要分布为害区，多集中在沿海、沿湖、沿河及地势低洼、地下水位较高处及土壤湿润杂草丛生的旱粮区和棉粮夹种地区，对其他旱作区和蔬菜区也有不同程度的为害。黄地老虎在东北、西北、华北、华中、华东和西南地区都有发生，近年来在淮北及东部沿海有为害加重的趋势。大地老虎常与小地老虎混合发生，在我国长江流域沿岸（如杭州、南京等）发生较多。

6. 玉米异蚴萤叶甲 *Apophylia flavovirens*（Fairmaire）

属于鞘翅目萤叶甲亚科异蚴萤叶甲属，又名旋心异蚴萤叶甲、旋心虫、玉米枯心叶甲、俗称玉米蛀虫、黄米虫。20 世纪 50 年代就在山西洪洞、临汾和运城等县有发生的记载，目前主要分布于东北、华北、华南和华东等地。包括吉林、辽宁、内蒙古、山东、河北、山西、陕西、浙江、安徽、江西、湖北、湖南、广东、广西、福建、西藏、海南、台湾等省（自治区）。特别是在辽宁、内蒙古、吉林、山西、黑龙江、陕西、河南（豫西主要分布于海拔 500 m 以上的丘陵浅山区）等省（自治区）发生严重。

7. 弯刺黑蝽 *Scotinophara horvathi* Distant

属半翅目蝽科，俗称屁斑虫。主要分布在西南山区，包括湖南、湖北、四川、云南、贵州、陕西等省的部分山区。

8. 玉米蛀茎夜蛾 *Helotropha leucostigma* Laevis（Buer）

属鳞翅目夜蛾科。又称枯心夜蛾、大营蒲夜蛾，在辽宁、内蒙古、黑龙江等省（自治区）主要为害玉米、高粱、小麦、谷子等禾本科作物。

9. 麦根蝽象 *Stibaropus formosanus* Takado et Yamagihara

俗称土臭虫，属半翅目土蝽科。主要分布在华北及东北一些省份，如河北、山西、内蒙古、辽宁、吉林、黑龙江、山东、陕西、甘肃以及天津等省（区、市）。

三、玉米草害

杂草为害是影响作物产量的主要因素之一，草害严重的地块甚至颗粒无收。玉米田中的杂草种类繁多，有 130 余种，隶属于 30 科，主要以一年生的杂草为主。杂草对玉米的为害是多方面的。杂草与玉米争夺养分、水分和阳光，使玉米的生长环境恶化；杂草还能传播病虫，是病虫隐蔽的场所；杂草影响农事操作。杂草的为害不但降低玉米产量，而且还会使玉米品质变劣，增加农民除草投入。据测算，中国玉米田草害面积占播种面积的 90% 左右，玉米每年因草害减产 2 亿 ~3 亿 kg，严重影响玉米产量和品质。

全国杂草调查结果表明，玉米田杂草主要由马唐、稗草、藜、反枝苋、牛筋草等杂草组成。在化学除草剂的长期作用下，近年来群落结构发生了很大变化，东北春玉米区鸭跖草、苣荬菜、问荆等杂草的为害程度不断上升，逐渐演变为田间主要杂草，而华北夏玉米区难除杂草铁苋菜、苘麻在田间的优势度显著提高。近年，玉米田杂草有日趋严重的趋势。中国玉米田草害可以分成 6 个区。

1. 北方春播玉米田草害区

北方春播玉米区包括黑龙江省、吉林省、辽宁省、内蒙古自治区、宁夏回族自治区及河北省和陕西省的北部，山西省的中北部和甘肃省的南部。该区玉米田经常发生且密度较大的杂草有马唐、稗草、苣荬菜、小蓟、山苦菜、绿狗尾、水棘针、苘麻、龙葵、葎草、反枝苋等，铁苋菜、鸭跖草、苍耳、狗尾草等在不同环境下发生程度不一。其中稗草是该区的优势种，苣荬菜、小蓟、苍耳的为害较重。主要杂草群落有稗草＋马唐＋反枝苋，铁苋菜＋稗草＋马唐，马唐＋稗草＋反枝苋等。

2. 黄淮海夏播玉米田草害区

黄淮海夏播玉米区包括山东省、河南省、河北省和山西省的中南部，陕西省关中地区及江苏省、安徽省的徐淮地区。该区玉米田经常发生且密度较大的杂草有马唐、牛筋草、稗草、反枝苋、铁苋菜、马齿苋、藜、碎米莎草、打碗花、狗尾草、鳢肠、田旋花、小麦自生麦苗和苘麻等。主要杂草群落有马唐＋反枝苋＋马齿苋，马唐＋反枝苋＋稗草，马唐＋反枝苋＋鳢肠，牛筋草＋反枝苋＋马齿苋，牛筋草＋香附子＋鳢肠，稗草＋反枝苋＋田旋花，稗草＋马齿苋＋反枝苋等。

3. 青藏高原玉米田草害区

青藏高原玉米区包括青海省和西藏自治区。该区玉米田经常发生且密度较大的杂草有马唐、牛筋草、千金子、凹头苋、马齿苋、臭矢菜、碎米莎草、粟米草、鳢肠、稗草、双穗雀稗、空心莲子草等。主要杂草群落有马唐＋牛筋草＋马齿苋＋千金子，千金子＋马唐＋牛筋草，牛筋草＋马唐＋千金子＋画眉草等。

4. 南方丘陵玉米田草害区

南方丘陵玉米区包括广东省、福建省、浙江省、上海市、江西省、海南省、台湾省、江苏省、安徽省的南部、广西壮族自治区及湖南省和湖北省的东部。该区玉米田经常发生且密度较大的杂草有马唐、牛筋草、稗草、香附子、铁苋菜、千金子、小藜、凹头苋、通泉草、葎草、青葙、胜红蓟、绿狗尾、碎米莎草、臭矢菜、野花生等。主要杂草群落有牛筋草＋陌上菜，马唐＋稗草，马唐＋牛筋草＋通泉草，稗草＋通泉草＋马唐＋小藜，牛筋草＋马唐＋葎草＋凹头苋，马唐＋稗草＋香附子＋铁苋菜＋苦荬菜等。其中，胜红蓟、野花生、青葙、粟米草、臭矢菜主要分布在广东省、福建省等热带—南亚热带地区。

5. 西南山地玉米田草害区

西南山地玉米区包括四川省、云南省、贵州省、广西壮族自治区、湖南省和湖北省的西部丘陵山区及陕西省南部丘陵地区。该区玉米田经常发生且密度较大的杂草有马唐、虮子草、凹头苋、刺儿菜、铁苋菜、酢浆草、光头稗、空心莲子草、叶下珠、狗尾草、狗牙根、鸭跖草、毛臂型草、碎米莎草等。主要杂草群落有马唐+虮子草+凹头苋，虮子草+马唐+凹头苋，碎米莎草+马唐+虮子草，刺儿菜+马唐+虮子草。

6.西北灌溉玉米田杂草区

西北灌溉玉米区包括新疆维吾尔自治区全部和甘肃的河西走廊。该区玉米田经常发生且密度较大的杂草有藜、稗草、田旋花、大刺儿菜、冬寒菜、丹契草、萹蓄、苣荬菜、绿狗尾、芦苇、酸模叶蓼、问荆等。主要杂草群落有藜+稗草+凹头苋，田旋花+大刺儿菜+藜，稗草+藜+田旋花，萹蓄+藜+稗草，丹契草+芦苇+萹蓄。冬寒菜、丹契草、大刺儿菜为该区特有杂草。

第二节 非生物胁迫

一、温度胁迫

在自然界中温度受太阳辐射的影响，存在昼夜之间及季节之间温度差异的周期性变化。在一天中，空气温度有一个最高值和一个最低值，两者之差为气温日较差。通常最高气温出现在14~15时，而最低气温出现在日出前后。气温日较差随纬度的升高而减少，源于太阳高度的变化是随纬度的增高而减小。在中国东南沿海地区，受海洋影响较大，日较差由东南向西北随纬度递增而加大。一年中最高月平均气温与最低月平均气温之差，称为气温年较差。在不同纬度，温度的日较差和年较差是不同的。因此，植物都生活在温度有日变化的环境中，除赤道地区外，植物也受季节温度变化的影响。植物对温度的这两种节律性变化敏感，而且只有在已适应的昼夜和季节温度变化的条件下，才能正常生长，这一现象称为温周期现象。

由于地表太阳辐射的周期性变化产生温度有规律的昼夜变化，使许多生物适应了变温环境，多数生物在变温下比恒温下生长得更好。大多数植物在变温下发芽较好。植物生长往往要求温度因子有规律的昼夜变化和配合。研究表明，植物在昼夜变温中，生长、开花结实及产品质量均有提高。温度日差较大的大陆性区域的植物在夜温比白天低10~15℃时发育最好；而海洋区域的植物种类更适宜昼夜5~10℃的差别。变温对植物体内物质的转移和积累具有良好的作用。白天温度高，光合作用强度大，夜间温度低，呼吸作用弱，物质消耗少，对植物有机物质的积累是有利的。虽然热带地区植物的总生长量高，但积累的有机物质并不比温带地区高很多。夜间高温的大呼吸量极大限制了某些植物向南部和低海拔地区的分布。较低的夜温和适宜的昼温对植物生长、开花、结实和物质贮藏都很有利。

玉米起源于中美洲热带地区，在系统发育过程中形成了喜温特性，属于喜温作物。通常以10℃作为生物学上的零度，10℃以上的温度才是玉米生物学的有效温度。

（一）低温胁迫

低温在一定程度上破坏细胞膜，从而影响膜系统维持的生理功能。玉米在生长发育过程中需要较高温度。温度不足，是限制玉米分布的主要因素。在高纬度、高海拔地区，低温、霜冻又是造成玉米产量不高、不稳的重要原因。原产在热带和亚热带地区的玉米对冷害抗性较弱，属于低温敏感型植物，极限温度为4℃。玉米各生育阶段均有遭受冷害的可能，但在生产上还是以玉米种子发芽、苗期以及生育后期受冷害影响而造成减产最为常见。

1.冷害类型

根据不同生育期遭受低温伤害的情况，可将玉米冷害分为延迟型冷害、障碍型冷害和混合型冷害。延迟型冷害指玉米在营养生长期间温度偏低，发育期延迟致使玉米在霜冻前不能正常成熟，千粒重下降，籽粒含水量增加，最终造成玉米籽粒产量下降。障碍型冷害是玉米在生殖生长期间，遭受短时间的异常低温，使生殖器官的生理功能受到破坏。混合型冷害是指在同一年度里或一个生长季节同时发生延迟型冷害与障碍型冷害。低温冷害不仅影响玉米生长发育，而且影响最终的产量。玉米会发生一般冷害，减产5%~15%；发生严重冷害，减产25%以上。低温冷害对产量的影响还与冷害出现的时期有关。玉米出苗期受低温为害，将会出现弱苗、黄化苗、红苗、紫苗等现象，移栽后生长速度缓慢或不生长。玉米出苗至吐丝期受低温影响，营养生长受抑制，会表现在干物质积累减少，株高降低及各叶片出现时间延迟。孕穗期是玉米生理上低温冷害的关键期，减产最多。根据植物对冷害的反应速度，也可将冷害分为两类。一类为直接伤害，即植物受低温影响几小时，最多在一天之内即出现伤斑及坏死，禾本科植物还会出现芽枯、顶枯等现象，说明这种影响已侵入胞内，直接破坏了原生质活性；另一类是间接伤害，即植物在受到低温胁迫后，植株形态并无异常表现，至少在几天之后才出现组织柔软、萎蔫，这是因为低温引起代谢失常、生物化学的缓慢变化而造成的细胞伤害。

生产上低温分为两种情况：一是夏季低温（凉夏）持续时间长，抽穗期推迟，在持续低温影响下玉米灌浆期缩短，在早霜到来时籽粒不能正常成熟。如果早霜提前到来，则遭受低温减产更为严重。二是秋季降温早，籽粒灌浆期缩短。玉米生育前期温度不低，但秋季降温过早，降温强度强、速度快。初霜到来早，灌浆期气温低，灌浆速度缓慢，且灌浆期明显缩短，籽粒不能正常成熟而减产。

玉米冷害在中国广西、福建少部分地区有苗期冷害，其他主要发生在北方，尤其在东北地区，经常受到低温的伤害。贾会彬等（1992）对三江平原近40年的气候与产量资料进行的统计分析表明，热量因素是限制三江平原大田作物产量的关键因子。影响玉米产量的关键气候因素是生育前期5—6月低温，发生最低温度指标为15.4℃。据黑龙江省统计，新中国成立以来黑龙江省先后发生9次低温冷害，每次作物单产和总产均下降20%~30%。

从田间的实际来看，在中国东北地区主要发生是延迟型冷害，即在玉米生长前期（苗期）突然遭受0℃以上低温，造成幼苗大面积死亡，产生严重的田间缺苗，产量大幅度下降。玉米出苗期受低温为害，将会出现弱苗、黄化苗、红苗、紫苗等现象，移栽后生长速度缓慢或不生长。玉米出苗至吐丝期受低温影响，营养生长受抑制，会表现在干物质积累减少，株高降低及各叶片出现时间延迟。孕穗期是玉米生理上低温冷害的关键期，减产最多。

2. 冷害机理

冷害对植物的伤害大致分为两个步骤：第一步是膜相改变，第二步是由于膜的损坏而引起代谢紊乱，严重时导致死亡。正常情况下，生物膜呈液晶相，保持一定的流动性。当温度下降到临界温度时，冷敏感植物的膜从液晶相转变为凝胶相，膜收缩，出现裂缝或者通道。这样一方面使膜的透性增大，细胞内的溶质外渗；另一方面使与膜结合的酶系统遭到破坏，酶活性下降，扰乱了膜结合酶系统与非膜结合酶（游离酶）系统之间的平衡，蛋白质变性或解离，从而导致细胞代谢紊乱，积累一些有毒的中间产物（如乙醛和乙醇等），时间过长，细胞和组织死亡。由于膜的相变在一定程度上是可逆的，只要膜脂不发生降解，在短期冷害后温度立即回暖，膜仍能恢复到正常的状态，但如果膜脂降解，则表明膜受到严重伤害，就会发生组织受害死亡。

3. 低温对玉米种子发芽的影响

种子吸水后较长时期处于低温下会因霉菌的侵入而坏死。低温冻害会使玉米种皮、糊粉层和胚乳之间以及胚和胚乳之间产生平移断层，长期处于0℃以下的低温玉米种子内部的局部淀粉结构会发生明显变化，附着于粉质淀粉粒上的部分基质蛋白也会降解。同时，低温冷害延迟玉米种子的萌发时间，并导致发芽率和发芽指数降低。原因如下：低温胁迫影响酶的合成以及酶的活性，导致种子无法有效地将大分子贮藏物质转变为小分子可利用物质；低温影响种子的吸水能力，使种子在相应时间内得不到足够水分完成生理生化反应；低温降低种子的呼吸速率，产生的能量无法满足植物组织的构建、物质的合成、转运等。

4. 低温对幼苗抗冷性的影响

玉米起源于亚热带地区，对温度非常敏感。玉米最适的生长温度是30~35℃，低温影响种子萌发、苗期生长、早期叶片的发育以及玉米的整体生长和产量。当温度低于最适生长温度范围时，植株生长缓慢，在6~8℃时停止生长，延长低温处理时间会导致不可逆的细胞和组织伤害。

张金龙等（2004）研究表明，低温造成幼苗叶绿素含量显著降低，根系活力降低，过氧化酶活性降低以及相对外渗电导率增加的生理变化。

造成叶绿素含量降低的原因一是低温下 SOD 等保护酶的活性、含量降低，无法保护叶绿素不受自由基伤害，使含量降低；另外，植物受低温冷害，光合系统I最先受到攻击，光合系统I的破坏使光合电子传递链相关产物积累，进而对光合系统I产生毒害作用，同时破坏类囊体内的叶绿素。由于低温，使生理代谢过程中产生的某些毒物不能及时清除，这正是受到胁迫的植物叶绿素含量低的一个原因。

低温胁迫后脱氢酶的活性因冷害的加深有显著下降，导致根系呼吸代谢速率的降低，从侧面反映出整个根系的活力随低温冷害的加重而降低。分析原因可能是由于脱氢酶的合成受阻，分解加剧，也不排除部分脱氢酶的构象在低温胁迫下产生了变化或者受到某种低温积累抑制物的影响而不再具有生理活性。

低温胁迫后过氧化物酶活性也相应发生变化。低温影响了相关 RNA 的转录、翻译以及各种酶的生理活性，导致过氧化物酶的合成减少，同时植物为抵御低温冷害而水解体内的部分蛋白质，过氧化物酶的分解加剧，从而使其相对含量降低。过氧化物的积累会对细胞产生一系列破坏（如不饱和脂肪酸被氧化，还原性的辅酶因子被氧化，某些酶活性，细胞信号改变等），从而影响整个植物体其他生理活动。

外渗电导率是反映生物膜通透性的重要参数，而膜的通透性是生命活力的指标之一。植物低温冷害中最核心的伤害是膜系统被低温破坏。正常情况下细胞是一个完整的生物膜系统，其流动性与膜中磷脂的流动性有直接关系。生物膜中饱和磷脂与不饱和磷脂交替排列，整个系统以液晶状态存在。对低温敏感的植物膜中含有较多的饱和脂肪酸，而抗性较强的植物膜内含有较多的不饱和脂肪酸，以保证低温状态下膜的流动性。低温冷害可引起膜相分离，使不饱和脂肪酸、饱和脂肪酸各自聚集在一起，此时细胞膜由流动镶嵌的液晶状态转变成凝胶状态，从而使细胞膜的完整性受到破坏。同时膜上吸附有一定生理功能的离子如 Ca^{2+} 脱落，伴随细胞内部离子外渗，从而使细胞的外渗电导率增加。外渗电导率随冷害的加重而升高显示了细胞膜所受的伤害程度随冷害而加重的过程。

5.冷胁迫对根系统的影响

当玉米突然遭受冷胁迫时，玉米幼苗表现了干旱胁迫的特点，这是由于蒸腾作用和吸水作用的不平衡所导致。尤其是在冷胁迫开始后就发现了气孔控制失效，这是根部水压传导下降的结果，因为在低温下，水有更大的黏度系数，这也是根的主要特征。在遭受低温时，冷敏感基因型与抗冷基因型相比，根部水的吸收和呼吸都受到了强烈的抑制。此外，冷胁迫可以诱导 ABA 的形成。在玉米遭受干旱胁迫时也出现类似的情况，干旱诱导 ABA 含量的增加，却导致了玉米抗冷性的增加。当玉米在低温条件下发育时，具有较低的根冠比和较小的叶面积 / 根长比率的特征。此外根的结构也与抗冷性相关。抗冷基因型的根系是不同的（初生根的侧根比次生根的侧根更长）。然而在冷敏感基因型中，其初生根和次生根在长度上很相似。这表明在冷胁迫扰乱了根对水或养分的吸收，尤其是对 P 的吸收，因为 P 的可移动性低；因此有效的根系发育对于抗冷性是十分重要的。冷胁迫使根对 P 吸收下降，这可以解释为什么在冷胁迫下玉米幼苗的叶片经常变紫，这是 P 缺乏的一个特征。

6.低温对灌浆期玉米的影响

灌浆期低温可使玉米籽粒的灌浆进程变慢，导致灌浆持续时间延长，灌浆速率下降，粒重降低的变化。玉米上部叶片光合能力在低温下的降低会导致干物质积累速度降低，进而造成产量下降。张毅等（1995）认为，灌浆期低温是玉米生育受阻的主要原因，低温逆境对玉米籽粒产生直接伤害，主要表现在籽粒细胞膜系统的损伤，包括超微结构的破坏、细胞器数目的减少和膜脂过氧化作用增强。高素华等（1997）研究灌浆期玉米低温处理后，使籽粒可溶性糖和游离氨基酸含量增加，但淀粉和蛋白质含量降低，生物大分子含量下降，意味着灌浆过程受阻，籽粒发育受到抑制。国外籽粒离体培养认为，低温生长的籽粒可溶性糖含量和淀粉含量随籽粒发育变化缓慢，低温阻止可溶性糖转化为淀粉来阻止淀粉的合成。史占忠等（2003）在研究春玉米低温冷害规律时发现，低温影响玉米籽粒干物质的积累速率，且影响程度随低温持续时间增加而加重。宋立泉于1997 年在研究低温对玉米生长发育影响时指出，灌浆期低温降低玉米上部叶片的光合作用能力，减缓籽粒的干物质积累速度，造成产量减少。研究表明，温度是玉米籽粒灌浆的主要影响因子之一，低温影响淀粉的形成和籽粒的充实度，导致玉米产量降低。

（二）高温胁迫

玉米起源于中南美洲热带地区，具有喜温的特性。在中国北方春玉米区，玉米生产经常受到低温的威胁，生育后期的低温往往使玉米不能完成灌浆过程而影响产量。在黄淮海夏玉米区，低温不是影响玉米生产的限制因素，相反，夏季短期的异常高温往往造成玉米籽粒败育，产量降低和品质变劣。近年来，随着"温室效应"不断加剧，短期异常高温愈发频繁，已成为制约农业生产的重要非生物胁迫之一。

1. 高温胁迫的发生时期

华北平原是全国玉米主产区之一。由于气候特点，华北地区夏播玉米易在抽雄吐丝期遭遇高温胁迫。温度高于 32~35℃，空气湿度接近 30%，土壤田间持水量低于 70% 时，玉米开花持续时期变短，雌穗吐丝延迟，导致雌雄不协调，影响授粉结实。高温低湿条件下，玉米花粉活力明显降低，散粉 1~2h 就会失水，丧失发芽能力；高温干燥条件下，玉米花柱老化加快，活力降低，寿命缩短，受精结实能力明显下降。当温度超过 38℃ 时，雄穗不能开花，散粉受阻。正在散粉的雄穗在 38℃ 高温下胁迫 3d 后便完全停止散粉。另据观察，正常散粉的植株在 38℃ 以上高温胁迫下不散粉，但是在适温环境中可以恢复散粉，恢复所用时间因材料而异。不同生育阶段经受高温为害后减产的幅度有很大差别，孕穗期减产 30%，开花结实期减产 40%。

华北地区可以采用春玉米一熟制替代部分面积玉麦两熟制来实现节水与保持粮食生产力并举的目的。据戴明宏等（2008）报道，春玉米比夏玉米平均增产 1600 kg/hm^2。但同时，也要面临春玉米灌浆期高温胁迫对产量造成的影响。灌浆期是作物产量和品质形成的关键时期，玉米灌浆期间最适日平均温度为 22~24℃，温度在 23~31℃ 范围内对籽粒发育影响较小，高于 35℃ 则会严重影响籽粒的发育，在灌浆初期高温主要是减少胚乳细胞数量使粒重减少，在灌浆后期高温显著降低植物的光合作用，损害淀粉的合成。Wilhelm 等（1999）研究发现，灌浆结实期高温降低了籽粒中蛋白质、淀粉和脂肪的含量。Muchow（1990）利用不同的播期处理，在大田环境下研究了高温对玉米生长发育和最终产量的影响，发现高温使玉米生长加快，有效灌浆期缩短，产量降低。高温会缩短春玉米灌浆持续期，降低粒重和产量。据 Daynard 等（1971）报道，玉米粒重与有效灌浆持续时间呈显著的线性关系。较高的灌浆期温度，缩短了灌浆持续期，不能保证充足的物质供应，降低了粒重和产量。

淮北地区高温一般出现在7月中旬至8月中旬，该地区夏播玉米在玉米孕穗至籽粒形成期易遭受障碍型高温灾害，表现为雄穗开花散粉不良、花药瘦瘪花粉少，雌穗吐丝不畅、花柱细弱活力差，受精不良和籽粒败育，形成大量秃顶、缺粒、缺行，甚至果穗不结实造成空秆，最终导致严重减产。

2. 高温对玉米生长发育和生理生化的影响

较高温度条件一般促进作物的生长发育进程，导致生育期变短。玉米覆膜栽培条件下，土壤温度升高，使出苗期提前6.3d，抽雄期提前12.5d，吐丝期提前11.8d，成熟期提前18d，促进了玉米的生育进程。而对苗期性状研究发现，高温使玉米单株干重和叶面积变小，叶片伸长速率减慢，在营养生长与生殖生长并进阶段，高温使玉米生长速率和叶面积比增大，但净同化率下降。

高温条件下，光合蛋白酶的活性降低，叶绿体结构遭到破坏，引起气孔关闭，从而使光合作用减弱。另外，呼吸作用增强，呼吸消耗明显增多，干物质积累量明显下降。高温还可能对玉米雄穗产生伤害，持续高温时，花粉形成受到影响，开花散粉受阻，雄穗分枝变小、数量减少，小花退化，花药瘦瘪，花粉活力降低。同时还会导致雌穗各部分分化异常，吐丝困难，延缓雌穗吐丝或造成雌雄不协调、授粉结实不良等。高温还会迫使玉米生育进程中各种生理生化反应加速，使生育阶段加快导致干物质积累量降低，产量大幅下降。并且还会导致病害发生，如纹枯病、青枯病，造成产量品质的损失。夏播玉米在苗期处于生根期，抗不良环境能力弱，若遇连续1周高温干旱，就会降低玉米根系的生理活性，使植株生长较弱，抗病力降低，易受病菌侵染发生苗期病害。纹枯病菌菌丝适宜生长发育的温度较高，因此在较高温度条件下，容易发生玉米纹枯病；玉米灌浆到乳熟期，若遇高温高湿天气，易引起青枯病流行，造成产量和品质损失。

陶志强等（2013）综合国内外的研究，总结了华北地区高温胁迫春玉米减产的可能机理，主要包括7个方面：高温缩短了生育期，干物质累积量下降，籽粒灌浆不足，产量受损；高温降低了灌浆速率，致使粒重降低；高温环境下，生殖器官发育不良，不能正常授粉、受精，降低了结实率；高温改变了叶绿体类囊体膜结构和组织以及色素含量的正常生理生化特性，抑制了光合速率；高温使根系或叶片的膜脂过氧化水平提高，根系或叶片的生长速度降低且衰老加快；高温使叶片的水分状态偏离了正常水平，限制了叶片正常代谢的功能，同时也扰乱了春玉米正常吸收和利用养分的功能；高温易诱导植株发生病害。

郭文建等（2014）以农大 108 为材料，分梯度进行高温处理，研究结果表明高温胁迫下酶的活性降低，同时叶绿素的生成受抑制，因此，在高温胁迫下会导致叶绿素 a、叶绿素 b、叶绿素总量含量下降，且随着胁迫时间的增加这种变化愈加明显；伴随胁迫温度的升高，玉米叶片中的类胡萝卜素随着时间的延长而呈总体下降的趋势，当温度超过 40℃时，下降趋势最为显著。赵龙飞等（2012）通过对耐热基因型和热敏感基因型玉米为材料，分别于花前和花后进行高温处理，研究高温对不同耐热性玉米光合特性及产量品质的影响。结果表明，花期前后高温胁迫对玉米的光合作用有显著影响，高温处理降低了穗位叶净光合速率、气孔导度、最大光化学效率、光量子产量、光化学淬灭系数、磷酸烯醇式丙酮酸羧化酶和核酮糖二磷酸羧化酶活性，提高了细胞间隙 CO_2 浓度和非光化学淬灭系数；花后高温处理对产量影响大于花前处理；高温胁迫下耐热玉米基因型比热敏感玉米基因型具有更高的叶绿素含量和光合能力，产量和品质受高温影响较小。

3. 灌浆期高温的伤害作用

高温会缩短春玉米灌浆持续期，降低粒重和产量。据 Daynard 等（1971）报道，玉米粒重与有效灌浆持续时间呈显著的线性关系。较高的灌浆期温度，缩短了灌浆持续期，不能保证充足的物质供应，降低了粒重和产量。

赵福成等（2013）进行了高温对甜玉米籽粒产量和品质影响的调查，结果表明高温缩短甜玉米灌浆进程，显著降低粒重、含水量、提高皮渣率。高温还会降低灌浆速率，张吉旺（2005）研究表明，黄淮海地区，夏玉米在 10~25℃ 范围内灌浆速率随温度升高而升高，在 25~35℃ 开始降低，40~45℃ 显著降低。其机理表现在两个方面：一是高温可能缩小了籽粒体积而降低了灌浆速率。二是高温可能减弱了茎叶的干物质累积量和同化物供应能力，降低了灌浆速率。

张吉旺研究表明，黄淮海地区夏玉米花期受高温为害，雄花败育，雌穗受精条件恶化，母本吐丝推迟、结实率降低，导致减产。高温还会通过影响叶绿素含量和叶绿体类囊体膜结构降低光合速率导致减产。

Jones R J 等（1981）用离体培养的方式研究了在籽粒灌浆期极端温度对籽粒淀粉合成、可溶性糖和蛋白质的影响，结果表明，在 35℃ 下培养 7d 的处理比其他处理籽粒干物质重高，但到 14d 就停止生长，败育粒内高含量的可溶性糖表明淀粉合成受到抑制是其败育的主要原因。

二、水分胁迫

根据玉米对土壤水的需要程度，玉米属于中生植物。一般情况下，可以忍耐暂时的土壤缺水和较低的空气相对湿度。在白天叶片发生暂时的萎蔫时，植株内仍保存着能够维持日常活动所需的最低含水量。然而，如长时间萎蔫，生长发育就要受到抑制，并妨碍生殖器官的形成。所以玉米要获得高产，则需要一定量的水分。

（一）水分亏缺

1. 干旱对玉米的影响

干旱是玉米生产中影响产量的重要环境胁迫之一。全球干旱半干旱地区约占 35% 的陆地面积，而剩余的 65% 中仍有 25% 属于易受旱地区。即使在非干旱地区。季节性干旱也是玉米生产中经常面临的问题。在北美热带玉米产区，每年由于干旱引起的产量损失约有 17%，而遭遇热季时，干旱造成的玉米产量损失可以达到 60%。中国是水资源十分短缺的国家之一，干旱缺水地区面积占全国国土面积 52%，年受旱面积达 200 万 ~ 270 万 hm^2，其中完全没有灌溉条件的旱耕地有 4 133.3 万 hm^2。相对于其他禾本科作物，玉米是对水分胁迫最敏感的作物之一，是旱地作物中需水量最大的，尤其在开花期对干旱胁迫反应非常敏感。

摸清玉米需水性能，采用科学供水，促进高产优质，对农民增收意义重大。玉米全生育期需水量不尽一致，受多因素影响，与品种、气候、栽培条件、产量等有关，一般生产 100kg 籽粒需水 70~100t，在旺盛生长期中 1 株玉米 24h 需耗水 3~7kg。玉米不同的生育期中需水量不同。苗期植株矮小，生长慢，叶片少，需水较少，怕涝不怕旱。同时，为了促使根系深扎，扩大吸收能力，增强抗旱防倒能力，常需蹲苗不浇水措施。拔节后需水增多，特别是抽雄前后 30d 内是玉米一生中需水量最多的临界期，如果这时供水不足或不及时，对产量影响很大，即所谓的"卡脖旱，瞎一半"的需水关键期。据试验研究夏播种至出苗需水 217.5 m^3/hm^2，占总需水量的 6.1%，日需水量 36.5 m^3/hm^2；出苗至拔节需水 556.5 m^3/hm^2，占总需水量 15.6%，日需水量 37.1 m^3/hm^2；拔节至抽穗需水 837.0 m^3/hm^2，占总需水量 23.5%，日需水量 51.0 m^3/hm^2；抽穗至灌浆需水 994.4 m^3/hm^2，占总需水量 27.9%，日需水量 49.8 m^3/hm^2；灌浆至蜡熟需水 685.5 m^3/hm^2，占总需水量 19.3%，日需水量 31.2 m^3/hm^2；蜡熟至收获需水 268.5 m^3/hm^2，占总需水量 7.5%，日需水量 23.7 m^3/hm^2。总计需水量为 3 559.4 m³/hm²，平均日需水量 39.3 m³/hm²。

2.水分胁迫程度和发生时期

水分不仅是植物生存的重要因子，而且是植物重要的组成成分。植物对水的需求有两种：一是生理用水，如养分的吸收运输和光合作用等用水；二是生态用水，如保持绿地的环境湿度，增强植物生长势。一般而论，植物光合作用每产生 1 份光合生产物，需 300~800 份水，土壤中持水量为 60%~80% 时，根系方可正常生长，并吸收养分，维持正常运转。Hsiao（1973）曾将水分胁迫的程度划分为轻度胁迫、中度胁迫、重度胁迫 3 种类型，它们的区分标准是土壤相对含水量减低 8%~10%，10%~20%，20% 以上。

相对于其他禾本科作物，玉米是对水分胁迫最敏感的作物之一，是旱地作物中需水量最大的，尤其在开花期对干旱胁迫反应非常敏感。白向历等人（2009）研究表明，水分胁迫导致玉米籽粒产量下降，胁迫时期不同其减产的程度也不尽相同。其中以抽雄吐丝期胁迫减产最严重，拔节期胁迫次之，苗期胁迫减产最小。抽雄吐丝是玉米的水分临界期，水分胁迫可导致花期不遇，受精能力下降，大量合子败育，从而严重影响玉米产量。

玉米在播种出苗时期需求的水分比较少，这时候要求耕层土壤应当保持在田间持水量的 65% 左右，就能够良好的促进玉米根系的发育，培养强壮的幼苗，降低倒伏的程度，同时提升玉米的产量。倘若墒情不够好，就会对玉米的发芽出苗造成严重的影响，即便是玉米种子可以勉强膨胀，通常也会因为出苗力较弱出现缺苗的情况。在拔节孕穗时期茎叶的成长非常快，植株内部的雌雄穗原始体已经开始不断分化，干物质不断积累增加，蒸腾旺盛，所以植物需要充足的水分来保证生长，尤其是抽雄前雄穗已经生成，而雌穗正在加快小穗与小花的分化。倘若这个时候土地干旱会导致小穗小花的数量降低，并且还会出现"卡脖旱"的情况。授粉与抽雄的时间延迟，导致结实率的下降，从而影响玉米的产量，而这个时间段土壤水分的含量应该保持在田间持水量的 75% 左右。玉米对于水分最敏感的时间段在于抽雄开花的前后，这个时间段的玉米植株处在新陈代谢最为旺盛的时期，对于水分的需求是最高的。倘若雨水不足、土壤水分不足就会减短花粉的生命，导致雌穗抽丝的时间被延迟，授粉不充足，不孕花的数量增多，最终致使玉米的产量降低。

3.农田耗水的季节变化规律

农田耗水的影响因素较多，但最终决定耗水量多少的直接因素是土壤含水量的变化。孙宏勇等（2011）研究发现，不同处理土壤水量均随灌溉水量的增加而降低。降水量与土壤耗水量之间也存在一定的相关性，即耗水量随着降水量的增加而减少。同时，由于气象因子的变化使得最大的土壤耗水量不一定出现在降水最多的生长季节。Liu 等（2002）利用大型蒸渗仪研究了 1995—2000 年河北栾城试验站充分灌溉条件下冬小麦和夏玉米的蒸散量，结果表明，冬小麦和夏玉米多年平均分别为 452mm 和 423mm。冬小麦季的耗水量最大为 479.2mm，最小为 401.2mm，年份间变动较大；夏玉米季的蒸散量最大为 448.9mm，最小为396.4mm，年份间变动较小；冬小麦季的蒸散量大于夏玉米的蒸散量。在水分来源方面，冬小麦季的降水在 90~130mm，夏玉米的降水量在 360~400mm，冬小麦的耗水主要利用的是灌溉水，而夏玉米利用的主要是降水。冬小麦全生长期的耗水量相当于同期降水量 2 倍（非灌溉地）至 3 倍（灌溉地）；夏玉米大约要消耗同期降水量的 70%。

4. 水分胁迫对玉米生长发育和产量的影响

根据干旱对不同生育时期玉米的影响可以分为以下两种类型。

（1）干旱对玉米萌芽期和苗期生长的影响　玉米萌芽期和苗期耐旱相关的形态生理指标可以作为玉米早期抗旱育种的参考依据。袁佐清（2007）研究发现，抗旱性不同的玉米无论萌芽期还是苗期经水分胁迫后都导致发芽率降低，叶片鲜干比明显下降，根冠比增加，丙二醛（MDA）含量和过氧化氢酶（CAT）、超氧化物歧化酶（SOD）活性均有一定程度的升高，变化幅度因玉米抗旱力的不同而有所差异。种子内贮藏的养料在干燥状态下是无法被利用的，细胞吸水后，各种酶才能活动，分解贮藏的养料，使其成为溶解状态向胚运送，供胚利用。水分胁迫使种子的充分吸水受到影响，影响了细胞呼吸和新陈代谢的进行，从而使运往胚根、胚芽、胚轴的养料减少，导致出芽率降低。不同玉米自交系出芽率降低的程度不同，抗旱性强的玉米自交系受到的影响小，出芽率高但抗旱性弱的玉米自交系受到的影响大，出芽率低。SOD 和 CAT 酶可能是玉米抵抗干旱的第一层保护系统，当对幼苗进行短期水分胁迫时，该系统在保护植株免受水分胁迫导致的氧化损伤方面起着重要作用。玉米抗旱性的大小与其抗氧化及抵抗膜脂过氧化的能力有关，抗旱性强的自交系抗氧化酶活性高，MDA 含量少，说明其具有较强的自由基清除能力和抗膜脂过氧化的能力。但有报道认为，此效应维持不长，受旱时间越长，受旱越重，保护酶活性越低，MDA 积累就越多，说明抗氧化防御系统对膜系统的保护作用有一定的局限性。

（2）干旱对玉米籽粒发育的影响　籽粒发育期是玉米需水最多的生育时期。玉米籽粒的发育分为 3 个时期，分别是籽粒建成期（滞后期）、干物质线性积累期（灌浆期）和干物质稳定增长期。其中，籽粒建成期决定籽粒发育的数目，是最受水分限制的时期；而灌浆期是粒重形成的关键期。关于灌浆期水分胁迫对籽粒发育的不利影响有两种不同的观点：一种是认为干旱造成同化物向籽粒运输不足；另一种认为干旱造成的粒重降低并不完全是因为同化物不足，而是因为干旱致使有效灌浆持续时间缩短，胚乳失水干燥提早成熟并限制了胚的体积。

刘永红等（2007）采用池栽模拟试验的方式对西南山地不同基因型玉米品种在花期干旱和正常浇水条件下的籽粒发育特性及过程进行了研究。结果表明：花期干旱导致玉米最大灌浆速度出现时间推迟、籽粒相对生长率和最大灌浆速度减弱、干物质线性积累期和干物质稳定增长期显著缩短，干旱胁迫结束后植株通过提高干物质线性积累期的持续时间和干重，来弥补前期干旱的损失。研究还表明，西南山地玉米籽粒发育的特点是籽粒建成能力较弱、干物质线性积累能力很强、胚乳失水成熟早。不同基因型之间存在显著差异，籽粒相对生长率低而稳定、最大灌浆速度出现早的品种能够抗逆高产。

（二）连阴雨和水淹

涝害是在土壤中存在的水分超过田间土壤持水量产生的一种灾害。根据超过田间土壤持水量的多少，可将涝害分为两种：湿害和涝害。所谓湿害是土壤水分达到饱和时对植物的为害；涝害是田间地面积水，淹没了植物的全部或一部分造成的为害。水淹胁迫造成涝害的直接为害因素并不是水分，水分本身对植物是无毒的，其为害主要是间接作用造成的，即植物浸泡在大量水中，根系的大量矿质元素及重要中间产物丢失，在无氧呼吸中产生有毒物质如乙醇、乙醛等使植物受害。此外，土壤水分过多时使土壤中气体（O_2）亏缺，CO_2 和乙烯过剩使植物低氧受害。多年来，国内外对在水淹条件下，作物的生理变化进行了大量的研究工作。研究结果指出，土壤渍水使植株叶片的生物膜受到伤害，细胞内电解质外渗，膜脂过氧化作用加强，丙二醛（MDA）含量增加，叶绿素被降解，植株失绿，衰老加快；在水淹条件下，植株叶片中保护酶（SOD、POD、CAT）活性迅速下降，加剧了植株膜脂过氧化作用，从而导致不可逆的伤害。

玉米是一种需水量大又不耐涝的作物，土壤湿度超过持水量的 80% 时，植株生长发育即会受到影响，苗期尤为明显。中国大部分玉米产区受季风气候影响，夏季降雨量一般占全年总降水量的 60%~70%，而且降雨时间相对比较集中，易致使土地积水成涝，这是影响玉米高产稳产的一个重要因素。玉米涝渍灾害根据受灾生理时期可分为 3 种，即芽涝和苗期渍涝、拔节期至灌浆期渍涝以及灌浆期渍涝。3 种渍涝灾害的为害如下。

1. 芽涝和苗期渍涝

在玉米吸水萌动至第三片叶展开期，由于土壤过湿或淹水，使玉米出苗、种子发芽、幼苗的生长受到影响称为玉米芽涝。在第三片叶展开以前，其生长主要依靠种子胚乳营养，为异养阶段。因此，玉米芽涝又称为奶涝。玉米的苗期渍涝是指玉米第三片叶展开到玉米拔节这段时期发生的渍涝。

一般夏玉米播种至拔节期，总降雨量或旬降雨量分别超过 100、200 mm 时，容易发生渍涝灾害。

渍涝灾害对玉米主根开始伸长、种子吸水膨胀的影响较大。淹水两天可使玉米出苗率降低 50% 以上，淹水 4d 使出苗率降低 85% 以上。芽涝对出苗率的影响受温度的影响较大。相同的淹水时间和淹水条件，温度越高为害越大。淮北地区在均温 25℃时进行播种，播后若发生渍涝灾害或出现芽涝 2~4 天，玉米田间即发生缺苗断垄或基本未出苗，要进行间、定苗或重新播种。萌芽期渍涝灾害除了造成严重缺苗外，对勉强出苗的幼苗生长也有明显的不良影响，导致幼苗生长迟缓、根系发育不良、叶片僵而不发。

2. 拔节期至灌浆期渍涝

随着玉米生长的延长，至拔节期玉米耐渍涝能力提高。但拔节期当田间出现淹水 3d 时，玉米绿色叶片数降低，下部两片叶发生黄化，后期有植株出现死亡，造成玉米减产 75%；当出现淹水 5~7d 时，玉米下部叶片发黄，田间植株倒伏较多，死亡植株增加，减产非常严重，几乎颗粒无收。到抽雄期，土壤含有最大持水量 70%~90% 水分时最适宜玉米生长，只有当土壤湿度超过 90% 时玉米生长受到影响。7 月下旬至 8 月中旬降雨量超过 200mm 或旬降雨量超过 100mm，就会发生渍涝灾害。

抽雄期淹水 3、5、7d 分别呈现无倒伏—少量植株倒伏—大部分植株枯萎且倒伏的状况；玉米产量损失量分别为 50%、75%、100%。田间植株绿叶面积降低，下部叶片发黄枯萎，大部分倒伏植株死亡，未死亡植株也基本上不抽穗结实。

3. 灌浆期渍涝

在玉米灌浆期及其以后发生的渍涝称为灌浆期渍涝，该阶段由于玉米气生根已形成，各器官发育良好，抵抗渍涝的能力增强。此期若发生涝害，一般不会造成减产。

郝玉兰（2003）研究了不同生育时期水淹处理对玉米生理生化指标的影响，得出水淹胁迫造成玉米叶片丙二醛（MDA）含量增加，过氧化氢酶（CAT）活性下降，并导致叶片中叶绿素被降解，叶绿素含量降低的结论。在水淹胁迫条件下，植物膜脂过氧化作用增强，使叶片中 MDA 含量不断积累，从而加速植株自然老化的进程。从产量因素上来看，受水淹胁迫影响最明显的是每穗粒数，以及与之相应的每穗粒重。在灌浆期收获后，观察到各个生育时期都受到水淹胁迫的植株穗上出现了明显的缺行、缺粒现象，减产幅度大，甚至绝收。

三、盐碱胁迫

盐害是限制作物产量的主要环境胁迫之一。日益增加的盐碱化会对全球耕地造成严重影响，导致在 25 年内损失耕地达 30%，预计 21 世纪中期这个数据将上升到 50%。而高盐导致的高离子浓度和高渗透压可致死植物，是导致农业减产的主要因素。土壤含盐量和酸碱度（pH 值）对玉米生长发育有很大影响，可造成盐碱害。盐分中，氯离子对玉米为害最大。苗期较拔节、孕穗期耐盐力差，苗期表现为生长瘦弱，严重时接近枯萎。碱害主要影响玉米的幼根和幼芽，轻者使玉米空秆增多且易倒伏；重者缺苗断垄，同时导致 Ca、Mn、Zn、Fe、B 等微量营养元素固定而引发缺素症。

盐碱性土壤中可溶性盐分浓度较高，抑制玉米吸水，出现反渗透现象，产生生理脱水，造成枯萎；某些盐类抑制有益微生物对养分的有效转化而使玉米幼苗瘦弱。碱害主要由于土壤中代换性钠离子的存在，使土壤性质恶化，影响玉米根系的呼吸和养分吸收。

> **● 盐碱胁迫对玉米的伤害作用 ●**
>
> 由于不合理的开发利用土地，使得盐碱化、次生盐碱化土地面积逐年增加。土壤中的盐碱成分在各个生育期都会对作物产生一定的影响。玉米是盐敏感作物，当盐浓度较高时，盐胁迫干扰胞内的离子稳定，导致膜功能异常，代谢活动减弱，玉米生长受抑，最终整株植物受到严重影响、减产直至死亡。

1.盐胁迫对玉米生长的影响

1993 年，Munns 提出盐胁迫对植物生长影响的两阶段模型。在第一阶段，玉米首先出现水分胁迫，从而导致吸水困难；第二阶段，玉米植株中吸收 Na^+ 增多，吸收 K^+、Ca^{2+} 减少，从而使 Na^+ / K^+ 升高，造成以 Na^+ 毒害为主要特征的离子失衡，光合作用变慢，渗透势下降，根伸长和茎生长受抑制。叶生长受抑制是许多胁迫（包括盐胁迫）下最早看到的现象。当玉米出现离子毒害时，则会表现出 Na^+ 特征损害，这与 Na^+ 在叶组织中的积累有关。Flowers

等（1986）发现植物生长组织中 Na^+ 比老叶中少，表明 Na^+ 的转运是有选择的，并且随着叶龄的增加不断积累，其表现为老叶首先坏死，一开始是叶尖和叶缘，直至整个叶片。Zorb 等（2005）认为，在盐胁迫下玉米生长受抑制是因为质膜上 H^+–ATPase 泵的活性下降所造成的。Pitann 等（2009）发现，盐胁迫减轻了盐敏感玉米叶片质外体的酸化，导致质膜 ATPase 的 H^+ 泵活性下降，质外体 pH 值变大可能使松弛胞壁的酶活性下降，从而导致地上部生长受抑。

2. 盐胁迫对玉米光合作用的影响

盐胁迫导致的水分胁迫使玉米叶绿体基质体积变小，叶绿体中过氧化物增多；由渗透胁迫导致的气孔关闭，使进入光合碳同化的 CO_2 受限，造成过剩光能增多，进而加重对玉米光合作用的抑制。玉米体内增多的过剩激发能如果不能被安全耗散，还会进一步导致玉米光合机构的不可逆破坏。在盐胁迫下，玉米叶面积首先变小，随后是叶干重和叶含水量下降。由于玉米光合作用受抑制或同化物转运至生长点的速率变慢，导致供给正在生长的茎的同化物减少，玉米茎生长受到抑制。随着盐浓度增加，玉米总干物质明显减少。

第三节　逆境胁迫对玉米生产的影响

随着全国玉米种植面积持续增加，品种引进更新，区域调运频繁，区域化种植进程和跨区收割，导致病虫源基数逐年累积。加上诸多不合理的种植栽培措施和复杂多变的气候条件，中国玉米病虫害发生面积逐年扩大，发生程度连年加重，各种突发、暴发性病虫害为害给植保工作带来不小压力。

据《全国植保专业统计资料》统计，近年来全国玉米病虫害一直维持上升趋势，常年发生面积 8 000 万 hm^2。据全国农业技术推广服务中心组织科研、教学和推广单位专家分析估算，2015 年全国玉米主要病虫害仍呈偏重发生态势，重于 2014 年，估计发生面积仍为 8 000 万 hm^2。其中，虫害预计发生 5 800 万 hm^2，病害预计发生 2 200 万 hm^2。东北、华北地区以玉米螟、大斑病为害最重，黄淮海地区以二点委夜蛾、棉铃虫、褐斑病发生突出，蚜虫、叶螨、小斑病在西北和西南等地发生普遍，不排除黏虫在局部地区出现高密度集中为害的可能。综合来看，玉米病虫害一直是玉米安全生产的重要影响因子，也是玉米生产逆境胁迫的主要因子。

一、病害对玉米生产的影响

综合近年来玉米病害总体发生情况来看，玉米大斑病在东北、华北偏重发生，部分感病品种地区大发生，西南大部中等发生，年发生面积约 600 万 hm²；小斑病在黄淮海和西南地区中等发生，年发生面积约 300 万 hm²；褐斑病在黄淮海、东北中等发生，局部偏重发生，年发生面积 200 万 hm²；弯孢叶斑病在黄淮海中等发生，发生面积 170 万 hm²；瘤黑粉病、灰斑病、顶腐病、粗缩病和矮化病等在部分地区会造成一定为害。

（一）大斑病和小斑病

玉米大斑病不但会为害玉米的叶片、苞叶，还会对玉米的叶鞘产生为害，发生的地区较为广泛，主要分布在东北、西北，还包括华北北部以及海拔较高地区。受到这种病害，植株的光合作用会受到较大影响，导致籽粒灌浆不足，玉米的产量会大幅下降。与这种病害流行十分紧密的一个因素就是玉米的品种。此外，环境条件也会对其产生较大的影响。玉米小斑病在气候温暖湿润的地区，较易发生，其中比较典型的是华北以及河南地区。在玉米全生育期内，这种病害都有可能发生，一般来说，植株抽雄后为病害高发期，在这种病害的影响下，叶片布满病斑而枯死。在大斑病出现的同时，这种病害也会伴随，病症主要出现在叶部。就既往的经验来看，重发病年可减产 20%~30%。

近年来，玉米大小斑病总体偏重发生，东北、华北局部大发生，各玉米主产区发生普遍，持续近年来加重发生趋势。以 2012 年为例，大斑病全国发生面积 619.3 万 hm²，比 2011 年发生面积增加 150 万 hm²。主要发生区域为北方春玉米种植区和南方山地丘陵玉米区，其中，黑龙江省 2012 年玉米大斑病发病面积 131.1 万 hm²，平均病株率为 10%~50%，最高 80%~100%，主要发生区域为肇州、巴彦、呼兰、安达等地。河北省北部承德冷凉地区大斑病中偏重发生，局部大发生，全省发生 29 万 hm²，重发面积 1.7 万 hm²，承德地区中等偏重发生，部分地块大发生，张家口地区中偏轻发生。河南省中度发生，发生面积 120.2 万 hm²，8 月中旬至 9 月上旬发病盛期全省平均病株率在 13.9%，最高 100%，周口、安阳、南阳、驻马店、开封、商丘盛期病株率在 15%~53%，其他地区病株率，一般在 5%~9%。受后期多雨潮湿等天气影响，安阳市发病盛期平均病株率 38%，最高 86%，驻马店市盛期平均病株率为 30.6%，平均病叶率 64.6%。山西省受夏秋季降水异常偏多等气候条件的影响，2012 年大流行，全省发生面积 88.5 万 hm²，较上年增加 13.5 万 hm²，重发区集中在忻州、大同、朔州、晋中、吕梁等中北部玉米产区，发生特点为：田间始见早、流行速度快、发生范围广，为害损失重。8月下旬调查，太原以北地区，大斑病病株率均达到了70%以上，忻定盆地、大同盆地大斑病病株率达到了100%，且95%以上的植株，病叶已扩展到了旗叶，受害植株下部叶片提早干枯，上部绿色叶片病斑多在7~8个，最多的达到10个以上，许多病斑相互融合，病情指数达到5~7级，吉林偏重发生，发生面积53.7万hm²，全省9个市（州）均有发生，主要发生在四平、长春、松原、辽源、吉林等地，发病株率平均为80%以上，最高100%，长岭县6月29日始见病斑，盛发期在7月中旬，比常年提前1个月，发病程度3级以上的地块占20%，小斑病全国发生32.60万hm²，其中，天津市小斑病偏轻发生，常伴随大斑病同时发生，发生面积0.7万hm²，田间病株率平均5%，个别品种发病率达到20%。河北省总体轻发生，多与大斑病、褐斑病混合发生，发生程度轻于2011年，平山县调查小斑病病株率一般1%~3%，最高5%。安徽省小斑病发生普遍，病叶率一般为1.4%~21.3%，但病情严重度均较低，全省发生面积23.8万hm²。甘肃省小斑病发生程度Ⅰ级，发生面积5.6万hm²，主要发生区为陇东、天水、陇南等地。

（二）丝黑穗病

玉米丝黑穗病在华北、东北、西北等地均较常见。发病比较严重的不但包括北方春玉米区、西北玉米区，还包括西南丘陵玉米区。从当前的情况来看，一般年份的发病率在2%~8%，损失惨重。在20世纪80年代，这种病害得到了有效控制，但是其对玉米安全生产仍然有着很大的影响。

近年来，该病害总体偏轻发生，局部中等发生，主要发生区域为北方春玉米区。以2012年为例，山西省总体中等发生，局部偏重发生，全省发生7.2万hm²，较上年增加2.5万hm²，重发区集中在晋中、长治、吕梁、大同等地。各地7月上旬开始发病，8月上旬出现典型症状，一般田块发病株率5%~10%，严重地块达20%~30%，最高达50%~60%，总体看，低洼下湿、重茬、早播，并有一定菌源的地块发病较重。吉林偏轻发生，发生面积16.7万hm²，全省玉米种植区均有发生，田间发病率平均为1.2%。河北省丝黑穗病主要发生在北部春玉米区，2012年偏轻发生，发生程度轻于近年，近年来大力推广抗病品种和种子包衣技术，杜绝裸籽下地，同时实行适时迟播，浅播镇压等技术措施有效控制了该病的发生。

（三）褐斑病

近年来，由于大量种植抗性单一的玉米品种、农业耕作制度的变革以及气候等原因，玉米褐斑病逐渐由次要病害上升为主要病害。该病在全国玉米产区普遍发生，造成大面积流行，为害十分严重，在华北地区和黄淮流域的河北、山东、河南、安徽、江苏等地为害较重。该病主要发生在玉米叶片、叶鞘及茎秆上。先在顶部叶片的尖端发生，最初为黄褐色或红褐色小斑点，病斑呈圆形或椭圆形，严重时叶片上全部布满病斑，叶鞘和叶脉出现较大的褐色斑点，发病后期叶片的病斑处呈干枯状。

近年来，玉米褐斑病总体中等发生，华北局部偏重发生，主要发生区域为黄淮海夏播玉米区。以 2012 年为例，河北省偏重发生，局部大发生，发生 9 万 hm^2，一般病田率 20%~30%，严重的病田率达 50%~70%，最高达 84.3%，并且 2012 年褐斑病发病高峰早、为害时间长，7 月上旬始见发生，至 9 月上旬一直处于发病高峰期，邯郸市、衡水市调查褐斑病和弯孢霉叶斑病混合发生；望都县调查个别地块褐斑病与顶腐病混合发生，发生较严重。山东省近年玉米褐斑病上升趋势明显，鲁西南地区，鲁西北地区中等发生，发生面积 67.5 万 hm^2，玉米褐斑病近年来已成为天津市玉米第一大病害，发生面积达 3.1 万 hm^2，田间发病率平均为 10%，严重地块达到 30%。

（四）粗缩病

玉米粗缩病是中国北方玉米生产区流行的重要病害。该病是由玉米粗缩病毒引起的病毒病，从苗期到抽穗期都可感染该病，一旦染病，可使玉米产量减产 30%~60%，甚至绝产，损失严重，是一种严重威胁玉米生产的毁灭性病害。

近年来，该病害总体中等发生，局部偏重，黄淮地区为主要发生区域。2012 年为例，山西省偏轻发生，局部中等发生，发生程度重于常年，发生面积 2.4 万 hm^2，比 2011 年增加了 0.5 万 hm^2。主要发生在中南部玉米产区。7 月临汾市一般田块发病株 2%~4%，局部发病株率 7%~10%，最高发病株率 30%。万荣县个别重发田块病株率达 80% 以上。山东省春玉米和套种玉米在鲁南、鲁中地区中等发生，鲁西南偏重发生，直播玉米田发生较轻，较常年和 2011 年同期面积减少，发生程度减轻。发生面积 31.3 万 hm^2。平均病株率春玉米 2.6%，套种玉米 6.0%，直播玉米 0.4%。由于 2012 年 6 月干旱和高温，夏直播玉米播种时间明显推迟，与灰飞虱发生期未吻合，直播玉米粗缩病的为害与往年相比，明显降低。其他省份为零星发生。

（五）纹枯病

纹枯病是玉米产区广泛发生且为害严重的世界性病害。近年来，紧凑型玉米品种的推广和氮肥施用量的增加，加剧了病害的发生，特别是雨量充沛、高温高湿的热带和亚热带地区，发病尤其严重。通常病株率介于22%~71%，个别地块或品种甚至达100%。由该病导致的损失一般在15%左右；发病严重时，果穗腐烂，形成霉苞，造成减产甚至绝收。

近年来，玉米纹枯病总体中等发生，局部偏重发生。2012年为例，全国发生面积194.8万 hm^2，比上年增加10.6%，主要发生区域为西南、江南地区，四川省、重庆市、湖北省、湖南省分别发生31.1万 hm^2、14.6万 hm^2、19.4万 hm^2和14.6万 hm^2。其中，四川省偏重发生，重点发生区域集中在盆地及盆周山区玉米主产区。整个玉米生育期病情轻于2011年。湖南省中等发生，发生程度与2011年接近，主要为害春玉米。湖南永州5月中旬始见。流行盛期为6月旬至7月中旬。贵州中等发生，局部偏重发生，发生面积5.4万 hm^2。主要发生在遵义、铜仁等地，一般病株率17%，最高达100%。其他地区偏轻发生及以下程度发生。

（六）锈病

玉米锈病是中国华南、西南一带重要病害。主要侵染叶片，严重时也可侵染果穗、苞叶乃至雄花。初期仅在叶片两面散生浅黄色长形至卵形褐色小脓疱，后小疱破裂，散出铁锈色粉状物，即病菌夏孢子；后期病斑上生出黑色近圆形或长圆形突起，开裂后露出黑褐色冬孢子。

近年来，总体偏轻发生，2012年，全国发生面积135.8万 hm^2，主要发生区域为西南和黄淮地区。其中，河南省偏轻发生，程度和常年相当，发生面积43.1万 hm^2，主要发生在周口、南阳、驻马店、开封等地，发生盛期在8月中旬至9月中上旬。开封市杞县中度发生，发生早且重，对后期玉米产量形成有一定影响。安阳、洛阳、许昌等地发生盛期病株率在3.5%~7%，南阳、周口、驻马店市重发生地块发生盛期病株率15.5%~26.6%。

二、虫害对玉米生产的影响

玉米虫害总体发生情况来看，玉米螟年发生面积为2 300万 hm^2，其中，一代玉米螟在东北北部偏重发生，东北其他大部中等发生，发生面积为 1 000 万 hm²；二代玉米螟在新疆南部和伊犁河谷地区偏重发生，东北、华北、西南大部中等发生，发生面积为 800 万 hm²；三代玉米螟在河南东部等地偏重发生，黄淮海大部中等发生，发生面积为 450 万 hm²。二、三代黏虫在黄淮、华北和东北部分地区中等发生，西南和北方其他大部地区偏轻发生，但不排除在局部地方有高密度集中为害的可能，发生 400 万 hm²。棉铃虫在黄淮海地区偏重发生，发生面积为 500 万 hm²。二点委夜蛾在黄淮海大部地区中等发生，河北中南部、山东北部、山西南部等地偏重发生，发生面积约 160 万 hm²。蚜虫在东北、华北、西北大部偏重发生，全国发生面积 560 万 hm²。蓟马在黄淮海大部中等发生，发生面积 300 万 hm²。双斑萤叶甲和叶螨在东北、华北、西北地区中等发生，发生面积约 160 万 hm²。地下害虫在东北大部、西北局部偏重发生，黄淮海中等发生，发生面积 760 万 hm²。土蝗、玉米耕葵粉蚧、草地螟、三点斑叶蝉等其他害虫在部分地区可造成一定为害。

（一）玉米螟

玉米螟是玉米的主要害虫。主要分布于北京、东北、河北、河南、四川、广西等地。各地的春、夏、秋播玉米都有不同程度受害，尤以夏播玉米最重。可发为害玉米植株地上的各个部位，使受害部分丧失功能，降低籽粒产量，尤其是以钻蛀茎秆后，造成茎秆受风易折断造成的损失严重。

近年来，玉米螟总体偏重发生，持续自 2003 年来逐年上升态势。由于各地发生盛期气候适宜条件、春（夏）玉米耕作制度和防治力度上的差异，玉米螟为害特征地域性明显。以 2012 年为例，一代玉米螟在北方春玉米区的黑龙江省偏重至大发生，辽宁省偏重发生，吉林省、内蒙古自治区、河北省、山东省、重庆市、湖南省中等发生，局部偏重发生，其他地区偏轻或轻发生。黑龙江省、吉林省、辽宁省和内蒙古自治区的发生面积分别为 394.9 万 hm²、332.0 万 hm²、128.1 万 hm² 和 107.7 万 hm²。以黑龙江省发生最重，重点发生区在中西部玉米主产区，2012 年全省平均基数为 153.5 头，高于常年 20.4%，仍处历史高位。辽宁省偏重发生，田间被害株率一般为 20%，最高可达 50% 以上。吉林省中等发生，6—7 月雨水较多，对玉米螟化蛹、羽化影响较大。由于连年采取释放赤眼蜂、白僵菌控制等措施，2012 年玉米螟发生程度轻于往年，据 7 月中旬调查，一般地块被害率 3%~8%，最高达 20%。

二代玉米螟河北省和四川省偏重发生，辽宁省、天津市、山西省、湖南省、云南省中等发生，其他地区偏轻发生，全国发生面积 779.0 万 hm²。其中，辽宁省、河北省、山东省、河南省、四川省的发生面积分别为 94.6 万 hm^2、117.4 万 hm^2、121.3 万 hm^2、113.2 万 hm^2 和 41.2 万 hm^2。吉林省发生较轻，推测可能与黏虫防治有关，主要防治措施有释放赤眼蜂、白僵菌封垛和投撒颗粒剂。内蒙古自治区主要玉米种植区玉米螟成虫羽化盛期和卵孵化盛期恰是三代黏虫幼虫防治适期，一定程度上防治了二代玉米螟的发生。天津市中等程度发生，二代幼虫发生盛期为 8 月上旬，高峰期田间平均蛀茎率 12%，折株率7%，雌穗被害 6%，平均百株虫量 20 头。河北省中南部中等发生，北部春玉米区中等偏重发生，总体发生程度重于近年。

三代玉米螟主要在山西省、河北省偏重发生，河南省、安徽省、陕西省中等发生，其他地区偏轻发生，全国发生面积 480.0 万 hm^2，其中河南省、山东省发生面积较大，分别为 146.3 万 hm^2、127.3 万 hm^2。山西省主要发生在南部夏玉米区，加重发生的趋势尤为明显，为害高峰期在 9 月中上旬，一般平均百株有虫 20~30 头，高于去年同期的 10~20 头，个别严重地块最高 150 头；被害株率平均 30%~45%，最高 100%，高于 2011 年的 12%~35% 和 80%。河南省中度发生，驻马店、南阳、周口等地局部偏重发生。9 月上旬调查平均百株有虫 15.8 头，低于去年同期。湖北被害株率平均 12.2%，最高 26%，百株虫量平均 6.5 头，最高 35 头。

（二）二点委夜蛾

二点委夜蛾是黄淮海夏玉米苗期的新害虫，2011 年在黄淮海夏玉米区的河北省、山东省、河南省、江苏省、山西省和安徽省等 6 省的夏玉米苗期暴发成灾。2012 年总体偏轻发生，各地为害明显轻于 2011 年，发生 135.6 万 hm^2，总体呈现一代成虫数量大，但幼虫发生量小、为害程度轻的特点。推测原因是6—7 月主要发生区域气候干旱，降雨偏少，田间湿度较低，不利于卵孵化和幼虫发生。江苏省轻发生，2012 年全省发生面积 1.8 万 hm^2，较 2011 年减少 5.6万 hm^2，7 月上旬主害代为害高峰期，徐州、连云港、盐城一般田块百株虫量小于 0.5 头，个别早播且未焚烧田块百株虫量达 18 头；被害株率小于 0.1%，严重田块 2% 左右，显著轻于 2011 年。山西省总体偏轻，局部中等发生，发生面积 0.9 万 hm^2，较去年减少 1.3 万 hm^2，安徽省轻发生，但发生范围由 2011 年的2 市 5 县区扩大到 2012 年的 4 市 9 县区，发生面积约 1.3 万 hm^2，7 月上旬各地调查，发生区一般幼虫量 0.5~2.4 头 /m^2，夏玉米被害株率均在 1% 以下。河南省轻发生，共发生 4.1 万 hm^2，发生面积较去年幅减少，为害较小，田间为害症状少。一般地块百株虫量 1 头以下，部分地块百株虫量 2~15 头，虫株率

1% 以下。天津市首次监测到玉米二点委夜蛾成虫，但未发现幼虫为害情况。

2013 年，该虫总体发生情况和 2012 年相似，与 2011 年相比发生较轻。但 2014—2015 年，二点委夜蛾在我国的发生虫量和为害面积又逐渐扩大。

（三）黏虫

黏虫一直是玉米虫害中常见的主要害虫之一，又名行军虫。以幼虫暴食玉米叶片，严重发生时，短期内吃光叶片，造成减产甚至绝收。一年可发生三代，以第二代为害夏玉米为主。

2012 年黏虫大暴发，主要发生区域为东北、华北、黄淮、西北和西南地区。全国发生面积 7.7 万 hm^2，较上年增加 142.5%，是近年来发生面积最大，为害最重的一年。二代黏虫东北大部偏重发生，华北大部、西北、西南局部中等发生，发生 435.8 万 hm^2；黑龙江省、辽宁、内蒙古自治区、陕西省和云南省的发生面积分别为 60.0 万 hm^2、42.9 万 hm^2、74.4 万 hm^2、30.0 万 hm^2、15.3 万 hm^2，据各地调查，黑龙江省二代黏虫幼虫在其东、西部 10 余个市 40 余个县（区、市）不同程度发生，发生地块平均玉米百株虫量 40~50 头，最高百株虫量达 300~400 头。辽宁省二代黏虫大范围发生，多地出现二代黏虫虫口高密度地块，是继 2006 年以来发生最为严重的一年。受害田一般百株虫量 100~200 头，最严重的田块百株虫量高达千头以上，部分玉米、谷子等作物叶片啃噬严重且防后残虫量高，平均残虫密度为 3~5 头 /m^2，受特殊气象条件影响，二代黏虫成虫外迁受阻，成为三代黏虫重发生重要虫源之一。内蒙古自治区 6 月下旬，通辽市、赤峰市和兴安盟等地二代黏虫开始发生为害，为中等发生，局部重发生，尤以撂荒地、铁路和高速公路两侧封闭带等防治盲区的杂草上发生为重。7 月上旬，中西部地区相继发生为害，发生范围波及到阿拉善左旗，出现了 1998 年以来发生范围最广，程度最重的一年。陕西省总体中等发生，百株虫量 20~30 头，被害株率达到 50% 以上面积 2.0 万 hm^2，百株虫量百头以上，被害株率 80% 以上的面积接近 0.3 万 hm^2，咸阳北部旬邑县部分田块虫量达到百株 400 头以上，个别田块出现缺苗断垄。云南省二代黏虫发生程度和范围为近 5 年以来最重的一年，全省的诱蛾高峰主要集中在 5 月底至 6 月中旬，持续时间有 20d 左右，时间长、蛾量大且卵量高。雌蛾比例和 3 级以上雌蛾比率均比最近 5 年高，6 月进入二代黏虫幼虫孵化的高峰期，共计 35 个县偏重发生，百株虫量普遍超过 100 头，永善县监测点玉米上百株最高虫口密度 273 头。三代黏虫在东北、华北大发生，黄淮局部偏重发生，发生 361.3 万 hm^2，为近 20 来发生最重的年份，呈现范围广、面积大、虫量高、发生重的特点。黑龙江三代黏虫在 7 市 30 多县的局部地块暴发，发生面积 35.5 万 hm²，发生地块玉米平均百株有虫 100~200 头，最高百株虫量达 4 000~5 000 头，个别严重地块叶片被吃光，局部地块造成大幅度减产。吉林省中西部偏重发生，造成的损失较大，对产量造成严重影响的 3.7 万 hm²，其中，棒下吃光 3.3 万 hm²，棒三叶 0.4 万 hm²，全部吃光 0.02 万 hm²，是 20 年以来发生最重的一年。内蒙古自治区三代黏虫共发生 85.9 万 hm²，其中，通辽市发生 39.5 万 hm²，赤峰市发生 29.7 万 hm²，兴安盟发生 16.3 万 hm²，通辽市各旗县区均有发生，玉米田百株虫量 50~5 000 头，百株虫量大于 500 头约 13.3 万 hm²，最高的 3 000~5 000 头，北京市偏重发生，局部大发生，发生面积 4.1 万 hm²，达到防治指标面积 2.6 万 hm²，分别占夏玉米播种面积的 60% 和 40%，一般发生地块被害株率 20%~35%，平均百株虫量 30~250 头；重发地块被害株率 100%，平均百株虫量 300~1 000 头，最高密度百株虫量达 3 500 头以上。天津市偏重发生，各区县自北向南都有发生，重发生面积 2.2 万 hm²，占发生面积的 26.5%，绝收面积 166.7hm²，下部叶片吃光面积 266.7hm²，发生程度为近 30 年罕见。山西省在晋中等地造成严重为害，属历史罕见，8 月 8 日，三代黏虫在晋中市平遥县局部重发，有 133.3hm² 玉米不同程度遭受为害。据调查一般田块百株有虫 400~500 头，重发田百株虫口高达 2 000~3 000 头，单株最高 200~300 头，受其为害玉米中下部叶片不同程度被毁，严重田穗位以下叶片仅残留主脉，正在灌浆的雌穗花柱被吃光，籽粒也受到严重啃食。云南省三代黏虫在 12 个县大暴发，发生面积 8.0 万 hm²，其突发性、发生为害程度、范围及损失为近 10 年来之最，12 个县 40 多个乡镇为害较重，严重地块虫株率 50% 以上，百株虫量 260 头以上，最高达 9 900 头，玉米田间空闲草地黏虫发生也十分严重。

（四）玉米蚜

玉米蚜在玉米苗期群集在心叶内，刺吸为害。随着植株生长集中在新生的叶片为害。孕穗期多密集在剑叶内和叶鞘上为害。一般年份玉米田内有蚜株率在 50% 左右，严重发生年份有蚜株率达到 100%，边吸取玉米汁液，边排泄大量蜜露，覆盖叶面上的蜜露影响光合作用，使被害植株长势衰弱，发育不良，千粒重下降，也容易引起霉菌寄生，被害植株长势衰弱，影响产量，并且玉米蚜还能传播玉米矮花叶病毒病。

近年来，玉米蚜总体偏轻发生，全国发生面积 527.1 万 hm²。主要发生区域位于西北、华北和黄淮地区，其中，2012 年，河北省苗蚜中等发生，地块间虫量差异较大，局部偏重发生，程度重于 2011 年，主要发生在北部春玉米区和早播夏玉米田。6月上旬调查，一般百株蚜量200~500头，高的1 500~2 800头，一般蚜株率60%~80%，最高94%（霸州市）。穗蚜中等偏轻发生，正定县调查，一般百株蚜量3 000头，最高50 000头，低于上年同期蚜量；宁夏回族自治区由于7—8月降雨偏多，特别是7月下旬的暴雨，使得蚜虫中度发生，是近3年来程度较轻的一个年份，区内各地调查蚜株率25.6%~5.25%，单株蚜量16~112头，全区发生面积16.0万hm²。湖南省总体中等发生，重于去年，湘南永州、衡阳、湘西怀化市偏重发生，湘东长沙发生面积1.5万hm²。蚜虫为害盛期调查，平均有蚜株率为10%~90%，百株蚜量为3 000~20 000头，部分地区夏玉米抽丝受粉期为害也较重。

（五）蓟马

近年来，蓟马总体为偏重发生，发生面积270万hm²，主要发生在华北和黄淮地区。其中，2012年，山西省偏重发生，局部大发生，全省发生10.7万hm²，较之前为害面积有所增加，重发区域主要在运城、临汾等南部春玉米产区，为害高峰期在6月中下旬，发生时间早，发生面积大，虫口密度高，春玉米重于夏玉米，一般春玉米平均百株有虫2 000~3 000头，高于2011年的1 000~2 800头，盐湖、万荣、闻喜、程山等地发生严重田块达80%以上，百株虫量4 000~5 000头，最高超过10 000头，被害玉米叶片枯白扭曲。河北省偏重发生，局部大发生，轻于2011年。6月中旬气温偏高，降水偏少，虫量快速上升，达为害高峰，其中，春玉米、套种玉米、早播夏玉米田块及干旱地块蓟马发生较重。河南总体中度发生，鹤壁、安阳、三门峡等地偏重发生，发生面积70.3万hm²，为害盛期在苗期，发生程度轻于2011年，全省平均百株虫量在266头。山东省6月降水量少，持续高温干旱，致使鲁西南及鲁北、鲁中局部偏重发生，发生面积12.27万hm²，全省平均被害株率15%~25%，平均百株虫量350头，早播玉米及地势高的地块发生重，全国其他大部地区中等及以下发生。

（六）棉铃虫

玉米是棉铃虫比较偏爱的大田寄主作物之一。近几年，棉铃虫在玉米上发生量逐渐增大，为害加重，已严重影响了玉米的高产和优质。

近年来，棉铃虫在黄淮海玉米产区偏重发生，全国发生面积42.20万hm²，其中，河北省发生普遍，总体中等发生，局部偏重，一般百株虫量5~10头，最高13头。邢台市7月15日调查，为害较重地块被害株率3%~4%，最高

20%，以为害心叶为主。山东省棉铃虫在玉米上的为害加重，鲁南、鲁西南局部地区中等至偏重发生，发生面积 68.9 万 hm²。安徽省三代棉铃虫在淮北东北部玉米主产区发生普遍，局部虫量偏高，百株虫量一般为 0.1~6.9 头，但固镇平均百株 26 头，是近 3 年同期均值的 5.3 倍，四代棉铃虫偏重发生，发生面积 17.2 万 hm²，呈连年加重趋势，在淮北东北部地区为害甚至超过玉米螟，全国其他地区偏轻及以下程度为害。

（七）地下害虫

玉米田地下害虫以蛴螬、金针虫、地老虎和蝼蛄发生为主，近年来，全国总体中等发生，发生面积 800 万 hm²。2012 年，山西偏重发生，累计发生面积 4.65 万 hm²，小地老虎明显重于常年，全省发生面积 1.40 万 hm² 左右，重发区域集中在南部春玉米种植区以及中北部沿汾河、文峪河和滹沱河灌区的低洼下湿地，总体南部地区发生重于北部。5 月 20 日，调查统计受害田一般被害株率为 4%~5%，重发田被害株率为 30%，严重田达到 80% 以上，发生较重苗城县各种作物受害面积 0.7 万 hm²，其中 0.02 万 hm² 玉米受害严重，缺苗率一般在 30% 左右，最高达 60%~80%。黑绒金龟在长治局部地区玉米、豆类、蔬菜等作物上为害严重，发生面积 6.0 万 hm²，5 月上旬在长治市进行田间调查，发生地块一般为害株率 7%~16%，最严重地块为害株率高达 50%，成虫咬食植株的幼嫩叶片，严重影响了作物的正常生长。蛴螬、金针虫在中北部地区沿河两岸湿盐碱地中等至偏重发生，地膜覆盖甜玉米田受害较重，发生面积 26.5 万 hm²。吉林省地下害虫总体中等发生，在长春、吉林、松原、辽源局部偏重发生，发生面积 53.3 万 hm²，害虫种类主要为金针虫，被害地块多为历年常发生的地块，平均每平方米有虫 0.5 头，平均植株被害率为 0.5%，天津市地下害虫以小地老虎为主，中等程度发生，共发生面积 2.6 万 hm²，各区县发生程度普遍较去年加重，静海县部分地块偏重发生，主要为害苗期夏玉米。

本章参考文献

白金铠，潘顺法，姜晶春，等 . 1982. 玉米圆斑病防治研究 [J]. 植物保护学报，9（2）：113-118.

白金铠，尹志，胡吉成 . 1988. 东北玉米茎腐病病原菌的研究 [J]. 植物保护学报，15（2）：93-98.

白向历，孙世贤，杨国航，等 .2009. 不同生育时期水分胁迫对玉米产量及生长发育的影响 [J]. 玉米科学，17（2）：60–63.

曹慧英，李洪杰，朱振东，等 .2011. 玉米细菌干茎腐病菌成团泛菌的种子传播 [J]. 植物保护学报，38（1）：31–36.

陈朝辉，王安乐，王娇娟，等 .2008. 高温对玉米生产的为害及防御措施 [J]. 作物杂志，4：90–92.

陈刚 .1993. 玉米大斑病菌 *Exserohilum turcicum*（Pass）Leonard et Suggs 生理小种 2 号的分布与防治 [J]. 玉米科学，1（1）：65–66.

陈国平，赵仕孝，刘志文 .1989. 玉米的涝害及其防御措施的研究——Ⅱ玉米在不同生育期对涝害的反应 [J]. 华北农学报（1）：16–22.

陈厚德，梁继农，朱华 .1995. 江苏玉米纹枯菌的菌丝融合群及致病力 [J]. 植物病理学报，26（2）：138.

陈捷 .2000. 我国玉米穗、茎腐病病害研究现状与展望 [J]. 沈阳农业大学学报，31（5）：393–401.

陈霈，马思忠，段福堂 .1960. 玉米旋心虫 *Apophylia flavovirens* Fairmaire 研究初报 [J]. 昆虫知识，6（5）：144–147.

陈声祥，张巧艳 .2005. 我国水稻黑条矮缩病和玉米粗缩病研究进展 [J]. 植物保护学报，32（1）：97–103.

陈志杰，张淑连，张锋，等 .2003. 陕西省夏播玉米田叶螨发生及抗性治理对策研究 [J]. 陕西师范大学学报，31（专辑）：102–104.

崔丽娜，李晓，杨晓蓉，等 .2009. 四川玉米纹枯病为害与防治适期研究初报 [J]. 西南农业学报，22（4）：1 181–1 183.

戴法超，王晓鸣，朱振东，等 .1998. 玉米弯孢菌叶斑病研究 [J]. 植物病理学报，28（2）：123–129.

戴俊英，顾慰连，沈秀瑛，等 .1990. 玉米不同品种各生育时期干旱对生育及产量的影响 [J]. 沈阳农业大学学报，21（3）：1–5.

戴明宏，陶洪斌，王璞，等 .2008. 春、夏玉米物质生产及其对温光资源利用比较 [J]. 玉米科学，16（4）：82–95，90.

丁伟，王进军，赵志模，等 .2002. 春玉米田蚜虫种群的数量消长及空间动态 [J]. 西南农业大学学报，4（21）：13–16.

丁伟，赵志模，王进军，等 .2003. 三种玉米蚜虫种群的生态位分析 [J]. 应用生态学报，14（9）：1 481–1 484.

董建国，俞子文，余叔文 .1983. 在渍水前后的不同时期增加体内乙烯产生对小麦

抗渍性的影响 [J]. 植物生理学报，9（4）：383-389.

段定仁，何宏珍 .1984. 海南岛玉米上的多堆柄锈菌 [J]. 真菌学报，3（2）：125-126.

范在丰，陈红运，李怀方，等 . 玉米矮花叶病毒原背景分离物的分子鉴定 [J]. 农业生物技术学报，2001，9（1）：12.

方守国，于嘉林，冯继东，等 .2000. 我国玉米粗缩病株上发现的水稻黑条矮缩病毒 [J]. 农业生物技术学报，8（1）：12.

冯建国，徐作珽 .2010. 玉米病虫害防治手册 [M]. 北京：金盾出版社 .

高荣歧 .1992. 高产夏玉米籽粒形态建成和营养物质积累与粒重的关系 [J]. 玉米科学，（创刊号）：52-58.

高素华 .1997. 玉米低温胁迫机理研究综述 [J]. 气象科技（4）：37-43.

高卫东，鲍金草，赵晋荣 .1987. 山西玉米茎腐病病原种类及其复合侵染的研究 [J]. 山西农业大学学报，7（2）：199-207.

高卫东 .1987. 华北区玉米、高粱、谷子纹枯病病原学的初步研究 [J]. 植物病理学报，17（4）：247-251.

高文臣，魏宁生 . 2000. 陕西省玉米矮花叶病毒原的检测 [J]. 西北农业大学学报，28（2）：31-34.

葛体达，隋方功，白莉萍，等 .2005. 水分胁迫下夏玉米根叶保护酶活性变化及其对膜脂过氧化作用的影响 [J]. 中国农业科学，38（5）：922-928.

郭宁，石洁 .2012. 我国北部及中东部地区玉米根际土壤中寄生线虫种类调查研究 [J]. 玉米科学，20（6）：132-136.

郭宁，石洁，王振营，等 .2015. 玉米线虫矮化病病原鉴定 [J]. 植物保护学报，42（6）：884-891.

郭文超，许建军，吐尔逊，等 . 2001. 新疆玉米害螨种类分布及为害的研究 [J]. 新疆农业科学，38（4）：198-201.

郭文建，刘海 .2014. 高温胁迫对玉米光合作用的影响 [J]. 天津农业科学，20：86-88.

郝玉兰，潘金豹，张秋芝，等 .2003. 不同生育时期水淹胁迫对玉米生长发育的影响 [J]. 中国农学通报，12（6）：58-60.

何康来，文丽萍，周大荣 .1998. 赤须盲蝽严重为害玉米及其有效杀虫剂筛选 [J]. 植物保护（4）：31-32.

黄瑞冬 .1992. 玉米籽粒数量决定时期的研究 [J]. 玉米科学，（创刊号）：44-47.

贾会彬，刘峰，赵德林，等 . 1992. 三江平原影响主要大田作物产量的关键气候因

子分析 [J]. 黑龙江农业科学（6）：5-10.

贾菊生，胡守志，马德英，等 .2010. 新疆玉米普通锈病 *Puccinia sorghi* Schw. 侵染生活史及初侵染源研究 [J]. 新疆农业科学，47（11）：2 238-2 244.

姜京宇，李秀芹，许佑辉，等 .2008. 二点委夜蛾研究初报 [J]. 植物保护，34（3）：23-26.

姜玉英 .2012. 2011 年全国二点委夜蛾暴发概况及其原因分析 [J]. 中国植保导刊，32（10）：34-37.

蒋军喜，陈正贤，李桂新，等 .2003. 我国 12 省市玉米矮花叶病病原鉴定及病毒致病性测定 [J]. 植物病理学报，33（4）：307-312.

晋齐鸣，潘顺法，姜晶春，等 .1995. 吉林省玉米茎腐病病原菌组成、分布及优势种研究 [J]. 玉米科学，3（增刊）：43-46.

李敦松，张宝鑫，黄少华，等 .2004. 广东省甜玉米虫害发生规律 [J]. 植物保护学报，31（1）：6-12.

李建军，李修炼，成卫宁，等 .2004. 玉米田 4 代棉铃虫发生与为害损失研究 [J]. 陕西农业科学，（2）：9-10.

李江风 .1990. 中国干旱半干旱地区气候环境与区域开发研究 [M]. 北京：气象出版社 .

李菊，夏海波，于金凤 .2011. 中国东北地区玉米纹枯病菌的融合群鉴定 [J]. 菌物学报，30（3）：392-399.

李莫然，韩庆新，梅丽艳 .1990. 黑龙江省玉米青枯病病原菌种类的初步研究 [J]. 黑龙江农业科学，（4）：24-26.

李帅，朱敏，夏子豪，等 .2015. 云南省玉溪市玉米致死性坏死病毒原的分子鉴定 [J]. 植物保护，41（3）：110-114.

李香菊 .2003. 玉米及杂粮田杂草化学防除 [M]. 北京：化学工业出版社 .

李小珍，刘映红，青玲，等 .2006. 玉米鼠耳病及其介体二点叶蝉研究进展 [J]. 生态学报 .26（4）：1 270-1 279.

李新凤，王建明，张作刚，等 .2012. 山西省玉米穗腐病病原镰孢菌的分离与鉴定 [J]. 山西农业大学学报（自然科学版），（3）：218-223.

李秀军，王长宏 .1992. 玉米籽粒的生长发育模式与产量 [M]. 吉林农业科学，2：13-17.

利容干，王建波 .2002. 植物逆境细胞及生理学 [M]. 武汉：武汉大学出版社 .

梁克恭，武小菲 .1993. 我国玉米锈病的发生与为害情况 [J]. 植物保护，19（5）：34.

刘宁，文丽萍，何康来，等 .2005. 不同地理种群亚洲玉米螟抗寒力研究 [J]. 植物保护学报，32（2）：163–168.

刘维志 . 2004. 植物线虫志 [M]. 北京：中国农业出版社 .

刘永红，何文涛，杨勤，等 .2007. 花期干旱对玉米籽粒发育的影响 [J]. 核农学报，21（2）：181–185.

刘战东，肖俊夫，南纪琴，等 .2010. 淹涝对夏玉米形态、产量及其构成因素的影响 [J]. 人民黄河（12）：157–159.

刘政，孙艳，王少山，等 .2010. 白星花金龟在玉米田的空间分布和抽样技术 [J]. 植物保护，36（6）：125–127.

龙书生，马秉元，李亚玲，等 .1995. 陕西关中西部玉米穗粒腐病寄藏真菌种群研究 [J]. 西北农业学报，4（3）：63–66.

卢灿华，吴景芝，马荣，等 . 2010. 昆明地区玉米灰斑病病斑的扩展规律 [J]. 华中农业大学学报，29（8）：431–435.

卢灿华，罗雁新，沙本才，等 .2012. 云南省玉米灰斑病菌孢子相关生物学特性研究 [J]. 西南师范大学学报（自然科学版），37（6）：51–56.

鲁新，刘宏伟，丁岩，等 . 2010. 吉林省玉米螟的化性类型与其主要特性的关系 [J]. 玉米科学，18（5）：118–121.

罗占忠，高玉风，顾海燕，等 . 1997. 玉米疯顶病传播途径的试验及调查 [J]. 植物保护，23（5）：33–34.

马秉元，李亚玲 . 1985. 陕西省关中地区玉米青枯病病原菌及其致病性研究 [J]. 植物病理学报，15（3）：150–152.

马树庆，袭祝香，王琪 . 2003. 中国东北地区玉米低温冷害风险评估研究 [J]. 自然灾害学报，12（3）：137–141.

孟英，李明，王连敏，等 .2009. 低温冷害对玉米生长影响及相关研究 [J]. 黑龙江农业科学（4）：150–153.

孟有儒，张保善 . 1992. 玉米黑束病研究病害症状与病原生理特性的研究 [J]. 云南农业大学学报，1：27–32.

庞保平，刘家骧，刘茂荣，等 . 2005. 玉米田截形叶螨种群动态的研究 [J]. 生态学杂志，24（10）：1 115–1 119.

钱幼亭，孙晓平，梁影屏，1999. 等 . 不同播期对玉米粗缩病发生的影响 [J]. 植物保护，25（3）：23–24.

任金平，吴新兰，庞志超 .1995. 吉林省玉米苗病发生为害及病原真菌种类调查 [J]. 玉米科学（增刊）：7–10.

任智惠，苏前富，孟玲敏，等 . 2011. 吉林省玉米灰斑病菌 RAPD 分析 [J]. 玉米科学, 19（6）：118–121.

邵红光 . 2000. 关于节肢动物系统分类与进化的分子佐证 [J]. 动物分类学报 .25
　　（1）：1–8.

石洁, 刘玉瑛, 魏利民 . 2002. 河北省玉米南方型锈病初侵染来源研究 [J]. 河北农
　　业科学, 6（4）：5–8.

石洁, 王振营, 何康来 . 2005. 黄淮海区夏玉米病虫害发生趋势与原因分析 [J]. 植
　　物保护, 31：63–65.

石洁, 王振营 .2010. 玉米病虫害防治彩色图谱 [M]. 北京：中国农业出版社 .

史春霖, 徐绍华 . 1979. 北京玉米和高粱上的玉米矮花叶病毒 [J]. 植物病理学报, 9
　　（1）：35–40.

史占忠, 贾显明, 张敬涛, 等 . 2003. 三江平原春玉米低温冷害发生规律及防御措
　　施 [J]. 黑龙江农业科学（2）：7–10.

宋大祥 . 2006. 节肢动物的分类和演化 [J]. 生物学通讯, 41（3）：1–3.

宋凤斌, 戴俊英, 黄国坤 . 1996. 水分胁迫对玉米雌穗的伤害作用 [J]. 吉林农业大
　　学学报, 11（8）：1–6.

宋立泉 .1997. 低温对玉米生长发育的影响 [J]. 玉米科学, 5（3）：58–60.

宋佐衡, 梁景颐, 白金铠, 等 .1990. 辽宁省玉米茎腐病病原菌研究 [J]. 沈阳农业
　　大学学报, 21（3）：214–218.

孙广宇, 王琴, 张荣, 等 . 2006. 条斑型玉米圆斑病病原鉴定及其生物学特性研究
　　[J]. 植物病理学报, 36（6）：494–500.

孙广勤, 王春云, 杨中旭 . 2007. 2006 年鲁西地区夏玉米穗期蚜虫暴发成灾原因分
　　析及防治措施 [J]. 植物保护, 33（4）：118–121.

孙宏勇, 张喜英, 陈素英, 等 .2011. 农田耗水构成、规律及影响因素分析 [J]. 中
　　国生态农业学报, 19（5）：1 032–1 038.

唐朝荣, 陈捷, 纪明山, 等 . 2000. 辽宁省玉米纹枯病病原学研究 [J]. 植物病理学
　　报, 30（4）：319–326.

陶波 . 2014. 除草剂安全使用与药害鉴定技术 [M]. 北京：化学工业出版社 .

陶志强, 陈源泉, 隋鹏, 等 .2013. 华北春玉米高温胁迫影响机理及其技术应对探
　　讨 [J]. 中国农业大学学报, 18（4）：20–27.

田锦芬 .2013. 干旱对玉米生长发育的影响及预防措施 [J]. 北京农业, 7：39.

佟屏亚, 罗振锋, 矫树凯 .1998. 现代玉米生产 [M]. 北京：中国农业科技出版社 .

涂永海, 沙本才, 何月秋 . 2007. 凤庆县玉米灰斑病发生规律初步研究 [J]. 云南农
　　业大学学报, 22（4）：604–607.

汪仁, 薛绍白, 柳惠图 .2002.细胞生物学 [M].2 版 .北京：北京师范大学出版社 .

汪宗立, 刘晓忠, 王志霞 .1987.夏玉米不同株龄对土壤涝渍的敏感度 [J].江苏农业学报, 3（4）：14-20.

汪宗立, 刘晓忠, 李建坤, 等 .1988.玉米的涝渍伤害与膜脂过氧化作用和保护酶活性的关系 [J].江苏农业学报, 4（3）：1-8.

汪宗立, 刘晓忠, 戴秋杰 .1993.涝渍逆境下玉米叶片中谷光甘肽的含量变化及其作用 [J].植物生理学通讯, 29（6）：416-419.

王朝阳, 王建胜, 陈玉全 .2003.白星花金龟严重为害玉米原因分析及治理对策 [J].植保技术与推广, 23（10）：14-16.

王晨阳, 马元喜, 周苏枚, 等 .1996.土壤渍水对冬小麦根系活性氧代谢及生理活性的影响 [J].作物学报, 22（6）：712-719.

王富荣, 傅玉红 .1992.山西玉米茎腐病病原菌的分离及致病性测定 [J].山西农业科学（9）：20-21.

王琦 .2010.苗期涝害对玉米生长发育的影响及减灾技术措施 [J].中国种业（10）：86-87.

王三根, 何立人, 李正玮, 等 .1996.淹水对大麦与小麦若干生理生化特性影响的比较研究 [J].作物学报, 22（2）：228-232.

王伟东, 王璞, 王启现 .2001.灌浆期温度和水分对玉米籽粒建成及粒重的影响 [J].黑龙江八一农垦大学学报, 13（2）：19-24.

王晓鸣, 戴法超, 朱振东, 等 .2001.玉米疯顶病传播途径探讨 [J].植物保护, 27（5）：18-20.

王晓鸣, 戴法超, 朱振东 .2003.玉米弯孢菌叶斑病的发生与防治 [J].植保技术与推广, 23（4）：37-39.

王晓鸣, 石洁, 晋齐鸣, 等 .2010.玉米病虫害田间手册——病虫害鉴别与抗性鉴定 [M].北京：中国农业科学技术出版社 .

王艳红, 姜兆远, 温嘉伟, 等 .2008.普通型玉米锈病菌孢子飞散、传播及空间分布研究 [J].玉米科学, 16（3）：117-120.

王永宏, 仵均祥, 苏丽 .2003.玉米蚜的发生动态研究 [J].西北农林科技大学学报（自然科学版）, 31（增刊）：25-28.

王在德 .1983.玉米 [M].北京：科学普及出版社 .

王振营, 何康来, 文丽萍, 等 .2001.第四代棉铃虫卵在华北夏玉米田的时空分布 [J].中国农业科学, 34（2）：153-156.

王振营, 石洁, 董金皋 .2012.2011 年黄淮海夏玉米区二点委夜蛾暴发为害的原因

　　与防治对策 [J]. 玉米科学, 20（1）: 132-134.

王忠 . 2000. 植物生理学 [M]. 北京: 中国农业出版社 .

王子清, 张晓菊 . 1990. 为害玉蜀黍的葵粉蚧属新种记述 [J]. 昆虫学报, 33（4）: 450-452.

魏建华 . 1996. 玉米三点斑叶蝉的发生与防治 [J]. 植保技术与推广, 16（5）: 35-36.

魏湜, 曹广才, 高洁, 等 . 2012. 玉米生态基础 [M]. 北京: 中国农业出版社 .

吴全安, 梁克恭, 朱朝贤 . 1984. 我国玉米小斑病菌的研究 [J]. 中国农业科学, 17（2）: 70-74.

吴全安, 梁克恭, 朱小阳, 等 . 1989. 北京和浙江地区玉米青枯病病原菌的分离与鉴定 [J]. 中国农业科学, 22（5）: 71-75.

吴淑华, 姜兴印, 聂乐兴 . 2011. 高产夏玉米褐斑病产量损失模型及损失机理 [J]. 应用生态学报, 22（3）: 720-726.

夏海波, 伍恩宇, 于金凤 . 2008. 黄淮海地区夏玉米纹枯病菌的融合群鉴定 [J]. 菌物学报, 27（3）: 360-367.

谢辉 . 2005. 植物线虫分类学 [M]. 2 版 . 北京: 高等教育出版社 .

徐生海, 甘国福 . 2005. 二代棉铃虫卵在玉米田的分布规律调查 [J]. 植物保护, 31（1）: 76-78.

徐秀德, 董怀玉, 姜钰, 等 . 2000. 辽宁省玉米新病害——北方炭疽病研究初报 [J]. 沈阳农业大学学报, 31（5）: 507-510.

徐秀德, 董怀玉, 赵琦, 等 . 2001. 我国玉米新病害顶腐病的研究初报 [J]. 植物病理学报, 31（2）: 130-134.

徐秀德, 姜钰, 王丽娟, 等 . 2008. 玉米新病害——鞘腐病研究初报 [J]. 中国农业科学, 41（10）: 3 083-3 087.

徐秀德, 刘志恒 . 2009. 玉米病虫害原色图鉴 [M]. 北京: 中国农业科学技术出版社 .

徐作珽, 张传模 . 1985. 山东玉米茎腐病病原菌的初步研究 [J]. 植物病理学报, 15（2）: 103-108.

薛明, 路奎远, 刘玉升, 等 . 1995. 禾本科作物新害虫耕葵粉蚧的研究 [J]. 山东农业大学学报, 26（4）: 459-464.

闫占峰, 王振营, 何康来 . 2011. 棉蚜为害玉米初报 [J]. 植物保护, 37（6）: 206-207.

姚健民, 李秀琴 . 1994. 我国北方玉米全蚀病菌变种类型研究 [J]. 植物病理学报, 25（2）: 127-132.

尹文英, 梁爱萍 . 1998. 有关节肢动物分类的几个问题 [J]. 动物分类学报, 23（4）: 337-341.

尹永忠 .1980. 玉米蚜的研究 [J]. 植物保护（5）：13-15.

于江南，李刚，马德英，等 .2001. 新疆玉米三点斑叶蝉发生消长规律及防治对策 [J]. 玉米科学，9（3）：79-81.

于洋，何月秋，李旻，等 .2011. 玉米致死性坏死病研究进展 [J]. 安徽农业科学，39（20）：12 192-12 194.

袁佐清 .2007. 水分胁迫对玉米萌芽期和苗期生长的影响 [J]. 安徽农业科学，35（20）：6 036-6 037.

张爱红，陈丹，田兰芝，等 . 2010. 我国玉米病毒病的种类和病毒鉴定技术 [J]. 玉米科学，18（6）：127-132.

张聪，葛星，赵磊，等 .2013. 双斑长跗萤叶甲越冬卵在玉米田的空间分布型 [J]. 生态学报，33（11）：3 452-3 459.

张福锁 .1993. 环境胁迫与植物育种 [M]. 北京：中国农业出版社 .

张海剑，石洁，王振营，等 . 2012. 二点委夜蛾越冬虫态及其在越冬场所的空间分布调查初报 [J]. 植物保护，38（3）：146-150.

张红，董树亭 .2011. 玉米对盐胁迫的生理响应及抗盐策略研究进展 [J]. 玉米科学，9（1）：64-69.

张金龙，周有佳，胡敏，等 .2004. 低温胁迫对玉米幼苗抗冷性的影响初探 [J]. 东北农业大学学报，35（2）：129-134.

张明智，王守正，王振跃，等 .1988. 河南省玉米茎腐病病原菌研究初报 [J]. 河南农业大学学报，22（2）：135-148.

张吉旺 . 2005. 光温胁迫对玉米产量和品质及其生理特性的影响 [D]. 泰安：山东农业大学 .

张瑞英，张坪 .1993. 黑龙江省玉米茎腐病病原菌研究初报 [J]. 植物保护学报，20（3）：287-288.

张维强 . 1993. 干旱对玉米花粉、花丝活力和籽粒形成的影响 [J]. 玉米科学，2：45-48.

张毅，戴俊英，苏正淑 .1995. 灌浆期低温对玉米籽粒的伤害作用 [J]. 作物学报，21（1）：71-75.

张颖，李菁，王振营，等 . 2010. 中国桃蛀螟不同地理种群的遗传多样性 [J]. 昆虫学报，53（9）：1 022-1 029.

张永强，陆温 . 1990. 玉米铁甲虫生物学特性研究 [J]. 西南农业学报，3（2）：63-67.

赵福成，景立权，闫发宝，等 . 2013. 灌浆期高温胁迫对甜玉米籽粒糖分积累和蔗糖代谢相关酶活性的影响 [J]. 作物学报，39（9）：1 644-1 651.

赵可夫，王韶堂 .1990. 作物抗性生理 [M]. 北京：中国农业出版社 .

赵龙飞，李潮海，刘天学，等 .2012. 花期前后高温对不同基因型玉米光合特性及产量和品质的影响 [J]. 中国农业科学，45（23）：4 947-4 958.

郑琪，王汉宁，常宏，等 .2010. 低温冻害对玉米种子发芽特性及其内部超微结构的影响 [J]. 甘肃农业大学学报，5：35-39.

郑有良，赖仲铭，杨克诚 . 1985. 玉米籽粒生长特性与籽粒大小的关系及其遗传研究 [J]. 四川农业大学学报，3（2）：73-78.

周广和，张淑香 .1985. 玉米红叶病的病源和传播途径 [J]. 中国农业科学，18（3）：92-93.

周惠萍，吴景芝，李月秋，等 . 2011. 云南省玉米灰斑病发生规律研究 [J]. 西南农业学报，24（6）：2 207-2 212.

周肇蕙，韩闽毅，严进 . 1987. 玉米黑束病的初步研究 [J]. 植物病理学报，17（2）：84-88.

朱朝阳，胥志文 . 2012. 玉米生育期需水量的影响因素及供水对策 [J]. 现代农业科技（5）：132-133，135.

朱华，梁继农，王彰明，等 . 1997. 江苏省玉米茎腐病菌种类鉴定 [J]. 植物保护学报，24（1）：50-54.

Daynard T B, Tanner J W, Duncan W G. 1971. Duration of the grain filling period and its relation to grain yield in corn（Zea mays）[J]. Crop Science，11（1）：45-48.

Flowers T J, Yeo A K. 1986. Ion relations of plants under drought and salinity[J]. Functional Plant Physiology，13（1）：75-91.

Jones R J, Gengenbach B G, Cardwell V B. 1981. Temperature effects on in vitro kernel development of maize[J]. Crop Science，21（5）：761-766.

Liu C M, Zhang X Y, Zhang Y Q. 2002. Determination of daily evaporation and evapotranspiration of winter wheat and maize by large-scale weighing lysimeter and micro-lysimeter[J]. Agricultural and Forest Meteorology，111（2）：109-120.

Muchow R C. 1990. Effect of high temperature on grain-growth in field-grown maize[J]. Field Crops Research，23：145-158.

Munns R. 1993. Physiological processes limiting plant growth in saline soils：some dogmas and hypothesis[J]. Plant Cell and Environment，16：15-24.

Pitann B，Schubert S，Muhling K H. 2009. Decline in leaf growth under salt stress is due to an inhibition of H^+-pumping activity and increase in apoplastic pH of maize leaves[J]

. Journal Plant Nutrtion Soil Science, 172 : 535-543.

Wilhelm E P, Mullen R E, Keeling P L, et al. 1999. Heat stress during grain filling in maize : effects on kernel growth and metabolism[J]. Crop Science, 39 : 1 733-1 741.

Zorb C, Stracke B, Tranmitz B, et al. 2005. Does H$^+$ pumping by plasmalemma ATPase limit leaf growth of maize (*Zea mays*) during the first phase of salt stress[J]. Journal Plant Nutrition Soil Science, 168 : 550-557.

White D G. 1999. Compendium of corn diseases [M]. USA : American Phytopathological Society Press.

Xu C L, Xie H, Zeng Y S, et al. 2011. Description of *Uliginotylenchus changlingensis* n. sp. (Tylenchida : Belonolaimidae) from potato in China[J]. Nematology, 13 (1) : 45-49.

第四章

玉米主要病害
及其防治

第一节　玉米病害种类

一、病毒性病害

已经报道的能够引起玉米病害的病毒有 40 余种，在中国常见的玉米病毒病主要有 3 种：粗缩病、矮花叶病和红叶病。

1. 玉米粗缩病

（1）病原　根据国内外文献资料报道，引起玉米粗缩病的病毒有玉米粗缩病毒（*Maize rough dwarf virus*，MRDV）、水稻黑条矮缩病毒（*Rice black-streaked dwarf virus*，RBSDV）、南方水稻黑条矮缩病毒（*Southern rice black-streaked dwarf virus*，SRBSDV）、里奥夸尔托病毒（*Mal de Rio Cuarto virus*，MRCV），4 种均属于植物呼肠孤病毒科 *Reoviridae*，斐济病毒属 *Fijivirus*。在中国引起玉米粗缩病的病毒为水稻黑条矮缩病毒（RBSDV）和南方水稻黑条矮缩病毒（SRBSDV）。

RBSDV 病毒粒子直径 70~75nm，呈等轴的二十面体结构、球形，具双层蛋白质衣壳，外壳蛋白在病毒的感染中起重要作用并直接影响病毒的虫媒性。病毒粒子主要存在于病叶隆起的细胞及带毒昆虫的脂肪体、唾液腺、消化道、肌肉、气管等细胞内。该病毒的致死温度为 70℃，在提纯状态的汁液中可存活 37d，具有较强的侵染力。

（2）传播途径　玉米粗缩病毒唯一的传播途径是介体传播扩散，不能经土壤、汁液摩擦、嫁接、种子、花粉传播，病毒在传毒介体内和植物韧皮部特别是薄壁组织中繁殖。在中国大部分区域传毒介体昆虫为半翅目飞虱科的灰飞虱（*Laodelphax striatellus* Fallen），灰飞虱的迁飞活动对病毒传播起到至关重要的作用。

在黄淮海小麦玉米连作区，灰飞虱若虫以休眠或滞育状态在冬小麦、田间地边禾本科杂草等场所越冬，第二年春季 2—3 月第 1 代灰飞虱在越冬的带毒寄主，如小麦绿矮病株，感染 RBSDV 病毒的马唐、稗草等杂草上取食获毒；或越冬的带毒灰飞虱把病毒传播到返青的小麦上，使小麦绿矮，成为侵染玉米的主要毒源。5—6 月灰飞虱陆续向附近的春、夏播玉米田迁飞传毒为害，造成玉米粗缩病，在小麦乳熟后期至收获期间形成迁飞高峰，第 2~4 代灰飞虱主要在玉米及田间杂草上越夏，随着玉米的成熟便迁至禾本科杂草上，秋季小麦出苗后，第 4 代灰飞虱转迁到麦田传毒为害并越冬。感染 RBSDV 病毒的马唐、稗草和再生高粱是冬麦苗期感染的侵染源。

在水稻、小麦、玉米混种区灰飞虱越冬代主要在小麦上取食并获毒，翌春羽化后大量 1 代成虫迁飞至早稻秧田或在本田传毒为害并繁殖，水稻秧苗移栽或小麦成熟后，再迁入玉米田传毒，造成玉米粗缩病；冬小麦出苗后再转移到麦田为害并越冬；感染水稻黑条矮缩病的水稻和稗草是冬麦苗期的侵染源。

带毒灰飞虱也可以在南方稻区越冬，5 月中下旬随高空气流直接迁飞到玉米上取食传毒，造成玉米粗缩病，如山东部分地区的 1 代灰飞虱主要为外地虫源。

（3）流行规律　玉米粗缩病发生程度与田间传毒介体灰飞虱虫口密度及其带毒率、1 代灰飞虱传毒高峰期与玉米敏感叶龄期吻合程度、品种抗性等因素密切相关。若冬季温度干燥有利于灰飞虱越冬代存活，虫源基数增大，早春气温偏高、雨量偏少利于灰飞虱冬后若虫的羽化繁殖，灰飞虱易暴发成灾。灰飞虱发育的适宜温度为 15~28℃，最适温度为 25℃，30℃ 以上高温不利于其发育繁殖。若 5 月中旬至 6 月初田间平均气温偏低且雨水偏多，适于灰飞虱生长活动，田间灰飞虱种群数量大，玉米粗缩病易发生。

稻套麦、麦套玉米、免耕等栽培模式下粗缩病发生较重，上述栽培模式为灰飞虱提供了充足食料和适宜的越冬场所，广泛的寄主对其转移为害和繁衍十分有利，并有利于毒源的衔接过渡。晚春播玉米，蒜茬、菜茬倒茬玉米和早夏播玉米，苗期感病敏感期与灰飞虱迁飞高峰吻合，常导致玉米粗缩病严重发生。夏直播玉米发病轻，病株率一般不超过 5%。

田间管理粗放的地块，杂草和自生麦苗丛生，为玉米田灰飞虱提供了大量适宜寄主，利于灰飞虱生存繁殖和越冬越夏，病害易严重流行。

（4）发生地区和时期　玉米粗缩病，是中国玉米上最重要的病毒性病害。该病在 1949 年最早报道于意大利，随后在以色列、阿根廷、巴西、乌拉圭、捷克、希腊、法国、挪威、西班牙、瑞典、美国、加拿大、前南斯拉夫、伊朗、韩国、日本等国家均有不同程度发生的报道。该病害于 1954 年首次在中国新疆南部和甘肃西部报道，后在中国大部分玉米产区发生为害，发生区域包括：河北、北京、天津、山西、山东、河南、陕西、江苏、福建、云南、湖南、安徽、四川、宁夏、黑龙江、辽宁等地。

近年来，该病害在黄淮海夏玉米区的山东、江苏、安徽的套播或晚春播、早夏播玉米区域发生为害严重。2004 年安徽宿州市暴发；2005、2006 年淮北普遍发生；2008 年江苏 236 万亩，占玉米面积的 40%。2005 年山东省发生面积 247 万亩，2006 年 297 万亩，2007 年 340 万亩，2008 年山东省发生面积达 1 100 多万亩，改种 88.7 万亩，致使绝产 25 万亩，成为该区玉米上的重要病害。该病有从南向北蔓延的趋势，2006 年，辽宁省阜新首次出现玉米粗缩病；2008 年大连首次发病并呈严重流行性为害，全市病田率达 80% 以上，成为大连地区玉米严重病害；2008 年辽宁省发生面积已达 40 万亩；2009 年丹东东港沿海地区个别地块发病率高达 90% 以上，几乎绝收。

（5）为害症状　玉米粗缩病在玉米整个生育期都可侵染发病，苗期感病性最强，且发病后对玉米植株影响最大。苗期植株感病后，最早在 3 叶期开始在叶片上显症，5~6 叶时进入显症高峰，持续到抽雄吐丝期，全株症状表现明显。发病初期，在玉米心叶基部及中脉两侧产生边缘清晰的透明油浸状褪绿虚线条点，长 2~3mm，随后透明条点上下延伸成透明状点线，称为"明脉"，是病害早期诊断的主要症状；最后在叶背面叶脉上产生粗细不一的白色蜡状突起条纹，称为"脉突"，手摸有明显的粗糙感，随着时间推移，白色脉突颜色逐渐加深为黄色或黄褐色，在叶鞘、果穗苞叶上也会出现脉突，脉突是后期病害诊断的主要依据。典型的粗缩病植株表现为：植株矮化，发育迟缓，节间缩短，节间变粗；叶片密集重叠，顶叶簇生，且叶色浓绿、宽、短、厚、脆；重病株不能抽雄吐丝，一般在乳熟期前枯死，造成绝产；轻病株可以抽雄，但半包在喇叭口中，雄穗发育不良，分枝极少，或花粉败育；雌穗畸形，花柱不发达，籽粒少或不结实。病株根系不发达、根粗短，总根数少，不发次生根，根茎交界处常有纵裂，易拔出。

（6）对玉米生长和产量的影响　玉米粗缩病是一种由植物病毒引起的毁灭性病害，玉米感病后，不能结实或雌穗畸形，严重影响产量。20 世纪 60 年代玉米粗缩病曾在中国中东部夏玉米区发生流行，有报道在河北省保定市该病害流行发生，严重地块病减产 80% 以上。70 年代在北京和河北省造成的大范围流行，使玉米大幅度减产。90 年代中期该病害在多个玉米产区流行发生，据报道仅 1996 年全国玉米粗缩病发病面积就达 233 万 hm^2，毁种绝收面积约 4 万 hm^2。

玉米植株感染该病毒越早，发病越重，全株症状越明显，产量损失越大；玉米生长后期感染则植株矮化不明显，对产量影响较小。不同叶龄发病与株高、穗粒重及产量密切相关，3~7 叶龄发病对玉米植株后期生长影响较大，有研究报道，该叶龄期发病植株的株高只有健株的 1/6~1/3，多数不能抽穗结实，个别能抽雄的植株，雄穗发育不良，基本无花粉，且雌穗变形，花柱极少，多不结实，单株产量损失在 90% 以上。8~10 叶龄感病，雄穗变短，不能正常抽出或半抽出，结实较少。11 叶龄以后发病的病株，一般抽穗结实正常，但籽粒饱满度不及健株，单株产量损失率在30%以下。

2.玉米矮花叶病

（1）病原 玉米矮花叶病病原为甘蔗花叶病毒（*Sugar Cane Mosaic Virus*，SCMV），属马铃薯Y病毒科马铃薯Y病毒属（Potyvirus）。

在美国和欧洲，玉米矮花叶病毒（MDMV）是引起玉米矮花叶病的主要病原，根据不同分离物的病原生物学及血清学的研究结果，已报道的玉米矮花叶病毒有不同的株系，如MDMV-A、MDMV-B、MDMV-C、MDMV-D、MDMV-E、MDMV-F、MDMV-O及MDMV-KSI株系。

在中国至少存在着3种相关的病原可导致玉米矮花叶病，即玉米矮花叶病B株系（MDMV-B），白草花叶病毒（MDMV-G）以及甘蔗花叶病毒（SCMV）。它们均属于马铃薯Y病毒属（Potyvirus）中侵染禾本科植物的甘蔗花叶病毒亚组（SCMV Subgroup），由于MDMV-B的外壳蛋白基因的核苷酸序列与SCMV的同源性高于MDMV的其他株系，已被重新归类为SCMV-MDB株系（范在丰等，2001）。其中，SCMV（MDMV-MDB）是为害中国玉米、高粱和甘蔗等作物病毒病的重要病原，分布最广，为害最严重。

（2）传播途径 病毒通过玉米种子带毒方式越冬并形成翌年的重要的初侵染源，也可在田间地边的多年生杂草中存活越冬形成初侵染源。

带毒种子是最重要的初侵染源，对中国的甘蔗花叶病毒的种子带毒状况调查发现，种子的一般带毒率0.15%~6.25%。玉米种子的种皮、胚乳均可携带病毒，以胚乳部位携带病毒的侵染活性最高，可达100%。植株发病早，籽粒发育差的种子带毒率高。

该病可由蚜虫和汁液摩擦传毒，种子也可以带毒。研究表明，有25种蚜虫可传播各种矮花叶病毒。在中国，传毒蚜虫主要有麦二叉蚜、禾谷缢管蚜、玉米蚜等，其中以麦二叉蚜对病害流行的影响最为重要。蚜虫传毒为非持久性，其在毒源植物上吸食10~30s即可获取病毒，持毒时间为30~24min，在此期间，转移到玉米苗上刺吸心叶即完成传播过程。

玉米矮花叶病的田间传播主要通过两种方式实现：一是通过带毒种子形成初侵染源和传播中心或在田边多年生杂草中越冬的病毒形成初侵染源的传播；二是以蚜虫非持久性传播和农事操作接触摩擦传播。

带毒种子的远距离调运是该病远距离传播的主要途径，特别在制种区，矮花叶病的防控是阻断其远距离传播最有效的手段。

（3）流行规律 玉米矮花叶病的传播是通过介体昆虫蚜虫，因此，蚜虫的生长发育，迁飞活动对该病害的流行造成直接影响。

暖冬气候有利于蚜虫越冬，造成春季蚜虫基数高，形成有利于传毒的介体群体；春季高温干旱气候，利于田间有翅蚜群体的形成、繁殖和迁飞，同时干旱减缓玉米发育进程和降低植株抗病性，延长了蚜虫迁飞传毒和幼苗感病敏感期的重叠时间，易造成病害流行。

春玉米晚播和夏玉米早播，易使幼苗感病期和蚜虫迁飞传毒期相遇重叠，会导致矮花叶病的发生。

土壤结构好，土质肥沃，有利于植株生长发育，提高植株自身抗病性，发病轻；土壤贫瘠，沙性土，不利于植株生长，发病重；冷凉地区发病轻，阳坡地、温暖地区利于病毒在植株内部的繁殖和蚜虫繁殖，发病重；同一地块，田边植株发病重，中部发病轻。

玉米田周边有荒地，杂草较多，或者疏于管理，田间荒芜，形成利于蚜虫栖息和繁殖的场所，田间虫口数量提高，易造成矮花叶病的流行。

（4）发生地区和时期　玉米矮花叶病在世界各玉米产区分布广泛，几乎所有玉米种植区均有发生。在中国，玉米矮花叶病在各玉米产区都有发生，目前，除东北玉米区发生较轻，其他各玉米产区，尤其是华北北部、西北东部春玉米区以及西南一些地区局部发病严重。

1968年，矮花叶病在河南省新乡、安阳等地大发生之后，逐步扩展到全国各主要玉米产区。该病害在中国有两次发病高峰，分别是在20世纪70年代和90年代中期。1975年山东泰安，1977年甘肃张掖和天水玉米矮花叶病大发生，此阶段，主要是局部地区爆发成灾；90年代，由于生产上推广抗大斑自交系Mo17，其对矮花叶病高度感病，导致大部分玉米产区开始流行矮花叶病，仅1996年，全国矮花叶病发生面积达250万 hm^2。

（5）为害症状　玉米矮花叶病的症状是先在最幼嫩的心叶出现褪绿或斑驳的花叶症状，整体褪绿的叶肉中间夹杂着不褪绿的椭圆形或长条形、不规则形，断续排列的小斑点，形成"绿岛"，这点是区别于其他病害的典型花叶特征；有的品种上褪绿部分可连片，沿叶脉方向呈条带分布，形成明显的黄绿相间的条纹症状；苗期发病后，叶片颜色变浅，病株多细弱，矮化，重病植株不抽穗，植株早衰枯死；侵染发病较晚的植株，新抽出的叶片上出现斑驳退绿，尤其是顶叶花叶症状明显，穗小，籽粒干瘪不饱满。

（6）对玉米生长和产量的影响　玉米矮花叶病病毒在玉米生长的前期侵染一般造成全株性症状，由于初期症状容易被忽略，田间症状明显时，已经没有补救的可能，往往造成较大的产量损失；病毒在玉米生长的后期侵染，多造成局部症状或不表现症状，产量损失较小。

玉米矮花叶病发生具有暴发性、迁移性和间歇性三大特征，病害流行时，若防控不及时，可以导致20%~80%的产量损失，一般发生年份减产5%~10%，重发病田可造成较大损失甚至绝收。20世纪90年代中国玉米矮花叶病发生非常严重，发病田块的病株率达到20%~80%，有的田块甚至高达100%，给玉米生产造成了严重损失。

3. 玉米红叶病

（1）病原　玉米红叶病病原为大麦黄矮病毒（Barley yellow dwarf viruses，BYDVs），属黄症病毒科黄症病毒属（*Luteovirus*）。

大麦黄矮病毒根据传毒介体的种类专化、毒力变异和血清学特异分为不同株系，其中传毒蚜虫种类与病毒株系有明确的对应关系。根据蚜虫传毒特性，大麦黄矮病毒在国外分为5个株系，即麦长管蚜株系（MAV）、缢长蚜株系（PAV）、麦二叉蚜株系（SGV），禾谷缢管蚜株系（RPV）和玉米蚜株系（RMV）。中国大麦黄矮病毒至少有4种株系类型，分别为麦二叉蚜禾缢管蚜株系（GPV）、麦二叉蚜麦长管蚜株系（GAV）、禾缢管蚜麦长管蚜麦二叉蚜株系（PAGV）和玉米蚜专化性株系（RMV）。

（2）传播途径　大麦黄矮病毒主要寄主植物有玉米、大麦、燕麦、小麦、水稻、谷子、高粱等禾本科作物和150余种禾本科杂草。该病毒由蚜虫以循回型持久性方式传播，病毒只能通过蚜虫传播，不能由土壤、病株种子、汁液等传播，传毒蚜虫主要有禾谷缢管蚜、麦二叉蚜、麦长管蚜、缢长蚜和玉米蚜等。蚜虫不能终生传毒，也不能通过卵或胎生若蚜传至后代。在冬麦区，传毒蚜虫在夏玉米、自生麦苗或禾本科杂草上为害越夏，秋季迁回麦田为害。传毒蚜虫以若虫、成虫或卵在麦苗和杂草基部或根际越冬，翌年春季又继续为害和传毒。

（3）流行规律　病害的流行和蚜虫的发生时间、虫口密度、严重程度密切相关，秋、春两季是黄矮病传播侵染的主要时期，春季更是主要流行时期。在小麦－玉米两熟制的种植模式下，当秋播麦田中有较多残留的玉米秸秆时，由于蚜虫对黄色的趋性，传毒蚜虫密度高，小麦黄矮病发生重，形成大量毒源，翌年玉米发病也加重。

光照强、温度低（15~18℃）有利于病毒在玉米体内繁殖和症状表现。高温（30℃）有助于蚜虫迁飞，但无助于提高传毒率。

（4）发生地区和时期　大麦黄矮病毒是一种世界性分布的病毒，其可以在小麦、水稻、玉米、大麦、黑麦等禾本科作物上引起病毒病。玉米红叶病在1952年被发现，1956年确认是由昆虫传播的病毒所致。中国在20世纪80年代初期曾在河南等地发生红叶病，1985年确诊是有小麦黄矮病致病病毒（大麦黄矮病毒）引起。目前，中国玉米红叶病主要发生在甘肃省东部地区，陕西、河南、河北、山东、山西等地也属常发区。

（5）为害症状　显症初期，植株叶片的尖端，叶脉之间的叶肉细胞从绿色逐渐变为红色。随着病害发展，病斑多由叶尖沿边缘开始逐渐向基部发展，初期为浅红色褪绿斑块，后沿叶脉变紫红色条纹，病叶窄而小、质地光滑坚硬，严重时整叶变成红色干枯。发病早的植株明显矮化，茎秆细瘦，根系不发达，果穗小而畸形，花柱少或无，结籽少而秕。

（6）对玉米生长和产量的影响　病害的侵染一般发生在玉米7叶期前后，但显症却在玉米拔节以后，发病后，玉米植株高度降低不明显，一般低于正常植株的10%，产量减少15%~20%，产量减少的原因主要是籽粒数量减少和结实度降低；在一些敏感的玉米品种上，病毒侵染后也可引起雌穗不育。

4. 玉米条纹矮缩病

（1）病原　玉米条纹矮缩病病原为玉米条纹矮缩病毒（*Maize Streak Dwarf Virus*，MSDV），属病毒。病毒炮弹状，大小（200~250）nm×（70~80）nm，每粒病毒有横纹50条，纹间距4nm。

（2）传播途径　玉米条纹矮缩病毒传毒介体是灰飞虱，土壤、种子和摩擦都不传毒。灰飞虱最短获毒时间为8h，体内循回期最短5d。病毒不经卵传播。气温20~30℃时，潜育期7~20d，一般9d。该病发生与灰飞虱若虫的发生有直接关系，带病毒越冬的幼虫，春季羽化为成虫，这种第一代成虫具有侵染能力，但该成虫产下的第二代虫不重新由病株得到病毒就不能带毒。灰飞虱吸取发病水稻的汁液后带毒，传播到麦田发病后越冬，麦收时节，灰飞虱迁飞到玉米田中使其发病，灰飞虱在吸汁后至产卵2~3d，能够不断吸取健株汁液而传毒。该病毒可以侵染25种禾本科植物，以水稻、麦类和玉米为主。

（3）流行规律　头年秋冬温暖、干燥、雨雪少，翌年春天气温回升早，播种过早，有利于灰飞虱等害虫越冬、繁殖及为害传毒，有利于该病的发生发展。氮肥施用太多，生长过嫩，播种过密、株行间郁闭，多年重茬、肥力不足、耕作粗放、杂草丛生的田块易发病。

（4）发生地区和时期　玉米条纹矮缩病简称玉米条矮病，是西北、华北和东北部地区玉米的一种重要病害。尤其是在西北地区河西走廊以西一些地区发生较重，甘肃、新疆有报道，曾在甘肃敦煌造成严重损失。

（5）为害症状　玉米条纹矮缩病毒侵染的玉米病株株型矮缩，节间缩短，沿叶脉产生褪绿条纹，后条纹上产生坏死斑，向叶尖发展，呈灰黄色或土红色，叶片、茎部、穗轴、髓、雄花序、苞叶及顶端小叶均可受害。植株早期受害，生长停滞，提早枯死；中期染病植株矮化，顶叶丛生，雄花不易抽出，植株多向一侧倾斜；后期染病矮缩不明显。根据叶片上条纹的宽度分为密纹型和疏纹型两种。

（6）对玉米生长和产量的影响　玉米条纹矮缩病是一种具有毁灭性的病毒病害，严重时可造成大幅度减产甚至绝收。2008 年杭州市春夏季玉米条纹矮缩病的发生面积和为害程度严重，发病面积 1 000 hm^2，受害田块的产量损失一般在 20%~30%，损失严重的达 70%~80%。

5. 玉米鼠耳病

（1）病原　玉米鼠耳病病原为玉米鼠耳病毒（*Maize Wallaby Ear Virus*，MWEV）。

（2）传播途径　二点叶蝉 *cicadulina bipunctella*（Mats）是玉米鼠耳病的主要介体昆虫之一，在该病的蔓延扩展中起关键作用，种子、土壤、摩擦方法均不能传播。二点叶蝉以禾本科植物为食，谷子和玉米最适合二点叶蝉种群增长，其次是高粱、大麦及小麦，而水稻不适于该种群的生存和繁殖。禾本科杂草是二点叶蝉重要的周年循环寄主，但这些禾本科杂草只能作为二点叶蝉的暂时性寄主，在其上不能完成全世代发育和繁殖。

（3）流行规律　叶蝉大发生的年份鼠耳病发病重，尤其是叶蝉暴发的时间与玉米苗感病生育期重叠，往往会导致病害大发生。

小麦与玉米套作的地块发病重，由于小麦等禾本科作物是玉米鼠耳病毒的感病寄主，感病小麦成为下一季病害流行的初侵染源。

低海拔地区冬季较温暖，有利于传毒昆虫越冬，造成翌年虫口数量大，传毒虫媒多，病害发生严重。同一地区不同地块，土质肥沃，水肥管理好的发病轻，地块四周杂草多，管理疏松地块发病重，这可能与杂草多利于传毒昆虫取食和越冬有关。

（4）发生地区和时期　玉米鼠耳病是中国近年来发生的一种重要的玉米病毒病害。已报道的发生区域主要是在西南玉米区，1998 年在四川南充，1999年贵州省大方、纳雍、修文、息烽、开阳、桐梓等县，2002 年重庆长寿区，2003 年璧山县都有发生，南充地区近年来连年发生，具有潜在蔓延的趋势。

（5）为害症状　感染玉米鼠耳病毒的玉米植株显著矮缩，节间缩短，叶变小，增厚，叶缘内卷，心叶卷缩不能展开，呈"火炬状"。叶背有白色、扁平的蜡泪状瘿瘤，多沿叶脉呈纵向排列，严重时纵横交错呈网格状，叶肉呈横向皱缩。根系少而短，易折断。雌雄穗变形，无花粉或少，无籽粒或少籽粒。

玉米鼠耳病与玉米粗缩病的症状极其相似，但两者也有不同之处，玉米粗缩病株一般不会在 6 叶期前枯死，矮缩不如鼠耳病明显，叶背瘿瘤都沿叶脉呈纵向排列，叶肉不呈横向皱缩，叶缘不内卷，叶色浓绿，心叶一般不卷缩，轻病株极少恢复。

（6）对玉米生长和产量的影响　玉米鼠耳病是一种系统性病害，整个生育期内均可发病，尤其以抽穗以前受害重，植株系统性矮化、早死或严重减产甚至绝收。

二、细菌性病害

1. 细菌性茎腐病

（1）病原　玉米细菌性茎腐病的主要致病菌为菊欧文氏菌玉米致病变种 *Erwinia chrysanthemi pv zeae*（*Sabet*）*Victoria* et al 和胡萝卜软腐欧文氏菌玉米专化型 *E.carotovora fsp zeae Sabet*。国内报道菊欧文氏菌玉米致病变种致病力较强，菌体杆状，两端钝圆，菌体大小有差异，在 $0.85\sim1.6\ \mu m$，无荚膜，无芽孢，周生鞭毛 6~8 根，革兰氏染色反应为阴性。此外，有报道猝倒假单胞菌（玉蜀黍甘蔗茎腐假单胞菌）*Pseudomonas lapsa*（*Ark*）Starr et al 和玉米假单孢杆菌（*Pseudomonas zeae*）也是该病的病原。

（2）传播途径　玉米细菌性茎腐病菌为经病残体传播的病害，病菌可以在地表的病叶、茎秆、穗轴、病种子等病残体上越冬，成为初侵染源。通过风雨、昆虫和动物活动以及人的田间劳作进行扩散，风雨对病害在田间的传播与扩散起主要作用。通过叶片、叶鞘气孔、水孔、伤口等侵入植株组织，害虫为害或其他原因造成的伤口利于病菌侵入。有研究报道蚜虫、蓟马、玉米螟、棉铃虫等虫口数量大的田块，田间发病重，在田间利用病组织液灌叶鞘的方法接种研究发现，病原菌不通过伤口侵入，也可以引起发病。

（3）流行规律　温湿度是玉米细菌性茎腐病菌萌发的必备条件，病菌活动温度 20 ~38 ℃，以 30 ~35 ℃最为活跃，因此 7—8 月高温高湿容易引起该病的大发生，田间气温 26℃的气象条件下，田间病菌发展缓慢，平均气温在 30℃，相对湿度在 70% 田间即可发病，日平均气温在 32~34℃时，相对湿度 80 % 时病害迅速扩展，感病植株 2~3d 即倒折死亡，气温超过 40℃病菌发育即可终止。连续干旱后，突降大雨或田间大水灌溉，有利于病菌迅速传播蔓延，可使该病发生严重。低洼或排水不畅的地块发病较重；施用未腐熟农家肥或单施氮肥发病重；连作年限越长发病越重。

（4）发生地区和时期　玉米细菌性茎腐病是热带和亚热带玉米种植区的主

要病害之一，近年来在温带玉米区也有发生。近年来，玉米细菌性茎腐病发病范围有逐渐扩大的趋势，西南、西北、黄淮、东北等玉米种植区均有发生，在四川、河南主要玉米区发生较重，1996年在海南三亚的繁殖田也发现该病为害。该病害在局部地区对生产影响较大。

（5）为害症状 玉米细菌性茎腐病一般在玉米的生长中期发生，近年来常提早到拔节期。主要为害部位为植株茎秆和叶鞘，也能侵染苞叶和果穗。病原菌主要通过叶鞘或茎节处气孔、水孔及伤口侵染玉米植株。拔节期发病，叶基部水浸状腐烂，病斑不规则，褐色或黄褐色，腐烂部有或无特殊臭味，有粘液；心叶上部呈灰绿色失水萎蔫枯死，严重时用手能够拔出整个心叶，形成枯心苗和丛生苗，甚至死亡，造成田间缺苗断垄；轻病株心叶扭曲不能展开。中后期发病，从玉米10多片叶时开始，发病初期在叶鞘上现水渍状病斑，圆形、椭圆形或不规则形，病斑在大多数品种上有浅红褐色边缘，病健组织交界处水渍状尤为明显；发病植株叶片尤其是心叶失水呈灰绿色萎蔫状干枯；叶鞘下茎秆上有褐色病斑，呈梭形或不规则形，病组织软化，腐烂下陷。在高湿条件下，病斑沿叶鞘和茎秆向上下迅速发展，茎秆纵剖面可见髓部组织腐烂空松，维管束剥离，在部分品种上变褐色，严重时植株常在发病后3~4d因茎秆腐烂而倒折，溢出黄褐色或乳白色腐臭菌液，造成无法正常抽穗结实；在轻微侵染和干燥条件下病害扩展缓慢，有时形成凹陷干腐病斑，植株生长不良，病部以上叶片发黄，果穗瘦小，籽粒灌浆不满，病部也易折断；病原菌通过侵染苞叶、穗轴侵入果穗，或者从果穗顶部直接侵入，往往整个果穗腐烂，籽粒白色、乳白色或红色、红褐色，表面常被白色菌膜。

玉米细菌性茎腐病与腐霉菌引起的茎腐病症状相似，田间常混合发生，并且两者极易混淆，区分关键为腐霉菌茎腐病仅发生在基部茎节，叶鞘病斑无红褐色边缘，组织软化后无臭味，天气潮湿时病斑上形成腐霉菌的白色菌丝层，细菌茎腐病在病部腐生各色霉层。

（6）对玉米生长和产量的影响 感染玉米细菌性茎腐病的植株发病部位极易折断，严重影响玉米的抽穗或结实。该病对于玉米的影响，印度曾有田间发病率达到80%~85%的报道，并证明在人工接种条件下，细菌性茎腐病造成的产量损失可高达92%；在中国，1996年吉林省桦甸市该病害严重地块病株率达71.4%，损失严重，2005年在天津蓟县严重地块病株率达30%~40%。

2.细菌性顶腐病

（1）病原 玉米细菌性顶腐病病原为铜绿假单胞杆菌 *Pseudomonas aeruginosa*（Schroeter）Migula，属薄壁菌门假单胞菌属。它属于非发酵革兰氏阴性杆菌。菌体细长且长短不一，有时呈球杆状或线状，成对或短链状排列。菌体的一端有单鞭毛，在暗视野显微镜或相差显微镜下观察可见细菌运动活泼。本菌为专性需氧菌，生长温度为 25~42℃，最适生长温度为 25~30℃。在普通培养基上可以生存并能产生水溶性色素，如绿脓素与水溶性荧光素等。在血平板上会有透明溶血环。该菌含有 O 抗原（菌体抗原）以及 H 抗原（鞭毛抗原）。O 抗原包含两种成分：一种是其外膜蛋白，另一种是脂多糖，有特异性。

（2）传播途径　病原菌在种子、病残体、土壤中越冬，翌年从植株的气孔、水孔或伤口侵入。高温高湿有利于病害流行，害虫或其他原因造成的伤口有利于病菌侵入。该病多出现在雨后或田间灌溉后，低洼或排水不畅的地块发病较重。秋季，病菌随病残体遗留田间或随秸秆还田进入土壤，少数可以通过种子继续传播。翌年，遇到适宜的诱发条件，病害再度发生。

（3）流行规律　夏玉米播种推迟后，大喇叭口期恰遇连续高温高湿，极易导致细菌性顶腐病的大发生。此外，蓟马、蚜虫、棉铃虫等害虫为害造成的伤口，有利于病菌的传染，也可以导致病害的严重发生。

（4）发生地区和时期　目前该病在河北、河南、山东、新疆均有发生，对玉米造成了严重威胁。玉米细菌顶腐病在玉米抽雄前均可发生。

（5）症状　从喇叭口伸出的叶片顶部出现褐色腐烂，腐烂部位多沿叶尖边缘向下扩展；发病轻的叶片表现叶缘失绿，叶片透明；发病部位的组织消失，形成缺刻；严重发病植株，顶部叶片黏连在一起，导致叶片紧裹，雄穗无法伸出，同时雄穗也被细菌侵染发生腐烂；若病害发生早，多数上部叶片发生腐烂，形成植株上部叶片紧贴茎秆而不伸展，无雌穗形成；发病腐烂部位有明显的臭味。典型症状为心叶成灰绿色失水萎蔫枯死，形成枯心苗或丛生苗；叶基部水渍状腐烂，斑状不规则，褐色或黄褐色，腐烂部有或无特殊臭味，有黏液；严重时用手能够拔出整个心叶，轻病株心叶内部轻微腐烂，随心叶抽出而变为干腐，有时外层坏死叶片紧紧包裹内部叶片，心叶扭曲不能展开，影响抽雄。

（6）对玉米生长产量的影响　细菌性顶腐病属于近年新发生病害，如果仅在大喇叭口期玉米叶片叶尖出现局部腐烂，对生产的影响则较小；如果发病严重，叶片上部出现大范围腐烂，发病叶片扭曲黏结在一起，就能够引起植株雄穗无法抽出、植株空秆无雌穗，导致直接的产量损失。

3. 玉米细菌性干茎腐病

（1）病原　成团泛菌 *Pantoea agglomerans*（Beijerrinck，1888）Gavini, Mergaert, Beji, Mielcarek, Izard, Kersters & De Ley，属薄壁菌门泛菌属。革兰氏染色阴

性，在 NA 培养基上 30℃下生长迅速，菌落呈淡黄色，圆形，表面光滑，微凸起，边缘整齐，直径为 0.8~1.5mm，半透明，较软，略黏，培养基不变色；在泛菌属选择性培养基 YDC 上菌落呈黄色；菌体呈短杆状，两端圆，单细胞，大小为（0.5~1.0）μm×（1~3）μm，周生鞭毛。兼性厌氧，D- 葡萄糖不产气，明胶液化阴性，吲哚阴性，不水解脲素，马铃薯软腐试验阴性；蔗糖产酸，还原硝酸盐，NaCl（5%）耐盐反应阳性，苯丙氨酸脱氨酶为阳性，半胱氨酸产生 H_2S，V.P. 阳性，产生黄色素；能利用阿拉伯糖、鼠李糖、木糖、乳糖、海藻糖、水杨苷，不能利用蜜二糖、肌糖和 α - 甲基葡糖苷；能利用 D- 酒石酸盐，且磷霉素抗性为阳性。

（2）传播途径　在土壤中越冬，同时也可以在玉米种子中越冬。翌年，土壤中的病菌可以直接侵染玉米萌动的种子并进入植株体内。

（3）流行规律　成团泛菌能够通过玉米种子进行传播，直接引起病害的发生；同时，成团泛菌也是土壤中常见细菌之一，具有一定的固氮和作为生物防治菌的功能，在甘肃病区的土壤中也分离检测到该菌的存在。因此，成团泛菌能够在土壤中自然存在，遇到适宜的玉米寄主，引发干茎腐病。病菌在田间的扩散主要通过灌溉时水流的携带作用，而由于能够感染成团泛菌引起干茎腐病症状的玉米自交系很少，即使是亲本感病，其后代杂交种却也没有非常严重和典型的病症出现，因此，成团泛菌的种子带菌主要在敏感自交系上具有传播病害的作用。

（4）发生地区和时期　甘肃、新疆等制种基地发生较多。

（5）症状　在幼苗期，玉米植株生长缓慢，茎节不能正常伸长，逐渐在茎下部的叶鞘表面出现红褐色不规则的病斑；玉米拔节后，剥开病株外层叶鞘，可见近地表数个茎节有黑褐色病斑，病斑处缢缩，严重时发病部位坚硬的茎皮以及精髓组织消失，产生不规则的缺刻，似害虫取食状，发病的组织为干腐症状；横向剖茎，髓组织和维管束呈现紫黑色，发病部位从茎基部向上扩展；由于植株茎节一侧被破坏，导致植株向发病侧倾斜或扭曲生长，病株茎秆发脆，遇风极易倒折，同时由于病株较正常株矮小，无法向母本传粉，因此严重影响制种生产。

（6）对玉米生长产量影响　由于作为制种中父本的自交系感病后植株茎节扭曲、易折，导致植株矮小、雄穗低于母本，因此严重影响杂交种种子的配制，对种子生产有很大影响，导致发生该病害的亲本退出育种应用，所组配的新品种退出生产市场。

4. 细菌性叶斑病

（1）病原 泛菌叶斑病，菠萝泛菌 *Pantoea ananas*（Serrano，1928）Mergaert，Verdonck & Kersters，1993，属薄壁菌门泛菌属。革兰氏染色阴性，兼性厌氧，培养中产生黄色色素；菌体短杆状，大小为（0.5~1.3）μm×（1.0~3.0）μm，周生鞭毛，有运动性；葡萄糖产气、硝酸盐还原、明胶液化试验为阴性，赖氨酸脱羧酶、鸟氨酸脱羧酶、过氧化氢酶反应阳性，可利用纤维二糖、鼠李糖、麦芽糖、乳糖、棉籽糖、山梨醇、蜜二糖、肌醇、水杨苷、蔗糖。

芽孢杆菌叶斑病，巨大芽孢杆菌 *Bacillus megaterium de Bary*，1984，属厚壁菌门芽孢杆菌属。革兰氏染色阳性，好氧，也可以在厌氧条件下生长；菌体杆状，末端圆，单个或为短链状排列，大小为（1.2~1.5）μm×（2.0~4.0）μm，无鞭毛，有运动性；芽孢大小为（1.0~1.2）μm×（1.5~2.0）μm，椭圆形，中生或次端生，液化明胶慢，冻化牛奶，水解淀粉，但不还原硝酸。

细菌性褐斑病，稻叶假单胞菌 *Pseudomonas oryzihabitans* Kodama，Kimura and Komagata，1985，属薄壁菌门假单胞菌属。革兰氏染色阴性，好氧，在细胞内产生黄色的非水溶性色素；菌体杆状，端钝圆，单生，大小为（0.5~0.8）μm×（1.5~3.0）μm，端生单鞭毛，有运动性；以氧化酶反应阴性而区别于其他相近的种。丁香假单胞菌丁香致病变种 *Pseudomonas syringae* pv .syringae van Hall，属薄壁菌门假单胞菌属。革兰氏染色阴性，好氧，在King's B平板培养基上产生黄绿色荧光；菌体杆状，相互呈链状链接，大小为（0.7~0.9）μm×（1.4~2.0）μm，端生鞭毛1~5根，有荚膜，无芽孢。生长适温24~28℃，最高39℃，最低4℃。

（2）传播途径 菠萝泛菌和丁香假单胞菌可以在植物病残体中越冬。稻叶假单胞菌和巨大芽孢杆菌在土壤中越冬。巨大芽孢杆菌在适宜条件下，通过玉米幼苗根尖组织的破裂等微伤侵染，逐渐进入韧皮部、木质部和髓组织，并从根系向地上部茎和叶片组织移动。病菌可以通过水流在田间扩散，在侵染玉米根系后，随着韧皮部导管中水流的运动，逐渐进入叶片组织，并在叶肉细胞中定殖和引起叶斑病。丁香假单胞菌也可通过气孔侵染。秋季，细菌随病残体回到土壤中。

（3）流行规律 巨大芽孢杆菌可以在3~45℃条件下生长。细菌性褐斑病在有风雨和温度为25~30℃条件下易发生。菠萝泛菌在20~25℃的温暖和高湿条件下在玉米上发病率高且为害严重。总体看，细菌性叶斑病的发病与田间温度和湿度状况有密切关系。气候温暖、多雨高湿时，病害发生严重。2008年夏季全国普遍降水量较大，导致细菌性叶斑病发生较往年严重。

（4）发生地区和时期　玉米泛菌叶斑病为土壤传播的病害，是目前在中国许多地区都有分布的一种新的玉米叶部细菌性病害，已在河北、北京、广东、海南、贵州、宁夏等地的细菌叶斑病中鉴定出泛菌叶斑病的存在。在波兰、墨西哥、巴西、阿根廷，玉米芽孢杆菌叶斑病也是一种新的土壤传播的玉米病害，目前仅在浙江的细菌叶斑病中鉴定出。玉米细菌性褐斑病在中国局部地区偶发，在海南省的田间有发生。

（5）症状　泛菌叶斑病病害发生在玉米的各个生长时期，但在中后期表现更为明显。植株感病后，初期在整个叶片上出现分散的小而黄色的水渍状斑点，斑点逐渐在叶脉间的叶肉组织中开展，呈现小的褪绿条带；随着病害的发展，叶脉间病斑扩大相连，在叶片上形成大面积的枯死斑，进而引起叶片枯死。芽孢杆菌叶斑病发病初期，叶片上出现分散的小型黄色水渍状斑点；病斑逐渐扩大，变为无明显边缘的黄色褪绿斑，且褪绿斑周围有黄色晕圈所围绕；发病后期，病斑扩大并相互连接，在叶片上形成大面积的坏死斑。细菌性褐斑病在叶片上，病斑初呈暗绿色、水渍状，逐渐扩大为黄褐色的椭圆形病斑，大小为 2~8mm，中央黄褐色，或中央细胞坏死而呈现为白色病斑，病斑具有浅褐色或红褐色边缘，或有黄色晕圈，病斑在后期可以发生联合，形成较大的坏死斑。

（6）对玉米生长产量影响　细菌侵染玉米叶片后，引起叶肉组织发病，细胞坏死，最终导致叶片早衰和枯死，致使植株提早失去充足的光合能力，同化产物减少，玉米籽粒因营养不足而灌浆不充分，造成减产。

三、真菌性病害

1.玉米大斑病

（1）病原　玉米大斑病病原为大斑病凸脐蠕孢 *Exserohilum turcicum*（Pass）Leonard et Suggs，分子囊菌无性型凸脐蠕孢和子囊菌门毛球腔菌属。在自然条件中，病菌以无性阶段在田间完成全部侵染循环过程和世代传递，而有性阶段在自然中极少发现，在人工培养条件下可见。大斑病凸脐蠕孢的分生孢子梗单生或 2~6 根丛生，无分枝，直或膝状弯曲，褐色，有分隔，长度可达 300μm，宽 7~11μm，基细胞膨大，在顶端或膝状弯曲处有明显的孢痕；分生孢子直，长梭形，浅褐色或灰橄榄色，两端渐狭，具 2~7 个假隔膜，顶细胞钝圆，基细胞锥形，孢子脐点突于基细胞外，孢子大小为（50~144）μm×（15~23）μm。

分生孢子萌发时两端产生芽管，当芽管接触到硬物时，在顶端形成附着胞。

（2）传播途径　大斑凸脐蠕孢主要以潜伏在发病的玉米组织（病残体）中的休眠菌丝体或厚垣孢子越冬，因而洒落在田间地表的病残体和堆放在田边、村庄与院落周边的秸秆成为重要的初侵染源；病菌也能在堆沤中未腐烂的病残体中越冬，成为初侵染来源之一；种子带菌也是病菌越冬方式之一，但对田间的病害流行不产生明显的作用。如果带菌病残体被翻入土壤中，在雨雪作用下发生腐烂，则病菌不能越冬。病菌越冬后遇到适宜的环境条件，休眠菌丝体和分生孢子获得重新生长的条件，从病残体中生长并产生新的分生孢子。孢子借风雨和气流传播到田间的玉米植株上，引起新的侵染。病菌侵染玉米叶片后，植株下部的老叶先发病，并在病斑上产生新的分生孢子，不断侵染其他植株和叶片并随风雨在田块间扩散，导致大范围发病。当环境温度为18~27℃，夜间有较重的露水时，只需10~14d，大斑病菌就可以完成一个侵染循环，因而病害极易爆发和流行。

（3）流行规律　在中国，玉米大斑病的数次流行，主要原因是大斑病病菌群体在抗病品种的定向选择作用下，出现对抗病品种具有毒力的新生理小种。20世纪60年代末、20世纪90年代、2003年和2012年相继发生了大斑病的流行。多年的种植，导致了病菌的大量积累，在适宜的气候条件下，大斑病得以暴发。20~25℃是大斑病发病适宜温度，高于28℃时病害发生受到抑制。田间相对湿度在90%以上时，有利于病菌孢子的生成、萌发和入侵，也有利于病害的发展。中国北方春玉米区，若7—8月遭遇温度偏低、连续阴雨、日照不足的气候条件，大斑病极易发生和流行。一般情况下，春玉米种植区的6—8月气温大多适于大斑病的发生，而降雨状况，特别是连续阴雨的条件就成为大斑病发病轻重的决定因素。6月的降雨有利于越冬病残体上病菌大量产孢并向田间玉米植株上传播和入侵；7月的降雨有利于病斑上产生新的分生孢子并形成大量的再侵染和发病，降雨与其后的病害日增长率密切相关，雨后转晴天有利于病斑扩展和病害的发展。生产中的栽培措施对大斑病发生有显著影响。当玉米连作时，由于田间病残体病菌的越冬，初侵染源丰富，易造成发病早发病重。玉米与低秆作物的合理间套作，可改善田间小气候，利于通风透光，促使玉米健康生长，提高抗病能力；通过降低田间空气湿度，破坏病菌产孢和孢子萌发的环境条件，从而可减轻病害的发生。玉米晚播有利于大斑病发生，是由于玉米生长后期自身抗病性降低，又逢雨季和偏低的温度，更利于病害发生。

（4）发生地区和时期　玉米大斑病是一种以叶片上产生大型病斑为主的病

害，玉米大斑病在中国分布广泛，在 30 个省（自治区、直辖市）有发生，主要分布在东三省、西南、黄淮等以春玉米种植为主的地区。中国曾在 20 世纪 70 年代初期、90 年代初期、2003—2006 年以及 2012 年发生大斑病的流行。

（5）为害症状　玉米大斑病以侵害玉米叶片为主，病菌也侵害叶鞘和果穗苞叶，严重时甚至侵害玉米籽粒。发病阶段主要在玉米抽雄吐丝后，此时植株从营养生长转向生殖生长，叶片光合产物开始向果穗籽粒中转移，自身的营养水平开始下降，进入病害易发阶段。玉米大斑病多从植株的下部叶片开始发生，随着植株生长，下部叶片病斑增多，中上部也逐渐出现病斑。当田间湿度高温度低时，植株上部叶片也会被严重侵染。在感病品种上，病斑扩展快，再侵染严重，常常导致中下部叶片发病而枯死。

在感病类型的玉米上，叶片被侵染后，发病部位初为水渍状或灰绿色小斑点，病斑沿叶脉扩大，形成黄褐色或灰褐色梭状的萎蔫型大斑病，病斑周围无显著的变色。病斑一般长 5~10cm，有的可达 20cm 以上，宽 1~2cm，有的超过 3cm，横跨数个叶脉。田间湿度大时，病斑表面密生黑色霉状物，为病菌的分生孢子梗和分生孢子。叶鞘和苞叶上的病斑也多为梭形，灰褐色或黄褐色，上生霉层。发病严重时，全株叶片布满病斑并枯死。

（6）对玉米生长和产量的影响　玉米植株叶片发病后，造成叶片绿色组织大量坏死，叶片失去光合能力，导致发育中的果穗无法获得充足的营养，籽粒因灌浆不足而导致减产。在大斑病流行年份，感病品种的损失可达 30%，甚至高达 50% 以上。1975 年吉林省发病面积达 267 万 hm^2，减产 20%，仅长春地区就损失产量 1.6 亿 kg。1993 年，由于特殊的气候条件，夏玉米区的江苏省因大斑病造成产量损失 7 亿 kg。黑龙江省每年因大斑病而造成产量损失 6 000 万 ~9 000 万 kg。

2. 玉米小斑病

（1）病原　玉米小斑病病原为玉蜀黍平脐蠕孢 *Bipolaris maydis*（Nisikado et Miyake）Shoemker，属半知菌亚门真菌。有性态物称异旋孢腔菌，子囊座黑色，近球形，大小（357~642）μm×（276~443）μm，子囊顶端钝圆，基部具短柄，每个子囊内有 4 个或 3 个或 2 个子囊孢子。子囊孢子长线形，彼此在子囊里缠绕成螺旋状，有隔膜，大小（146.6~327.3）μm×（6.3~8.8）μm。萌发时子囊壳及分生孢子以及分生孢子梗及分生每个细胞均长出芽管。无性态的分生孢子梗散生在病叶孢子病斑两面，从叶上气孔或表皮细胞间隙伸出，2~3 根束生或单生，榄褐色至褐色，伸直或呈膝状曲折，基部细胞大，顶端略细色较浅，下部色深较粗，孢痕明显，生在顶点或折点上，具隔膜 3~18 个，一般6~8个，大小（80~156）μm×（5~10）μm。分生孢子从分生孢子梗的顶端或侧方长出，长椭圆形，多弯向一方，褐色或深褐色，具隔膜1~15个，一般6~8个，大小（14~129）μm×（5~17）μm，脐点明显。该菌在玉米上已发现O、T两个生理小种。T小种对有T型细胞质的雄性不育系有专化型，O小种无这种专化性。

（2）传播途径　玉米小斑病菌主要以休眠菌丝体和分生孢子在残留于地表和堆放在地头、村边的玉米植株病残体中越冬，被侵染的籽粒也是越冬场所之一。翌年春天，当环境条件适宜时，休眠菌丝和分生孢子从未腐烂的病残体中开始生长并产生新的分生孢子，形成初侵染源。分生孢子通过气流和雨水进行田间和较远距离的传播，侵染田间的玉米植株。病菌侵染需要高的大气湿度和叶片表面存在游离水的条件，一般当环境中相对湿度达到90%~100%时，病菌能够完成侵染。病菌孢子在叶片水膜中萌发并穿过表皮气孔侵染叶片组织，形成病斑并从病斑上产生新的分生孢子，开始第二次侵染循环。如果环境温度在20~30℃，多雨高湿，病菌完成一个侵染循环只需5~7d。因此，不断地再侵染，极易导致在种植感病品种的条件下，形成田间小斑病的流行。一般情况下，玉米种子上所带小斑病菌的比率较低，对于病害流行不会产生明显影响。

（3）流行规律　玉米小斑病菌以菌丝和分生孢子在病株残体上越冬，第二年产生分生孢子，成为初次侵染源。分生孢子靠风力和雨水的飞溅传播，在田间形成再次侵染。其发病轻重和品种、气候、菌源量、栽培条件等密切相关。一般抗病力弱的品种，生长期中露日多、露期长、露温高、田间闷热潮湿以及地势低洼、施肥不足等情况下发病较重。

Schiefele等（1970）在美国发现T型细胞质玉米对小斑病的感病性加重，同年美国发生玉米小斑病大流行，损失产量165亿千克。Smith D R（1970）等和Hooker A L（1970）等报道了玉米小斑病菌有T、O两个小种，并成功地解释了T型细胞质玉米严重感染小斑病的现象。T小种的流行是造成1970年美国玉米小斑病流行的主要原因。朱贤朝（1979）等证实中国也存在玉米小斑病菌T小种，病菌可以侵入花柱、籽粒、穗轴等，使果穗变成灰黑色造成严重减产。1987年2月《人民日报》报道了魏建昆等人首次查明中国存在玉米小斑病菌C小种的消息，同年3月，K J Leoanrd博士在美国植物病理《Plant Disease》刊物上对此作了通讯报道，魏建昆等人（1988）在美国植物病理学（Phytopathology）刊物上全文发表关于C小种的发现。至此，世界上玉米小斑病菌分为T、C、O三个生理小种。

（4）发生地区和时期　玉米小斑病是以叶片上产生小型病斑为主的病害。

1925年首次正式报道，是世界性分布的玉米病害，在局部地区对生产影响严重。玉米小斑病在中国大部分玉米种植区都有发生，以夏玉米区发生为重，西南的低海拔地区、陕西中部、黄淮等地区；其他报道小斑病发生的省份还有东三省、西北部地区。中国玉米小斑病发现于20世纪20年代的江苏，1933年发表正式研究报告。

（5）为害症状　常和大斑病同时出现或混合侵染，因主要发生在叶部，故统称叶斑病。发生地区，以温度较高、湿度较大的丘陵区为主。此病除为害叶片、苞叶和叶鞘外，对雌穗和茎秆的致病力也比大斑病强，可造成果穗腐烂和茎秆断折。其发病时间，比大斑病稍早。发病初期，在叶片上出现半透明水渍状褐色小斑点，后扩大为（5~16）mm×（2~4）mm大小的椭圆形褐色病斑，边缘赤褐色，轮廓清楚，上有2~3层同心轮纹。病斑进一步发展时，内部略褪色，后渐变为暗褐色。天气潮湿时，病斑上生出暗黑色霉状物（分生孢子盘）。叶片被害后，常使叶绿组织受损，影响光合机能，导致减产。

（6）对玉米生长和产量的影响　玉米小斑病主要导致叶片上形成大量枯死病斑，严重破坏叶片光合能力而引起减产。感病品种一般减产10%以上，病害流行时可引起减产20%~30%。早在20世纪，玉米在中国已发展成为仅次于小麦、水稻的第三大作物，在食品、饲料、工业等各个方面都起着重要的作用，在国民经济中占有相当重要的地位。但玉米小斑病的传播，对玉米产生了十分严重的为害，让玉米生产遭受到了极大的经济损失。玉米小斑病是温暖潮湿的玉米产区的重要叶部病害，早在1925年定名前后，世界各国就有不同程度的发生，1970年，小斑病在美国大流行，损失的产值约为10亿美元，因超过1840年欧洲马铃薯晚疫病大流行造成的损失而震动全球。中国江苏省在20世纪20年代就有小斑病的发生，但过去只发生在多雨年份且多在多雨季节的后期流行，很少造成严重损失。20世纪60年代后，由于感病杂交种的大面积推广，小斑病的为害日趋严重，20世纪60年代中期，河北省石家庄和湖北省宜昌由于小斑病的严重发生，导致玉米减产高达80%，甚至毁种绝收，20世纪70年代后，随着抗病品种的推广，小斑病的发生和为害基本得到控制。但由于抗病品种的大面积单一化种植和全球气候的变暖，中国某些玉米产区小斑病仍时有严重发生，损失惨重。

3. 玉米弯孢叶斑病

（1）病原　在我国，玉米弯孢叶斑病主要致病菌为新月弯孢 *Curvularia lunata*（Wakker）Boedi jn，其有性型为新月旋孢腔菌。新月弯孢属无性型真菌类弯孢属。在PDA培养中，菌落圆形，周缘整齐，气生菌丝绒絮状，灰白色，菌落背面呈黑褐色；分生孢子梗单生或丛生，多隔，直立或弯曲，有时分枝，顶部常呈屈膝状合轴式延伸，大小为（70~270）μm×（2~4）μm；分生孢子生于孢子梗的顶侧部，暗褐色，弯曲，有椭圆形、圆柱形、宽纺锤形等，少数呈Y形，向一侧弯曲，多数为3个隔膜间隔的细胞组成，中间2个细胞膨大、色深，两端细胞颜色较淡，大小为（18~32）μm×（8~16）μm；分生孢子以一端或两端萌发为主。有性态新月旋孢腔菌属真菌界，子囊菌门旋孢腔菌属，在自然界中较少见。

（2）传播途径　玉米弯孢叶斑病菌主要以菌丝体在玉米病株残体上越冬，也可以分生孢子越冬。在干燥条件下，潜伏在病残体中的病菌菌丝体和分生孢子可以大量存活。因此，遗弃在田间的病残体，玉米田和村庄附近的秸秆垛成为翌年田间的初侵染源。靠近秸秆垛的玉米植株首先发病，且发生严重，成为田间病害进一步扩散的基础。新月弯孢也能通过黏附在种子表面或以菌丝潜伏在种子内部传播，但这种方式的传播对田间病害流行的作用不明显。

新月弯孢也可侵染水稻、高粱及许多禾本科杂草。因此，这些植株发病后也能够成为新月弯孢叶斑病的侵染源。

（3）流行规律　玉米弯孢叶斑病属于喜高温高湿的病害，病菌分生孢子最适萌发温度为30~32℃，最适湿度为超饱和湿度，相对湿度低于90%则很少萌发或不萌发。

玉米全生育期均可发病，但多在成株期发病。春玉米种植区，玉米抽雄期约在7月上旬，此后进入雨季，田间温度较高，天气条件有利于病菌侵染和植株发病。而在夏玉米区，7—8月正是雨热同步，因此，弯孢叶斑病非常容易发生与流行。在叶片有水膜的情况下，病菌分生孢子数小时即可萌发侵入，经3~4d的潜育期即在叶片上出现症状，10~15d病斑成熟，并产生新分生孢子进行再侵染。高温、高湿、降雨多的年份有利于发病，低洼积水田和连作地块发病较重。

（4）发生地区和时期　玉米弯孢叶斑病，又称拟眼斑病、黑霉病。该病害主要发生在热带和亚热带玉米种植区。中国最早于20世纪80年代在河南新乡地区发现。该病曾在20世纪90年代中后期在华北、东北玉米产区，如辽宁、北京、山东等省（直辖市）大面积严重发生。目前，该病害已在全国主要玉米产区普遍发生，一些地区为害有加重趋势。

（5）为害症状　玉米弯孢叶斑病主要为害叶片，初期为圆形或椭圆形淡黄色褪绿透明斑点，后渐扩大呈圆形、椭圆形或梭形病斑，病斑大小一般为（0.5~4）mm×（0.5~2）mm，最大可达5mm×3mm。病斑中心呈枯白色，边缘红褐色，外围为淡黄色晕圈。在潮湿条件下，病斑正、反面均可产生分生孢子梗及分生孢子，以背面为多，呈灰黑色霉状物。

不同品种或品系症状表现有明显差异。根据病斑大小、形状、颜色等特征，初步分为抗病型（R）、感病型（S）和中间型（M）3种病斑类型；感病型（S）为病斑较大（1~2）mm×（1~4）mm，有较宽的褪绿晕圈，可连片坏死；中间型（M）为病斑小（1~2mm），有明显褪绿晕圈，无连片坏死；抗病型（R）为病斑小（1~2mm），稍显或无褪绿晕圈，无连片坏死。

（6）对玉米生长和产量的影响　玉米弯孢叶斑病发生蔓延迅速，严重时叶部病斑密集联成片，重病地病株率及病叶率高达100%，对玉米的产量造成严重影响。1996年玉米弯孢菌叶斑病在辽宁省暴发流行，发生面积达16.8万 hm^2，有1.6万 hm^2 玉米绝产。严重地区叶片大多枯死，一片枯黄，减产高达50%，损失玉米约2.5亿 kg。北京、山东、河南等地玉米弯孢菌叶斑病发病也较重，仅北京市常年发生面积已达6.7万 hm^2。在开展玉米病害研究期间，在黑龙江省也发现了这种叶部新病害。由于玉米弯孢菌叶斑病是突发性病害，其发生流行将造成严重的经济损失。

4. 玉米褐斑病

（1）病原　玉米褐斑病的病原为玉蜀黍节壶菌 *Physoderma maydis*（Miyabe），属芽枝霉门节壶菌属。玉米褐斑病菌是一种专性寄生菌，在寄主的薄壁细胞内寄生，主要侵染玉蜀黍属植物。玉米褐斑病菌在寄主内发育成休眠孢子囊。休眠孢子囊壁厚，近圆形至椭圆形或球形，黄褐色，一般略扁平，有囊盖。

（2）传播途径　玉米褐斑病菌主要以休眠孢子囊的形式在土壤或病残体中越冬，翌年，在玉米生长季节，休眠孢子囊借气流或风雨传播到玉米植株上，遇到合适条件萌发产生大量的游动孢子，游动孢子在玉米叶表面水滴中游动一段时间后，鞭毛消失，静止短时间后，萌发形成侵染丝侵入玉米幼嫩组织并引起发病。在侵染后的16~20d，进入叶肉组织或薄壁组织细胞内的菌丝形成膨大的营养体细胞，进而形成休眠孢子囊。休眠孢子囊可在玉米组织内萌发，释放出游动孢子继续进行再侵染，这种组织内再侵染在玉米的一个生长季节能进行多次，最终在叶片或叶鞘上形成可见病斑。病斑组织细胞中的休眠孢子囊，随叶片枯死或秸秆还田回到土壤中越冬，待病残体腐烂后散出，翌年传播为害。休眠孢子囊的生活力很强，在干燥条件下，在病残体或者土壤中可以存活3年以上。

（3）流行规律　病菌以休眠孢子（囊）在土地或病残体中越冬，第二年病菌靠气流传播到玉米植株上，遇到合适条件萌发产生大量的游动孢子，游动孢子在叶片表面上水滴中游动，并形成侵染丝，侵害玉米的嫩组织。在7—8月若温度高、湿度大，阴雨日较多时，有利于发病。在土壤瘠薄的地块，叶色发黄、病害发生严重，在土壤肥力较高的地块，玉米健壮，叶色深绿，病害较轻甚至不发病。一般在玉米8~10片叶时易发生病害，玉米12片叶以后一般不会再发生此病害。另外，据调查双亲中含有塘四平头成分玉米品种的易感病，如沈单16号、陕单911、豫玉26等。

（4）发生地区和时期　玉米褐斑病是玉米上常见的一种真菌性病害，一般在玉米生长的中后期发病，在叶鞘和叶脉上形成大小不一圆形或近圆形紫色斑点。中国褐斑病发生区域从黑龙江的克山至云南的腾冲，包括东北三省、内蒙古、黄淮、云南等。玉米褐斑病原先为玉米生产上的次要病害，仅零星发生，2000年以来，随着秸秆还田及免耕技术的推广应用，导致田间菌量增加，2003年玉米褐斑病在山东省和河南省等地发生严重；2004年在黄淮夏玉米区首次大面积流行；2005年、2006年又连续流行。

（5）为害症状　该病一般在玉米六叶一心期至大喇叭口期发病，12片叶以后一般不会再发生此病害。主要发生在玉米叶片、叶鞘及茎秆上，田间可见以下几种类型。①发病由下部叶开始，以叶片与叶鞘连接处病斑最多，并且病斑逐步向叶上部扩展。②发病由叶尖开始，叶尖褪绿，出现不规则的浅褐色小斑，叶肉褪色为红黄色，出现一大片的病斑。③发病部位由叶中部开始，或是中部叶的叶中部开始，叶面先出现褪绿小点，再出现不规则的浅褐色小斑，叶肉褪色为红黄色，出现一大片的病斑。④整叶发病。在叶上大片的病斑呈现一段一段的分布，即一段叶是正常的，一段叶是分布着大片的黄中带粉红色的病斑。⑤叶脉上发生病斑。在以上4种病症的基础之上，叶的主脉上出现比叶面病斑色深的1~2mm大小的红褐色的病斑，这种红褐色的病斑埋在叶脉之中，像锈病的孢子堆。发病后期，病斑表皮破裂，散出褐色粉末。这种症状最为典型，是诊断时最应查看的要紧处。

（6）对玉米生长和产量的影响　玉米褐斑病因为害不很严重，对产量影响较小而不被重视。但在菌源充足和环境条件适宜的情况下也可提早到心叶期发病，在叶片上形成连片病斑，严重时叶片枯死，对玉米生产构成严重威胁。

2005年安徽省宿州市玉米褐斑病发生面积约13.3万 hm²，占该市玉米总种植面积的83.3%，2006年河南省玉米褐斑病暴发，全省种植的200万 hm² 玉米中有近50%的田块不同程度地发生褐斑病，严重地块病株率达到100%，造成叶片干枯，甚至整株死亡。玉米褐斑病造成的产量损失一般为10%~15%，严重的可达30%~40%。产量损失与田间病株率、单株发病程度密切相关。

5.玉米南方锈病

（1）病原 玉米南方锈病的致病菌为多堆柄锈菌 *Puccinia polysora* Underw，属担子菌门柄锈菌属。该菌为专性寄生菌。

多堆柄锈菌夏孢子椭圆形或卵形、少数近圆形，单孢，壁厚淡黄色至金黄色，壁表面有细小突起，芽孔腰生，4~6个。冬孢子形状不规则，常有棱角，多为近椭圆形或近倒卵球形，顶端圆或平截，基部圆或狭，隔膜处略缢缩，表面光滑，栗褐色，壁厚，中间一个隔膜。

（2）传播途径 病原菌产生夏孢子，随风雨传播，辗转为害，在一个生长季节中发生多次再侵染，使病株率和病叶率不断升高，由点片发生发展到普遍发病，在适宜条件下，严重度剧增，造成较大为害。高温（27℃）、多雨、高湿的气候条件适于南方锈病发生，多发生于南方和低海拔地区。玉米南方锈菌也是专性寄生菌，病原菌不能脱离寄主植物而长期存活。夏孢子可随气流远距离传播，进行异地菌源交流。

（3）流行规律 南方锈病以夏孢子越冬，翌年借气流传播成为初侵染源。田间叶片染病后产生夏孢子，可在田间借气流传播，进行再侵染，蔓延扩展。5月下旬见玉米锈菌冬孢子，7月达到高峰，9月中旬又一高峰出现。6月底见夏孢子，8月中旬达高峰。6月中旬至7月中旬为玉米锈病的侵染期，玉米锈病从7月中旬开始发病，夏孢子靠气流传播，重复侵染，8月底为发病盛期。田间发病时先从植株顶部开始向下扩展。温暖高湿有利于孢子的存活、萌发、传播、侵染和发病。地势低洼、种植密度大、通风透气差的地块发病严重，叶色黄、叶片少的品种发病重，偏施或多施氮肥的地块发病重。

（4）发生地区和时期 玉米南方锈病在世界各地均有发生，在中国已有较广泛的发生，但年度间发生区域不同。根据调查，已确定有发生的省份包括辽宁、陕西、山东等，其中常年发生较重的有海南、广东、广西、福建、浙江、江苏等。中国玉米南方锈病在20世纪70年代期间才被发现，当时仅有海南岛和台湾省有发生。直至90年代后期，南方锈病开始在中国夏玉米区发生，一些年份暴发成灾。

（5）为害症状 南方锈病可以发生在玉米植株的所有地上部组织，主要侵害玉米叶片，严重时叶鞘、苞叶和雄花也可受害。发病初期在叶片基部或上部主脉及两侧出现淡黄色针尖般大小的小疱斑，随着病菌的发育和成熟，疱斑扩展为圆形至长圆形，明显隆起，颜色加深至黄褐色，终致表皮破裂散出铁锈色粉状物，散生于叶片的两面，以叶面居多。玉米南方锈病发生严重时叶片上密布孢子堆，甚至多个孢子堆汇合连片，造成叶片干枯，植株早衰，影响叶片的光合作用和籽粒的灌浆成熟，导致玉米产量减产或籽粒失去商品价值。

（6）对玉米生长和产量的影响　在温暖高湿的条件下，南方锈病可引起20%~50%的产量损失。在中国，1996—1998年、2007—2008年多次发生南方锈病的流行，局部地区减产达到20%~30%，目前是夏玉米区和南方玉米区的重要病害之一。在浙江，1997年秋季在春播玉米上大面积爆发南方锈病，1999和2000年玉米南方锈病仍呈现较严重的发生。2004年玉米南方锈病再次暴发，仅河南省的发病面积就达66.7万hm^2，占河南省玉米种植面积的27.8%，严重地区病田率达60%~90%，病株率为31.2%~82.8%。2007—2008年，玉米南方锈病大范围严重发生，病害的北界扩展至北京和辽宁的丹东一带，夏玉米区的大部分品种由于抗病性差，在灌浆中期全株叶片即干枯死亡，生产损失严重。

6.玉米穗腐病

（1）病原　玉米穗腐病为多种病原菌浸染引起的病害。主要有：

➢ 玉米镰孢穗腐病：禾谷镰孢穗腐病（*Fusarium graminearum* Schwabe），拟轮枝镰孢穗腐病（*F.verticillioides*）；

➢ 玉米黄曲霉穗腐病（*Aspergilllus flavus* L. Fr.）：层出镰刀菌（*Fusarium proliferatum*）；

➢ 青霉穗腐病致病菌为草酸青霉菌（*Penicillium oxalicum* Currie Thom）；

➢ 黑曲霉穗腐病致病菌为黑曲霉（*Aspergillus niger* Tiegh）；

➢ 木霉穗腐病致病菌为绿色木霉（*Trichoderma viride* Pers.ex Fr.）。

（2）传播途径　玉米镰孢穗腐病通过多种方式越冬，包括在土壤中腐生，在作物和杂草的病残体上以菌丝或厚垣孢子的方式存活，以及通过在玉米种子表面附着或在种子内部寄生而存活。在土壤或病残体中越冬的镰孢病菌不会因外界的低温和冰雪覆盖影响越冬质量和数量。

在春季，镰孢菌可以直接通过玉米种子的携带而进入玉米的幼苗组织内部并通过维管束系统向上扩展；也可以通过在土壤中的菌丝生长到达玉米根系，然后侵染并在玉米植株内扩展；这两种越冬方式后的侵染，也可以在玉米植株内到达穗轴组织，从内部侵染籽粒，也可以通过引起根腐病、茎腐病等方式增大病菌群体，为后期通过气流或风雨的作用侵染雌穗创造条件。

黄曲霉穗腐病主要在植物病残体上和土壤中以菌丝和分生孢子的形式越冬，也可以通过种子内外的携带越冬。病菌具有较强的腐生能力。

越冬后，病菌通过在植株病残体上的腐生生长产生大量的分生孢子并释放到空气中，通过气流和风雨的作用进行传播，当玉米雌穗受到各种机械损伤、害虫咬食后，病菌就可以通过伤口侵染玉米籽粒，直到引起穗腐病。玉米收获后，残存在病残体和土壤中的病菌再次越冬。

（3）流行规律　该病从玉米吐丝到收获均可发病，但发病盛期为从吐丝到吐丝后三周内，随着玉米籽粒含水量的减少，发病机会逐渐减少。鸟和昆虫的蛀食以及玉米籽粒的生理性破裂和人为造成的籽粒破裂均促进病菌侵染，并由此向周围蔓延。1983年Attwater等报道露尾虫可传播Gibbereallzeae的分生孢子和子囊孢子而引起玉米穗腐。另外，果穗着生状态也是影响发病因素。果穗上部包皮不严且果穗直立易于渗入较多雨水，从而增加发病。病株一般在田块中间植株密集的地方普遍，边缘植株的穗只有因鸟损伤引起粒腐痂。该病可由种子带菌造成系统侵染，但主要的传播途径还是空气传播。气候条件是影响玉米穗腐病的重要因素，但由不同病原菌引起的不同穗腐病对气候条件要求不一。玉米吐丝后干燥、温暖的天气适合 *F. moniliforme* 。穗腐病Gibberella zeae穗腐则要求冷凉、潮湿气候。而对Covticiunrolfsii穗腐病，高温（32~38℃）伴随高湿（60%~80%）促进病害发展。大多数真菌在残留在田间的植株病残体中越冬，成为翌年初侵染源。

（4）发生地区和时期　玉米穗腐病又称玉米穗粒腐病，是由多种病原真菌引起的玉米果穗或籽粒霉烂的总称。在国内，1987年河南省夏邑县，1988年陕西汉中大区11个县普遍发生此病，其后，各玉米产区相继报道穗腐病的发生，在云南玉溪地区，是玉米的主要病害。

（5）为害症状　果穗及籽粒均可受害，被害果穗顶部或中部变色，并出现粉红色、蓝绿色、黑灰色或暗褐色、黄褐色霉层，即病原菌的菌体、分生孢子梗和分生孢子。病粒无光泽，不饱满，质脆，内部空虚，常为交织的菌丝所充塞。果穗病部苞叶常被密集的菌丝贯穿，黏结在一起贴于果穗上不易剥离，仓贮玉米受害后，粮堆内外则长出疏密不等，各种颜色的菌丝和分生孢子，并散出发霉的气味。

（6）对玉米生长和产量的影响　玉米穗腐病（*Fusarium graminearum* Schw），又称玉米穗粒腐病，在各玉米产区都有发生。在一般年份，其发病率为10%~20%，严重年份可达30%~40%，感病品种的发病率高达50%左右。穗粒腐病不仅使玉米产量遭受严重的损失，而且其病原菌产生的多种毒性次生代谢物对人畜具有严重的毒副作用。

1986—1990年的研究结果发现，在玉米穗腐病流行年份，抗病和感病玉米自交系的产量损失分别比常年高21%和35%。在气候因素中，日照时数对发病和产量损失影响较大。同一气候条件下感病系比抗病系产量损失大 52% ~82%。感病品种因穗腐病造成的玉水产量损失比不利的气候因素更为严重。

7. 玉米茎腐病

（1）病原　真菌茎基腐病是由多种病原菌单独或复合侵染造成根系和茎基腐烂的一类病害。主要由腐霉菌、炭疽菌、镰孢菌侵染引起。（1）肿囊腐霉菌（*Pythium* Math.），为鞭毛菌亚门腐霉菌真菌：病菌菌丝纤细，直径 2.5~4.2μm；游动孢子囊呈裂瓣状膨大，形状不规则或球形突起，（34~74）μm×（7~30）μm；藏卵器球形，光滑，直径 13~24μm；雄器异丝，（10.3~13.8）μm×（3.4~6.9）μm，每个藏卵器上有 2~3 个雄器。卵孢子球形，光滑，直径 12~24μm。（2）禾生炭疽菌 *Colletotrichum graminicola*（Ces.）G. W. Wilson 属半知菌亚门炭疽菌属真菌，分生孢子透明或灰黄色，单孢，镰刀状，（3~5）μm×（19~29）μm。瓶梗透明，筒状，（4~8）μm×（8~20）μm。（3）禾谷镰孢菌（*Fusarium graminearum*）又称禾谷镰刀菌，属半知菌亚门真菌。有性阶段为 *Gibberella zeae* Schw. Petch 有分生孢子（无性孢子）和子囊孢子（有性孢子）2 种孢子。分生孢子呈镰孢形，有隔膜 2~7 个，顶端钝圆或略微收缩，基部有明显的足细胞，大型分生孢子，分隔明显，多数有 3 个隔膜，大小为（3~6）μm×（25~72）μm。小型分生孢子极少或没有，无厚膜孢子。

子囊壳散生病部表面，卵形至圆锥状，紫黑色或深蓝色，大小约为（100~250）μm×（150~300）μm。子囊孢子由子囊中释放，子囊无色，呈棍棒状，大小为（8~15）μm×（35~84）μm 内含 8 个子囊孢子。子囊孢子无色呈纺锤形，两端钝圆，大小为（3~6）μm×（16~33）μm，多为 3 个隔膜。

（2）传播途径　病菌可能在土壤中病残体上越冬，翌年从植株的气孔或伤口侵入。玉米 60cm 高时组织柔嫩易发病，害虫为害造成的伤口利于病菌侵入。此外害虫携带病菌同时起到传播和接种的作用，如玉米螟、棉铃虫等虫口数量大则发病重。

（3）流行规律　玉米茎腐病田间以病株残体、病田土壤和种子带菌为初侵染源。高温高湿利于发病；均温 30℃ 左右，相对湿度高于 70% 即可发病；均温 34℃，相对湿度 80% 扩展迅速。地势低洼或排水不良，密度过大，通风不良，施用氮肥过多，伤口多发病重。轮作，高畦栽培，排水良好及 N、P、K 肥比例适当，地块植株健壮，发病率低。

（4）发生地区和时期　玉米茎基腐病，又称青枯型，是世界各玉米产区普遍发生的一种重要土传病害。在中国，该病于 20 世纪 20 年代即有发生为害的报道，目前各玉米产区均有发生。在中国，20世纪50年代河南就发现了玉米茎腐病，新疆60年代也有记载，但正式报道首见于1973年山东的调查。80年代后期至90年代初期是茎腐病发生的一个高峰期。

（5）为害症状　该病为全株表现的侵染性病害。玉米乳熟末期至蜡熟期为症状高峰期，一般从灌浆至乳熟期开始发病。典型症状表现如下。①茎叶青枯型：发病时多从下部叶片逐渐向上扩展，呈水渍状而青枯，而后全株青枯。有的病株出现急性症状，即在乳熟末期至蜡熟期全株急剧青枯，没有明显的由下而上逐渐发展的过程，这种情况在雨后忽晴天气时多见。②茎基腐烂型：植株根系明显发育不良，根少而短，病株茎基部变软，根茎基部及地面上1~3节间多出现黑色软腐，遇风易倒折，在潮湿时病部初期出现白色、后期为粉色霉状物。③果穗腐烂型：有的果穗发病后下垂，穗柄变柔软，包叶青枯不易剥离，病穗籽粒排列松散，易脱粒，粒色灰暗，无光泽。

（6）对玉米生长和产量的影响　该病害不但引起因玉米籽粒灌浆不足而导致减产，更因发病植株极易发生茎秆倒折或植株早衰而引起减产，茎腐病引起植株的水分与养分供应失调，导致雌穗的粒数和千粒重下降，发病率每增加1%，单粒籽数损失率提高0.485%，千粒重损失率提高0.304%。当病害发生较早时，也影响雌穗的穗长、穗粗以及籽粒出产率。茎腐病发生越早、发病率越高、发病程度越重，产量损失越大。

8.玉米瘤黑粉病

（1）病原　玉米瘤黑粉病的致病菌为玉蜀黍黑粉菌 Ustilago maydis（DC.）Corda，属真菌担子菌亚门黑粉菌属。病瘤散出的黑粉为病菌的冬孢子。冬孢子暗褐色或浅橄榄色球形或椭圆形，壁厚，表面有细刺状突起，大小为8~11μm。冬孢子萌发产生3个隔膜分成4个细胞的先菌丝，在先菌丝顶端和分隔处形成4个担孢子。担孢子无色，梭形或略弯曲。担孢子和次生担孢子均可萌发产生侵染丝。病菌冬孢子没有休眠期，成熟后即可萌发侵染。

（2）传播途径　黑粉病的病原菌主要以冬孢子在土壤中或在病株残体上越冬，成为翌年的侵染菌源。混杂在未腐熟堆肥中的冬孢子和种子表面污染的冬孢子，也可以越冬传病。越冬后的冬孢子，遇到适宜的温、湿度条件，就萌发产生担孢子，不同性别的担孢子结合，产生双核侵染菌丝，从玉米幼嫩组织直接侵入，或者从伤口侵入。越冬菌源在整个生育期中都可以起作用。生长早期形成的肿瘤，产生冬孢子和担孢子，可以再侵染，从而成为后期发病的菌源。瘤黑粉病菌的冬孢子、担孢子可随气流和雨水分散传播，也可以被昆虫携带而传播。

玉米瘤黑粉病是一种局部侵染的病害。病原菌在玉米体内虽能扩展，但通常扩展距离不远，在苗期能引起相邻几节的节间和叶片发病。

（3）流行规律 病菌以冬孢子在土壤中及病残体上越冬。成为第2年的初次浸染源，混有病残体的堆肥也是初次浸染源之一，初侵染来源的冬孢子在适宜条件下萌发产生担孢子和次生担孢子，担孢子和次生担孢子经风雨传播至玉米的幼嫩组织或心叶叶旋内。担孢子在有水滴的情况下很快萌发，侵染丝穿透寄主表皮或从伤口侵入。菌丝在寄主组织中生长发育，并产生吲哚乙酸，刺激寄主局部组织细胞旺盛分裂，逐渐肿大成菌瘿，并在菌瘿中产生大量冬孢子，菌瘿成熟后破裂，冬孢子散出随风传播，可不断引起再侵染。在抽穗期前后30d内是玉米瘤黑粉病的盛发期，玉米抽雄前后如遇干旱，又不能及时灌溉，常造成玉米生理干旱，膨压降低，抗病力变弱，有利于病菌的浸染和发病。田间高温多湿易于结露，以及暴风雨过后，造成大量损伤，都会造成严重发病。连作田、高肥密植田往往发病较重。植株地上幼嫩组织和器官均可发病，病部的典型特征是产生肿瘤。病瘤初呈银白色，有光泽，内部白色，肉质多汁，并迅速膨大，常能冲破苞叶而外露，表面变暗，略带浅紫红色，内部则变灰至黑色，失水后当外膜破裂时，散出大量黑粉，即病菌的冬孢子。雌穗发病可部分或全部变成较大肿瘤，叶上发病则形成密集成串小瘤。

（4）发生地区和时期 玉米瘤黑粉病又称普通黑粉病，广泛分布于世界各玉米产区。在中国，该病发生历史较久，分布普遍，为害严重，是玉米生产上的重要病害之一。

近年来，随着玉米种植面积的扩大和种植品种的增多，玉米瘤黑粉病在许多地方严重发生，区域不断扩大，损失日益增加，为害程度呈逐年加重的趋势。甘肃省武威市2005年玉米瘤黑粉病发生面积达2.98万 hm^2，占玉米种植面积的70.5%，重发面积达到1.58万 hm^2，当年玉米减产超过2 000万 kg，对商品玉米生产构成了严重威胁，同时对玉米杂交种的生产也产生了很大的影响，造成了较大的损失。

（5）为害症状 瘤黑粉病的主要诊断特征是在病株上形成膨大的肿瘤。玉米的雄穗、果穗、气生根、茎、叶、叶鞘、腋芽等部位均可生出肿瘤，但形状和大小变化很大。肿瘤近球形、椭球形、角形、棒形或不规则形，有的单生，有的串生或叠生，小的直径不足1cm，大的长达20cm以上。肿瘤外表有白色、灰白色薄膜，内部幼嫩时肉质，白色，柔软有汁，成熟后变灰黑色，坚硬。玉米瘤黑粉病的肿瘤是病原菌的冬孢子堆，内含大量黑色粉末状的冬孢子，肿瘤外表的薄膜破裂后，冬孢子分散传播。

玉米病苗茎叶扭曲，矮缩不长，茎上可生出肿瘤。叶片上肿瘤多分布在叶片基部的中脉两侧，以及相连的叶鞘上，病瘤小而多，常串生，病部肿厚突起，成泡状，其反面略有凹入。茎秆上的肿瘤常由各节的基部生出，多数是腋芽被侵染后，组织增生，形成肿瘤而突出叶鞘。雄穗上部分小花长出小型肿瘤，几个至十几个，常聚集成堆。在雄穗轴上，肿瘤常生于一侧，长蛇状。果穗上籽粒形成肿瘤，也可在穗顶形成肿瘤，形体较大，突破苞叶而外露，此时仍能结出部分籽粒，但也有的全穗受害，变成为一个大肿瘤。

（6）对玉米生长和产量的影响　玉米瘤黑粉病又称黑穗病，俗称灰包、乌霉，是由玉米黑粉病菌侵染所引起的一种真菌病毒。该病对玉米的为害，主要是在玉米生长的各个时期形成菌瘿，破坏玉米正常生长发育所需要的营养，并且造成空秆，所致损失也很大。一般大面积估产，减产率为病株率的1/3，生产上一般病田病株率为5%~10%，发病严重的可达70%~80%，有些感病的自交系甚至高达100%。近年来，由于春旱秋涝和病菌残留处理不当，造成了大部分玉米产区均有发生，山区发生更为普遍，发病率在20%~60%，是玉米主要病害之一，减产也因发病时期、病瘤大小及发病部位不同而异。

9. 玉米丝黑穗病

（1）病原　玉米丝黑穗病的致病菌为玉米孢堆黑粉菌 *Sphacelothe careiliana*（Kühn）Clint.，属真菌担子菌亚门孢堆黑粉菌属。

病株黑穗内的黑粉为病菌的冬孢子。冬孢子褐色、暗紫色或赤褐色，球形或近球形，壁表面具明显细刺，大小为 7~15μm。冬孢子间有时混有无色、球形或近球形的不育细胞。冬孢子未成熟前集合成孢子球，成熟后分散。成熟的冬孢子在适宜条件下萌发，产生具3个分隔的先菌丝，侧生担孢子，担孢子有可芽生次生担孢子，担孢子无色，单孢，椭圆形。

（2）传播途径　病菌在土壤、粪肥或种子上越冬，成为翌年初侵染源。种子带菌是远距离传播的主要途径。厚垣孢子在土壤中存活 2~3 年。幼苗期侵入是系统侵染病害。玉米播后发芽时，越冬的厚垣孢子也开始发芽，从玉米的白尖期至4叶期都可侵入，并到达生长点，随玉米植株生长发育，进入花芽和穗部，形成大量黑粉，成为丝黑穗，产生大量冬孢子越冬。玉米连作时间长及早播玉米发病较重；高寒冷凉地块易发病。沙壤地发病轻。旱地墒情好的发病轻；墒情差的发病重。

（3）流行规律　病菌以厚垣孢子（病部的黑粉）散落在土壤中，混入粪肥里或黏附在种子表面越冬，成为翌年的初侵染源。土壤里的病菌是主要的初侵染源，其次是粪肥，种子最少，但种子表面携带的病菌是远距离传播的主要途径。厚垣孢子抵抗不良环境的能力很强，一般能在土壤中存活 3 年甚至更长的时间，即使经过牲畜体内消化后，在粪便里仍能保持很强的活力。玉米播种后，厚垣孢子与种子同时发芽，从胚芽鞘、根颈以下部位及根部侵入并蔓延至玉米苗的生长点，随玉米植株一起向上生长扩散。病菌从玉米种子萌发开始至 5 叶期甚至更长时期都可侵染，但最适侵染的时期是种子萌发至 3 叶期前，特别是幼芽期最易侵染，4 叶以后侵染力显著下降。该病只有苗期的初侵染，田间植株间并不互相传染。玉米丝黑穗病菌和高粱丝黑穗病菌虽能互相侵染，但侵染率极低。中国各地收集的玉米丝黑穗病菌致病力无明显差异，在玉米上仅有 1 个生理小种。该病每年的发病程度取决于土壤里的病菌数量、品种抗病性、种子质量、整地播种质量以及玉米 5 叶期以前土壤的温湿度条件。玉米品种间抗病性差异十分显著，品种抗病性的强弱不仅影响当年发病的轻重，而且在很大程度上决定着土壤病菌的逐年累积速度。玉米重茬种植年头越多，土壤里积累的病菌量就越多，所以发病就越重。如之前种过抗病性弱的玉米品种，则地里病菌量就多。春玉米播种过早，由于地温低，拉长了玉米发芽出苗时间和幼苗期，致使病菌侵染机会增多，所以播种越早，相对发病越重。玉米播种至出苗期间的土壤温湿度条件与病害发生程度关系最为密切，当土壤温度在 21~28℃，相对湿度在 15%~25% 时，最适于病菌侵染。病原菌与幼苗的生长适温一致，春季干旱或低温延迟了玉米种子出苗时间，从种子萌发到出苗时间越长，幼苗感病就越多。此外，阴冷的地块和墒情差的地块发病较重，春旱年份常为病害的流行年。

（4）发生地区和时期　玉米丝黑穗病又称乌米、哑玉米，在华北、东北、华中、西南、华南和西北地区普遍发生。此病自 1919 年在中国东北首次报道以来，扩展蔓延很快，每年都有不同程度发生。从中国来看，以北方春玉米区、西南丘陵山地玉米区和西北玉米区发病较重。20 世纪 80 年代，玉米丝黑穗病已基本得到控制，但仍是玉米生产的主要病害之一。

近两年，在我国大多数玉米产区均不同程度地发生玉米瘤黑粉病和玉米丝黑穗病。2005 年，经对淄博地区玉米地采点观测，整个地区玉米病害多以玉米瘤黑粉病和玉米丝黑穗病发生严重，玉米叶片发病率较低，感病地区平均减产 3%~5%，田间病害多以玉米果穗及植株茎秆发病为主，减产 11%~17%。另外，瘤黑粉病还能引起死苗及空秆（病株正常株高，不结穗）发生。

（5）为害症状　主要侵害玉米雌穗和雄穗。一般在出穗后显症，但有些自交系在苗期显症，在 4~5 叶上生 1~4 条黄白条纹；另一种植株茎秆下粗上细，叶色暗绿、叶片变硬、上挺如笋状；还有一些二者兼有或 6~7 片叶显症。雄穗染病有的整个花序被破坏变黑；有的花器变形增生，颖片增多、延长；有的部分花序被害，雄花变成黑粉。雌穗染病较健穗短，下部膨大顶部较尖，整个果穗变成一团黑褐色粉末和很多散乱的黑色丝状物；有的增生，变成绿色枝状物；有的苞叶变狭小，簇生畸形，黑粉极少。偶而侵染叶片，形成长梭状斑，裂开散出黑粉或沿裂口长出丝状物。病株多矮化，分蘖增多。

（6）对玉米生长和产量的影响　主要为害玉米的果穗和雌花，一旦发病，通常全株颗粒无收。一般年份发病率2%~8%，个别重病地块可达60%~80%。20世纪60~70年代，该病在中国曾严重发生；80年代由于应用一些抗病品种使该病一度得到控制；90年代至21世纪初，东北、华北等地玉米丝黑穗病再度暴发流行，并有上升趋势，是玉米生产上的主要威胁之一。

10. 玉米纹枯病

（1）病原　玉米纹枯病的病原菌有立枯丝核菌（*Rhizoctonia solani*）、玉蜀黍丝核菌（*R.zeae*）和禾谷丝核菌（*R.cerealis*）3种等土壤习居菌侵染引起的土传病害，其中，玉蜀丝核菌常为害果穗导致穗腐。禾谷丝核菌主要侵害小麦，而玉米纹枯病的主要病原菌是立枯丝核菌。

玉米纹枯病病原菌在PDA培养基25℃下培养，初生菌丝无色，较细，直径4.35~10.05μm，分隔距离较长，主枝30.45~282.75μm，分枝30.45~181.25μm。分枝处有一般丝核菌典型的分隔和缢缩的特点，一般培养2d，菌落就可布满全皿，2~3d后，在培养皿周围产生白色的菌核，后菌核变褐色，表面粗糙大小不一；菌株生长适温为26~30℃，低于7~10℃或高于38~39℃时，停止生长；而菌核形成温度范围为11~37℃，最适温度为22℃。菌核在26~32℃和相对湿度（RH）95%以上时，10~12h就可萌发产生菌丝。病菌生长适宜的pH值为5.4~7.3，RH在85%以上时菌丝才能侵入寄主；日光对菌核形成有刺激作用，但也抑制生长，菌核对紫外线有极强的抗性。

（2）传播途径　病菌以菌丝和菌核在病残体或在土壤中越冬。翌春条件适宜，菌核萌发产生菌丝侵入寄主，后病部产生气生菌丝，在病组织附近不断扩展。菌丝体侵入玉米表皮组织时产生侵入结构。接种6d后，菌丝体沿表皮细胞连接处纵向扩展，随即纵、横、斜向分枝，菌丝顶端变粗，生出侧枝缠绕成团，紧贴寄主组织表面形成侵染垫和附着胞。电镜观察发现，附着胞以菌丝直接穿透寄主的表皮或从气孔侵入，后在玉米组织中扩展。接种后12d，在下位叶鞘细胞中发现菌丝，有的充满细胞，有的穿透胞壁进入相邻细胞，使原生质颗粒化，最后细胞崩解；接种后16d，AG-ⅡA从玉米气孔中伸出菌丝丛，叶片出现水浸斑；24d后，AG-4在苞叶和下位叶鞘上出现病症。再侵染是通过与邻株接触进行的，所以该病是短距离传染病害。

（3）流行规律　玉米纹枯病以遗留在土壤中和病残株上的菌丝、菌核越冬。病株上的菌丝经越冬后仍能存活，为其初侵染源和多侵染源的来源之一。通过病株上存活的菌丝接触寄主茎基部表面而发病。发病后，菌丝又从病斑处伸出，很快向上，向左右邻株蔓延，形成第二次和多次病斑。病株上的菌核落在土壤中，成为第二次侵染源。形成病斑后，病菌气生菌丝伸长，向上部叶鞘发展，病菌常透过叶鞘而为害茎秆，形成下陷的黑色斑块。湿度大时，病斑长出很多白霉状菌丝和孢子。孢子借风力传播而造成再次侵染。也可以侵害与病部接触的其他植株。

（4）发生地区和时期　玉米纹枯病（Corn sheath blight）是世界上玉米产区广泛发生、为害严重的世界性病害之一。在国外，Voorhees首次报道了美国南部发生的由 Rhizoc-toniszeae 引起的玉米果穗丝核菌病，20世纪60—70年代印度、日本、南非、法国、前苏联等国家相继报道玉米纹枯病的发生。在中国，玉米纹枯病最早于1966年仅见吉林省有发生的记载，继吉林省之后，辽宁、湖北、广西、河南、山西、浙江、陕西、河北、四川、山东和江苏等省区均有陆续发生的报道。20世纪70年代后，随着玉米种植面积的扩大，杂交种的推广应用，施肥量及种植密度的提高，玉米纹枯病的发生、发展和蔓延日趋严重，已成为中国玉米产区的主要病害之一。特别在西南玉米种植地区，由于玉米生长期气温高、湿度大，纹枯病已经成为玉米第一大病害。

（5）为害症状　玉米纹枯病从苗期至生长后期均会发病，但主要发生在抽雄期至灌浆期，主要侵害叶鞘，其次是叶片、果穗及苞叶。发病严重时，能侵入坚实的茎秆。最初多由近地面的1~3节叶鞘发病，后侵染叶片并向上蔓延。其症状为在叶片和叶鞘上形成典型的呈暗绿色水侵状的同心斑、椭圆形或不规则形斑，中央灰褐色，常多个病斑扩大汇合成云纹状斑块，包围整个叶鞘直至使叶鞘腐败，并引起叶枯。病斑向上扩展至果穗受害，苞叶上同样产生褐色云纹状病斑，内部籽粒、穗轴均变褐色腐烂。环境高温多雨时，病斑上长出稠密白色菌丝体，病部组织内或叶鞘与茎秆间常产生褐色不规则颗粒状菌核，成熟的菌核多为扁圆型，大小不一，一般似萝卜种子大小；菌核在29~33℃时形成最多，极易脱离寄主，遗落田间。

（6）对玉米生长和产量的影响　玉米纹枯病（Corn sheath blight）在中国最早于1966年在吉林省有发生报道。20世纪70年代以后，由于玉米种植面积的迅速扩大和高产密植栽培技术的推广，玉米纹枯病发展蔓延较快，已在全国范围内普遍发生，且为害日趋严重。一般发病率在70%~100%，造成的减产损失在 10%~20%，严重的高达 35%。由于该病害为害玉米近地面几节的叶鞘和茎秆，引起茎基腐败，破坏输导组织，影响水分和营养的输送，因此造成的损失较大。

第二节　防治措施

一、玉米病毒病防治措施

玉米病毒病的防治比较困难，目前对已经发病的植株没有有效的治疗药剂。在防治上要以综合防治为主，单一的技术手段很难达到理想的防治效果。

（一）应用和选育抗病品种

1.因地选用抗（耐）病品种

种植抗病、耐病品种可降低病害的发病率或推迟显症时间，降低产量损失。

（1）玉米粗缩病　目前，玉米生产中应用的主栽品种缺少抗玉米粗缩病的专用品种，但品种间感病程度仍存在一定差异。表现耐病的品种有农大 108、青农 105、金海 5 号、吉东 4 号、鲁单 50、鲁单 53、登海 3622、苏玉 19、丹玉 86、雅玉 8 号、农大 3138 以及农大 108 等。上述品种在粗缩病中度发生情况下，表现中抗水平，但在灰飞虱迁飞高峰期的 5 月份播种，发病率仍为 100%。

（2）玉米矮花叶病　不同玉米品种对矮花叶病存在着抗性差异。中国生产中主推的具有较好抗性的品种有：浚单 20、浚单 18、京科 308、京科 25、登海 3 号、金海 5 号、中科 4 号、中科 11、滑 986、鲁单 9006 等，还有隆平 206、金海 604、金海 702、郑单 958、浚单 22、蠡玉 16、濮单 5 号、农大 108、农大 3138、新单 22、唐抗 5 号、安玉 12、鲁单 50、豫玉 22、大丰 26、渝单 9 号、安森 7 号、并单 390、永玉 3 号、晋单 56 等。

（3）玉米条纹矮缩病　根据文献资料，苏玉 9 号、10 号，农大 108，金海 5 号等品种抗性较好。

（4）玉米鼠耳病　生产上推广的大多数玉米品种都容易感染该病，目前还没有发现完全免疫的品种。某些品种如登海 19 发病后，病势扩展慢，具有很强的恢复能力，对产量影响较小，另一些则有可能造成绝产。

2.加强抗病育种

（1）玉米粗缩病　国内通过带毒灰飞虱人工接种和重病区自然感病鉴定等方法已对大量玉米材料进行了抗性鉴定，未发现对粗缩病免疫的种质，抗性材料也不多见。美国 78599 系、PB 亚群、四平头亚群对玉米粗缩病抗性相对较好，由于高抗玉米粗缩病种质资源相对偏少，限制了抗玉米粗缩病育种进程。研究发现即使抗病杂交组合的亲本之一达到高抗或中抗水平，杂交后代的抗病性表现也只介于双亲之间，很少出现超双亲现象。

（2）玉米矮花叶病　中国在 90 年代后期开展了育种材料对矮花叶病的抗性鉴定，发现了一些对甘蔗花叶病毒抗性较好的自交系，如黄早四、获白、齐318、齐 319、K12、X178、哲 4678、哲 357、中自 01、赤 L031、赤 L022、宁 74 和 2019 等。同时，也证明了许多骨干自交系如 Mo17、自 330、B73、掖478、掖 107、丹 340、齐 205、E28、5003 等为高感矮花叶病毒。经过系谱分析，发现兰卡斯特、瑞德和旅大红骨亚群的自交系对矮化叶病抗性低，而 PB亚群材料抗性较高，唐四平头亚群具有中等抗性。

（二）切断传播途径

玉米病毒病的传播主要依靠昆虫作为传毒媒介，如灰飞虱传播粗缩病，蚜虫传播矮花叶病和红叶病，这就造成病毒病的流行和昆虫的发生时间、虫口密度、严重程度、带毒虫率密切相关。当玉米最易感病期和蚜虫、灰飞虱的迁飞或为害期相遇，就可加重病害的发生。因此，调整播期，使玉米苗期避开蚜虫、灰飞虱的迁飞、为害高峰期，降低昆虫的传毒机率；集中成片种植，可防止昆虫在不同时期播种、不同熟期的寄主作物间迁移传病。

调整播期是目前控制玉米粗缩病最有效的措施，将播期尽量调整到使玉米感病敏感期避开灰飞虱成虫迁飞盛发期，以降低粗缩病发病率。在小麦玉米连作区，避免在 4 月下旬至 6 月上旬播种玉米。春播玉米要提前到 4 月上旬播种，夏玉米播种应推迟到 6 月 10 日后，重发区应推迟到 6 月 15 日以后，蒜茬、油菜茬等半夏播玉米推迟到 6 月中旬或改种其他作物。

春玉米适当早播，可避开蚜虫从小麦田到玉米田迁飞的高峰，一定程度上可以降低玉米矮化叶病的发病。另外，玉米矮花叶病能够通过种子传播，因此，加强制种田中矮花叶病的防控，尽量选择在无病区制种，确保种子健康，不携带病毒。

（三）农艺措施

1. 调整田间种植结构和种植方式

对于粗缩病，小麦玉米连作区为常发区，要改麦田套种为免耕直播，提倡连片种植，利于隔离和集中防治灰飞虱；在水稻、小麦、玉米混种区，要减少稻茬麦，水稻收获后稻田要翻耕再种植小麦，降低灰飞虱在水稻和小麦间的转移率，消灭稻茬越冬若虫，或种植灰飞虱不寄生的油菜、豌豆、蚕豆等作物；水稻适当晚播，减少小麦与水稻的共存时间，减少灰飞虱越冬虫量。对于玉米矮花叶病，在病害常发区，可以采用地膜覆盖的种植方式，覆盖地膜既可以保温保墒，促进种植萌发和植株生长，又可以减少蚜虫的迁入数量，可有效降低幼苗发病率，减轻病害发生。

2. 清除田间杂草

及时清除玉米田间地头杂草，破坏传毒昆虫的滋生和繁殖的场所，既能减少毒源，又能减低越冬虫源基数。

3. 加强栽培管理，适当增加播种量

合理施肥，N、P、K 均衡；播种后加强管理，及时追肥、浇水、除草，促进玉米健壮生长，增强玉米抗耐病能力；晚定苗，间病苗，特别是玉米矮花叶病，要及时拔除病苗，以减少病害的传播中心。重病区增加 20% 播种量，再结合分期间定苗拔除病株，可有效减低产量损失。

4. 加强测报

加强对传毒昆虫的预测预报网络体系，监控其种群数量、迁飞高峰期和迁飞规律，为及时调整栽培措施及合理田间化学防治提供精确的数据支持。

（四）化学防治

1. 种子包衣

利用内吸性杀虫剂对小麦种子拌种或包衣，降低越冬虫源数量；对玉米种子包衣，对减缓病害田间流行有较好效果。常用药剂为 70% 噻虫嗪和 70% 吡虫啉种衣剂。

2. 喷雾防治

麦田喷雾杀虫，压低越冬虫源基数。玉米田喷雾杀虫，对延迟发病有一定作用。常用喷雾药剂及使用剂量：10% 吡虫啉可湿性粉剂 2 000 倍液、25% 噻虫嗪水分散粒剂 4 000 倍液、50% 吡蚜酮水分散剂 2 500 倍液、3% 啶虫脒乳油 2 000 倍液、25% 噻嗪酮可湿性粉剂 2 000 倍液。每隔 5d 喷 1 次，连喷 2~3

次，喷雾时要把药液喷到玉米心叶叶鞘内，并要注意喷洒田边和地内杂草。

3. 使用病毒抑制剂

在病毒病重发地区，在病害发生前喷洒盐酸吗啉胍、三氮唑等病毒钝化剂或其他植物诱抗剂，虽然不能杀灭植株体内的病毒，但是可以减轻或延缓病毒病症状的出现。

二、细菌病害防治措施

（一）应用和选育抗病品种

玉米品种对细菌性茎腐病的抗性，尚未见系统研发报道。田间观察表明，不同玉米品种间的发病率存在差异，一般来说，马齿形玉米的抗病力较强，爆裂型次之，甜玉米最易感病；早熟品种的抗病能力比晚熟品种弱。在病害的常发生区，应种植在当地表现抗细菌性茎腐病的品种。

（二）切断传播途径

抓好施肥环节，突出以"配合"为重点。随着育种水平和单产水平的不断提高，对单一使用氮磷肥和"一炮轰"施肥方式已不符合生产的需要。实践证明，要想高产，必须配合有机肥和钾肥及微肥。为此，改变施肥方法，推广配方施肥。施优质土杂肥 30 000~45 000kg/hm^2，纯氮 210~240kg/hm^2，五氧化二磷 90~120kg/hm^2，氧化钾 90~120kg/hm^2，硫酸锌 15~22.5kg/hm^2。大力提倡推广高含量复合肥和复混肥，配以高含量氮肥。值得提出的是，要想使小麦持续高产稳产，培肥地力是关键。抓好病虫害防治环节，突出以"预防"为重点。改"治"重于"防"，以"防"或"防早防小"的做法。在具体操作上对地下害虫和中后期的纹枯病、散黑穗病等病虫害进行土壤消毒和药剂拌种或采用种子包衣。实践证明，这样改进用药量少、用时少、防效好，成本低。

（三）农艺措施

1. 与非寄主作物轮作

与大豆等其他食用豆类作物或紫花苜蓿等轮作。

2. 清洁田园

发现发病植株及时拔除病株，携出田外集中烧毁，控制病害扩展与蔓延。重病田收获后，及时清洁田园，消除病残体，防止菌源扩散或越冬，减少翌年初侵染源。当相邻地块有病害发生时，应及时喷药预防。

3.加强栽培管理

科学施肥，多施充分腐熟的有机肥，勿偏施 N、P、K 肥施用比例适当且植株健壮的田块发病轻。同时，应避免在低洼地种植玉米，高畦栽培，注意开沟排水，雨后清沟、排渍、降湿。在 6 月干旱时严禁大雨漫灌，7—8 月密切关注当地天气预报，在旱涝不均的情况下，如连降暴雨要及时排水，防止湿气滞留而引起该病害重发为害。另外，在田间作业时，尽可能减少机械损伤，以免增大病菌侵入的概率。

（四）化学防治

玉米细菌性茎腐病的发病部位在茎部，发病后用农药治疗，药液很难进入发病部位，治疗效果差，因此防治必须以防为主，发病后按照"标本兼治"原则进行。

1.预防

根据玉米细菌性茎腐病的发病规律，可在玉米定植后 8~10d、大喇叭口期前 5d 以及授粉结束后 7d 内，选用 30% 杀菌特 400 倍液，或 50% 多菌灵，或 60% 百菌清 500 倍液等全田喷雾，防止该病的发生。

2.治疗

（1）喷雾 在发病初期或大喇叭口期，选用 58% 甲霜灵·锰锌可湿性粉剂 600 倍液，或用 25% 络氨铜 500 倍液，或用 25% 叶枯灵，或用 20% 叶枯净可湿性粉剂，或用 77% 可杀得 600 倍液，或用 30% 杀菌特 400 倍液，或用 72% 农用链霉素 4 000 倍液，或用 1% 新植霉素 3 000 倍液等全田喷雾进行防治；发病后立即喷施 5% 菌毒清水剂 600 倍液，或用农用硫酸链霉素 4 000 倍液，或用 25% 瑞毒 WP600 倍液，可有效控制病害发展。

（2）灌根 在发病初期，用强氯精 600 倍液，或用 72% 农用链霉素 4 000 倍液等药剂灌根进行防治。

（3）茎秆涂抹药液 必要时，用熟石灰 1kg 对水 5~10kg，于发病初期在发病中心剥开叶鞘，在病部涂刷石灰水，有较好的防治效果。

三、真菌病害防治措施

（一）应用和选育抗病品种

1.因地选用抗（耐）病品种

（1）玉米大斑病 防治该病应推广以种植抗病品种为主的综合防治措施，

加强农业防治，配合必要的药剂防治。

在大斑病发生较重的地区，可以种植丰产性好的抗病品种。经鉴定，一些品种如郑单958、农大108、四单19、沈单16、沈单10、吉单180、本玉9号、东单60、吉单209、丹玉39、龙单13、登海11、通单24、川单23、登海3号等对大斑病具有一定的抗性，各地因地制宜选种推广抗病品种。

（2）玉米小斑病　因地制宜选种抗病杂交种或品种。如掖单4号、掖单2号、掖单3号、沈单7号、丹玉16号、农大60、农大3138、农单5号、华玉2号、冀单17号、成单9号、成单10号、北大1236、中玉5号、津夏7号、冀单29号、冀单30号、冀单31号、冀单33号、长早7号、西单2号、本玉11号、本玉12号、辽单22号、鲁玉16号、鄂甜玉11号、鄂玉笋1号、滇玉19号、滇引玉米8号、陕玉911、西农11号等。

（3）玉米弯孢叶斑病　玉米品种间对玉米弯孢叶斑病抗病性存在明显差异，但表现高抗的品种极少。在病害发生严重地区，可选择具中抗水平或耐病性较好的品种，以减少病害造成的损失。具有一定抗病水平的品种有：农大108、吉单209、东单13、郑单19、浚单18、鲁单50、金海5号、辽单565、强盛1号等。

（4）玉米褐斑病　选择抗病性较强的品种，可以有效降低病害的为害。目前，抗病性较强的品种有：豫玉22号，郑单22、23等。重病区要适当压缩浚单20号、郑单958、冀单18号、冀单20号、中科4号、新单23等感病品种种植面积。

（5）玉米南方锈病　不同品种间抗病性有明显差异，应选择种植在当地生产中表现抗病或中等抗病的品种。目前在生产中表现抗病的品种为鲁单50、鲁单981、豫玉22、会单4号、户单2 000等少数品种。

（6）玉米穗腐病　对于发病较重的地区要考虑品种的抗病性，要根据当地的情况有所选择地种植。

利用抗病品种是防治玉米穗腐病最为有效的措施，而亲本自交系的抗性直接影响杂交种的抗性，组配基础材料时应选择抗性好的自交系。选用国内骨干自交系、自选系共90份研究发现，郑32、沈137、488、鲁原92等15份自交系玉米穗粒腐病子粒病害严重程度百分率低，发病籽粒少于3%，为高抗材料；8112、获唐黄、Mo17、9046、478、自330等27份自交系玉米穗粒腐病籽粒病害严重程度百分率较低，在4%~10%范围内，属于中抗材料；477、153A和CN 12916等13份自交系玉米穗粒腐病籽粒病害严重程度百分率较高，属于中感材料；842、Y4等25份自交系玉米穗粒腐病籽粒病害严重程度百分率高，属于感病材料；78501、熊掌、K 22 等 10 份自交系，发病程度最高，属于高感材料。对 178 份玉米自交系和 15 份玉米杂交种进行抗玉米穗腐病鉴定，筛选出高抗玉米自交系 X178，抗病玉米自交系沈 137、4F1、齐 319 等 34 份，抗病玉米杂交种沈单 16、川单 13 等 12 份，没有发现高抗的玉米杂交种。

（7）玉米茎腐病 近年该病上升与部分育种材料抗病性差，耕作栽培条件改变有很大关系。因此，选用抗病自交系，培育抗病杂交种是首要防治措施。

（8）玉米瘤黑粉病 生产实践证明，玉米品种的抗病性强弱不仅决定当年的玉米发病程度，而且也影响着土壤中病菌的增长速度。选用抗病品种是防治玉米瘤黑粉病最有效的措施。育种科研部门应加快选育抗病、高产、优质的品种，以控制病害的流行蔓延。

（9）玉米丝黑穗病 玉米不同品种以及杂交种和自交系间的抗病性差异明显，选用抗病品种是防治丝黑穗病的最根本措施。淄博地区选用抗病品种，除抗逆性好的郑单 958 及稀植大穗品种农大 108 外，根据当地农民种植习惯多以选用白轴、耐密、活秆成熟品种（如金海 601）为宜，并可以适时晚播。

（10）玉米纹枯病 玉米不同品种以及杂交种和自交系间的抗病性差异明显。选用抗病品种是防治纹枯病的最根本措施。具有耐病性的品种有：农单 3139、吉单 342、成单 22、雅玉 10 号、登海 3 号、成单 23 等。

2. 加强抗病育种

培育抗病品种是经济有效的防治方法。在防治传染快、潜育期短、面积大的气传和土传病害如小麦锈病，稻瘟病，棉花枯、黄萎病等方面应用尤为普遍。为防止抗病品种遗传基因单一化，可利用诱发病圃或人工接种方法，鉴定对不同病原物和不同专化小种的抗病品种，通过杂交，集中多个抗病主效基因于一个或几个栽培品种，并结合农艺性状优良和高产育种，培育出高产优质的多抗性和兼抗性品种。还可利用植物体细胞杂交，导入抗病基因，以及将植物的抗病物质通过细胞质遗传以提高植物的抗病性。

（二）切断传播途径

有计划地实行轮作倒茬，避免重茬、迎茬种植。在种植形式上，要变等行距播种为宽、窄行种植，变大面积平播为高、矮秆作物间作套种，以改善田间通风、透光条件，促进玉米健壮生长。玉米收获后，平川区要积极组织机深耕，将秸秆粉碎直接还田。山坡丘陵区要及时刨拾根茬，清除秸秆、落叶，集中高温沤肥；在秋耕的基础上，抓住冬、春季节多次碾压土地、耙耱保墒。无论平川还是丘陵山区，都要努力杜绝白茬地过冬，施足底肥，特别是要增施农家肥，优化配方施肥，推广地膜覆盖，适期早播，可使玉米最危险的感病期（孕穗末期至抽雄期）大部分时间都避开高温多雨的季节，从而大大减轻大斑病的为害，为提高植株抗病力创造良好的生态环境。

（三）农艺措施

1. 调整田间种植结构和种植方式

实行轮作倒茬，避免重茬、迎茬种植。在种植形式上，要变等行距播种为宽、窄行种植，变大面积平播为高、矮秆作物间作套种，以改善田间通风、透光条件，促进玉米健壮生长。

2. 减少菌源

玉米收获后及时清除田间遗留的病株茎叶，深翻土地，促使植株病残体腐烂；将玉米秸秆粉碎、腐熟，促使病原菌死亡，既能减少毒源，又能减低越冬虫源基数。

3. 加强栽培管理，适当增加播种量

合理施肥，N、P、K均衡；播种后加强管理，及时追肥、浇水、除草，促进玉米健壮生长，增强玉米抗耐病能力；晚定苗，间病苗，合理密植，及时防治病虫害等，对该病有一定的控制作用；施足基肥，增加腐熟有机肥，N、P、K配合施用，根据土壤肥力情况实行测土配方施肥。播种时以硫酸锌做种肥，用量45kg/hm^2，或增施钾肥（氯化钾120kg/hm^2），可提高植株抗病性，有效降低植株发病率。

（四）化学防治

1. 大斑病

用50%多菌灵可湿性粉剂500倍液，或用50%退菌特可湿性粉剂800倍液，或用80%代森锰锌可湿性粉剂500倍液，或用75%百菌清可湿性粉剂500~800倍液，或用40%克瘟散乳油500~800倍液，农抗120水剂200倍液，于玉米抽雄期喷1~2次，每隔10~15d喷1次。

2. 小斑病

发病初期及时喷药，常用药剂有50%多菌灵可湿性粉剂500倍液，或用65%代森锰锌可湿性粉剂500倍液，或用70%甲基托布津（甲基硫菌灵）可湿性粉剂500倍液，或用75%百菌清可湿性粉剂500~800倍液，或用农抗120水剂100~120倍液喷雾。从心叶末期到抽雄期，每7d喷1次，连续喷2~3次。

3. 弯孢叶斑病

天气适合发病，田间发病率达 10% 时，用 25% 敌力脱（丙环唑）乳油 2 000 倍液，或用 75% 百菌清 600 倍液，或用 50% 多菌灵 500 倍液，或用 80% 炭疽福美 600 倍液喷雾防治。

4. 褐斑病

一是提前预防。在玉米 4~5 片叶期，用 15% 的粉锈宁可湿性粉剂 1 000 倍液叶面喷雾，可预防玉米褐斑病的发生；二是及时防治。黄淮海夏玉米区在 7 月中旬、第一次降雨之后及使用三唑酮、甲基硫菌灵、烯唑醇等喷雾防治，整株施药。玉米发病时，也可用 25% 的粉锈宁可湿性粉剂 1 500 倍液叶面喷雾，或用 50% 扑海因（异菌脲）可湿性粉剂 1 500 倍液喷雾、12.5% 禾果利（烯唑醇）可湿性粉剂 1 000 倍液喷雾。为了提高防治效果可在药液中适当加些叶面宝、磷酸二氢钾、尿素类叶面肥，促进玉米健壮，提高玉米抗病能力。

5. 南方锈病

在发病初期喷施 25% 三唑酮可湿性粉剂 1 500~2 000 倍液，或用 25% 敌力脱（丙环唑）乳油 3 000 倍液，12.5% 速保利（R-烯唑醇）可湿性粉剂 4 000~5 000 倍液，隔 10d 左右 1 次，连续防治 2~3 次，控制病害扩展。

6. 纹枯病

用 5% 井冈霉素 1 000 倍液、40% 菌核净可湿性粉剂 800~1 000 倍液、50% 农利灵（乙烯菌核利）或速克灵（腐霉利）可湿性粉剂 1 000~1 500 倍液、50% 退菌特（胂·锌·福美双）可湿性粉剂 800~1 000 倍液，喷雾连续 2~3 次。喷药时要注意将药液喷到雌穗及以下的茎秆上以取得较高防治效果。

7. 茎腐病

一是药剂拌种。可用 25% 三唑酮可湿性粉剂 100~150g，对水适量，拌种 50kg，或采取种子包衣可有效减轻茎腐病的发生。二是在发病初期喷根茎，可用 50% 速克灵可湿性粉剂 1 500 倍液，65% 代森锰锌可湿性粉剂 1 000 倍液、50% 多菌灵可湿性粉剂 500 倍液，70% 甲基硫酸灵可湿性粉剂 500 倍液，每隔 7~10 d 喷 1 次，连治 2~3 次。

8. 丝黑穗病

坚持在播种前用药剂处理种子。最常用的处理方法是药剂拌种。可用 15% 三唑酮可湿性粉剂或 50% 甲基硫菌灵可湿性粉剂按种子重量的 0.3%~0.5% 拌种。也可用 12.5% 的烯唑醇可湿性粉剂或 2% 戊唑醇拌种剂按种子重量的 0.2% 拌种。用 15% 腈菌唑 EC 种衣剂按种子重量的 0.1%~0.2% 拌种，防效优于三唑酮，具有缓释性和较长的持久性。生产中应注意含烯唑醇类种衣剂低温药害问题。

9. 穗腐病

一是种子包衣或拌种。可用 20% 福·克种衣剂包衣，每 100kg 种子用药 440~800g，或用 30% 多·克·福种衣剂包衣，每 100kg 种子用药 200~300g。二是防治穗虫。在籽粒形成初期，及时防治害虫（主要是玉米螟、黏虫、象甲虫、桃蛀螟、金龟子、蜡类和棉铃虫）对穗部的为害。三是大喇叭口期，用 20% 井冈霉素可湿性粉剂或 40% 多菌灵可湿性粉剂每亩 200g 制成药土点心，可防治病菌侵染叶鞘和茎秆。吐丝期，用 65% 的可湿性粉剂代森锰锌 400~500 倍液喷果穗，以预防病菌侵入果穗。

10. 瘤黑粉

用 50% 福美双可湿性粉剂以种子重量的 0.2% 拌种，或用 20% 粉锈宁（三唑酮）乳剂 200ml 拌种 50kg，或用 50% 多菌灵可湿性粉剂按种子重量的 0.5%~0.7% 拌种；在玉米抽雄前喷 50% 的多菌灵或 5% 福美双。防治 1~2 次，可有效减轻病害。由于玉米瘤黑粉病初侵染时间长，而药剂残效期短，所以玉米生育期间喷药防治效果往往不太理想。

本章参考文献

白金铠 . 1997. 杂粮作物病害 [M]. 北京：中国农业出版社 .

曹慧英，李洪杰，朱振东，等 . 2011. 玉米细菌干茎腐病菌成团泛菌的种子传播 [J]. 植物保护学报，38（1）：31-36.

曹如槐，王富荣，王晓玲，等 .1996. 玉米对肿囊腐霉的抗性遗传研究 [J]. 遗传，18（2）：4-6.

陈翠霞，杨典洱，于元杰 .2003. 南方玉米锈病及其抗病性鉴定 [J]. 植物病理学报，33（1）：86-87.

陈厚德，梁继农，朱华 .1995. 江苏玉米纹枯菌的菌丝融合群及致病力 [J]. 植物病理学报，26（2）：138.

陈捷 .2009. 玉米病害诊断与防治 [M]. 北京：金盾出版社 .

陈捷，宋佐衡 .1995. 玉米茎腐病侵染规律的研究 [J]. 植物保护学报，22（2）：117-122.

陈捷，唐朝荣，高增贵，等 .2000. 玉米纹枯病病菌侵染过程研究 [J]. 沈阳农业大学学报，31（5）：503-506.

陈捷 . 2000. 我国玉米穗、茎腐病病害研究现状与展望 [J]. 沈阳农业大学学报，31

（5）：393-401.

成长庚，赵阳，林付根，等.2000.玉米粗缩病播期避病作用的研究 [J]. 玉米科学，8（3）：81-82.

崔丽娜，李晓，杨晓蓉，等.2009.四川玉米纹枯病为害与防治适期研究初报 [J]. 西南农业学报，22（4）：1 181-1 183.

崔洋，涂光忠，魏建昆，等.1998.玉米小斑病菌 C 小种毒素（HMC-Toxin I）结构研究 [J]. 华北农学报，13（1）：143.

戴法超，王晓鸣，朱振东，等.1998.玉米弯孢菌叶斑病研究 [J]. 植物病理学报，28（2）：123-129.

狄广信，关梅萍，王永才.1994.玉米苗枯病病原菌鉴定及防治技术 [J]. 浙江农业学报（1）：18-21.

邸垫平，苗洪芹，吴和平.2002.玉米矮花叶病毒对不同抗性玉米自交系侵染及其运转研究 [J]. 植物病理学报，32（2）：153-158.

邸垫平，苗洪芹，路银贵，等.2008.玉米粗缩病发病叶龄与主要为害性状的相关性分析 [J]. 河北农业科学，12（1）：51-52，60.

段灿星，朱振东，武小菲，等.2012.玉米种质资源对六种重要病虫害的抗性鉴定与评价 [J]. 植物遗传资源学报，13（2）：169-174.

丁婷，孙微微，江海洋，等.2014.杜仲内生真菌中抗玉米纹枯病活性菌株的筛选 [J]. 植物保护，40（6）：29-35.

范在丰，陈红运，李怀方，等.2001.玉米矮花叶病毒原北京分离物的分子鉴定 [J]. 农业生物技术学报，9（1）：12.

方守国，于嘉林，冯继东，等.2000.我国玉米粗缩病株上发现的水稻黑条矮缩病毒 [J]. 农业生物技术学报，8（1）：12.

高卫东.1987.华北区玉米、高粱、谷子纹枯病病原学的初步研究 [J]. 植物病理学报，17（4）：247-251.

高卫东，戴法超，林宏旭，等.1996.玉米茎腐（青枯）病的病理反应与优势病原菌演替的关系 [J]. 植物病理学报，26（4）：301-304.

高增贵，陈捷，邹庆道，等.1999.玉米穗、茎腐病病原学相互关系及发病条件的研究 [J]. 沈阳农业大学学报，30（3）：215-218.

郭云燕，陈茂功，孙素丽，等.2013.中国玉米南方锈病病原菌遗传多样性 [J]. 中国农业科学，46（21）：4 523-4 533.

贺字典，余金咏，于泉林，等.2011.玉米褐斑病流行规律及 GEM 种质资源抗病性鉴定 [J]. 玉米科学，19（3）：131-134.

胡务义，郑明祥，阮义理 .2003. 玉米南方型锈病发生规律与防治技术初步研究 [J]. 植保技术与推广，23（12）：9-12.

蒋军喜，陈正贤，李桂新，等 .2003. 我国 12 省市玉米矮花叶病病原鉴定及病毒致病性测定 [J]. 植物病理学报，33（4）：307-312.

姜玉英 .2014.2014 年全国主要粮食作物重大病虫害发生趋势预报 [J]. 植物保护，40（2）：1-4.

李广领，吴艳兵，王建华，等 .2009. 不同杀菌剂对玉米褐斑病田间药效试验 [J]. 西北农业学报，18（2）：280-282.

李洪连，张新，袁红霞 .1999. 玉米杂交种粒腐病病原鉴定 [J]. 植物保护学报，26（4）：305-308.

李华荣，兰景华 .1997. 玉蜀黍丝核菌的鉴定特征 [J]. 菌物系统，16（2）：134-138.

李辉，马昌广，王国栋，等 .2014.28 种自交系对 5 种玉米主要病害的抗性鉴定研究 [J]. 玉米科学，22（2）：155-158.

李金堂，傅俊范，李海春 .2013. 玉米三种叶斑病混发时的流行过程及产量损失研究 [J]. 植物病理学报，43（3）：301-309.

李菊，夏海波，于金凤 .2011. 中国东北地区玉米纹枯病菌的融合群鉴定 [J]. 菌物学报，30（3）：392-399.

李晓，杨晓蓉，周小刚，等 .2002. 玉米纹枯病抗源鉴定及筛选 [J]. 西南农业学报，15（增）：93-94.

李新凤，王建明，张作刚，等 .2012. 山西省玉米穗腐病病原镰孢菌的分离与鉴定 [J]. 山西农业大学学报（自然科学版），（3）：218-223.

刘杰，姜玉英，曾娟 .2013.2012 年玉米大斑病重发原因和控制对策 [J]. 植物保护，39（6）：86-90.

刘振库，贾娇，苏前富，等 .2014. 齐齐哈尔玉米穗腐病病原菌的鉴定和致病性测定 [J]. 吉林农业科学，39（6）：28-30.

刘忠德，刘守柱，季敏，等 .2001. 玉米粗缩病发生程度与灰飞虱消长规律的关系 [J]. 杂粮作物，21（2）：38-39.

龙书生，马秉元，李亚玲，等 .1995. 陕西关中西部玉米穗粒腐病寄藏真菌种群研究 [J]. 西北农业学报，4（3）：63-66.

吕国忠，赵志慧，张晓东，等 .2010. 串珠镰孢菌种名的废弃及其与腾仓赤霉复合种的关系 [J]. 菌物学报，29（1）：143-151.

马佳，张婷，王猛，等 .2013. 玉米小斑病发生前期化学防治初步研究 [J]. 上海交通大学学报：农业科学版，31（4）：45-50.

马佳，范莉莉，傅科鹤，等.2014.哈茨木霉SH2303防治玉米小斑病的初步研究 [J].中国生物防治学报，30（1）：79-85.

苗洪芹，陈巽祯，曹克强，等.2003.玉米粗缩病的流行因素与预测模型 [J].河北 农业大学学报，26（2）：60-64.

潘惠康，张兰新.1992.玉米穗腐病导致产量损失的品种和气候因素分析 [J].华北 农学报（4）：99-103.

钱幼亭，孙晓平，梁影屏，等.1999.不同播期对玉米粗缩病发生的影响 [J].植物 保护，25（3）：23-24.

阮义理，胡务义，何万娥.2001.玉米多堆柄锈菌的生物学特性 [J].玉米科学，9 （3）：82-85.

阮义理，胡务义.2002.玉米多堆柄锈菌的初侵染源探讨 [J].植物保护，28（4）： 55.

石洁，刘玉瑛，魏利民.2002.河北省玉米南方型锈病初侵染来源研究 [J].河北农 业科学，6（4）：5-8.

石洁，王振营，何康来.2005.黄淮海区夏玉米病虫害发生趋势与原因分析 [J].植 物保护，31：63-65.

石洁，王振营.2010.玉米病虫害防治彩色图谱 [M].北京：中国农业出版社.

史晓榕，白丽.1992.不同类型玉米群体穗腐病病原菌的调查研究 [J].植物保护 （2）：28-29.

宋立秋，魏利民，王振营，等.2009.亚洲玉米螟与串珠镰孢菌复合侵染对玉米产 量损失的影响 [J].植物保护学报，36（6）：487-490.

宋立秋，石洁，王振营，等.2012.亚洲玉米螟为害对玉米镰孢穗腐病发生程度的 影响 [J].植物保护，38（6）：50-53.

宋艳春，裴二序，石云素，等.2012.玉米重要自交系的肿囊腐霉茎腐病抗性鉴定 与评价 [J].植物遗传资源学报，13（5）：798-802.

苏前富，贾娇，李红，等.2013.玉米大斑病暴发流行对玉米产量和性状表征的影 响 [J].玉米科学，21（6）：145-147.

隋鹤，高增贵，庄敬华，等.2010,.寄主选择压力下玉米弯孢菌叶斑病菌致病性 分化及生物学特性研究 [J].中国农学通报，26（4）：239-243.

隋韵涵，肖淑芹，董雪，等.2014.九种杀菌剂对 *Fusarium verticillioides* 和 *F.graminearum* 毒力及玉米穗腐病的防治效果 [J].玉米科学，22（2）：145-149.

孙炳剑，雷小天，袁虹霞，等.2006.玉米褐斑病暴发流行原因分析与防治对策 [J].

河南农业科学（11）：61-62.

孙静，刘佳中，谢淑娜，等 .2015. 小麦—玉米轮作田镰孢菌的种群结构及其致病性研究 [J]. 河南农业科学，44（5）：91-96.

孙秀华，孙亚杰，张春山，等 .1994. 钾、硅肥对玉米茎腐病的防治效果及其理论依据 [J]. 植物保护学报，21（2）：102-102.

唐朝荣，陈捷，纪明山，等 .2000. 辽宁省玉米纹枯病病原学研究 [J]. 植物病理学报，30（4）：319-326.

陶永富，刘庆彩，徐明良，2013. 玉米粗缩病研究进展 [J]. 玉米科学，21（1）：149-152.

佟圣辉，陈刚，王孝杰，等 .2005. 我国玉米杂优群对主要病害的抗性鉴定与评价 [J]. 杂粮作物，25：101-103.

王海光，马占鸿 .2004. 玉米矮花叶病预测预报研究 [J]. 玉米科学，12（4）：94-98.

王立安，郝丽梅，马春红，等 .2004. HMC 毒素对雄性不育玉米线粒体结构和功能的影响 [J]. 植物病理学报，34（3）：221-224.

王丽娟，徐秀德，姜钰，等 .2011. 东北玉米苗枯病病原镰孢菌 rDNA ITS 鉴定 [J]. 玉米科学，19（4）：131-133，137.

王晓梅，吕平香，李莉莉，等 .2007. 玉米小斑病重要流行环节的初步定量研究 - Ⅱ 病斑产孢、孢子飞散、杀菌剂筛选 [J]. 吉林农业大学学报，29（2）：128-132.

王晓鸣，吴全安，刘晓娟，等 .1994. 寄生玉米的 6 种腐霉及其致病性研究 [J]. 植物病理学报，24（4）：343-346.

王晓鸣，吴全安，张培坤 .1999. 硫酸锌防治玉米茎基腐病的研究 [J]. 植物保护，25（2）：23-24.

王晓鸣，戴法超，朱振东 .2003. 玉米弯孢菌叶斑病的发生与防治 [J]. 植保技术与推广，23（4）：37-39.

王晓鸣 .2005. 玉米病虫害知识系列讲座（Ⅲ）：玉米抗病虫性鉴定与调查技术 [J]. 作物杂志，（6）：53-55.

王晓鸣，晋齐鸣，石洁，等 .2006. 玉米病害发生现状与推广品种抗性对未来病害发展的影响 [J]. 植物病理学报，36（1）：1-11.

王晓鸣，石洁，晋齐鸣，等 .2010. 玉米病虫害田间手册——病虫害鉴别与抗性鉴定 [M]. 北京：中国农业科学技术出版社 .

王晓鸣，巩双印，柳家友，等 .2015. 玉米叶斑病药剂防控技术探索 [J]. 玉米科学（3）：150-154.

王秀元，张林，李新海，等 .2012.58 份玉米自交系抗丝黑穗病鉴定 [J]. 玉米科学，
　18（3）：147-149，153.

王振跃，施艳，李洪连 .2013. 不同营养元素与玉米青枯病发病的相关性研究 [J]. 植
　物病理学报，43（2）：192-195.

魏铁松，朱维芳，庞民好，等 .2013. 棉铃虫和玉米螟为害对玉米穗腐病的影响 [J].
　玉米科学，21（4）：116-118，123.

吴全安，朱小阳，林宏旭，等 .1997. 玉米青枯病病原菌的分离及其致病性测定技
　术的研究 [J]. 植物病理学报，27（1）：29-35.

吴淑华，刘红，姜兴印，等 .2010. 温度及杀菌剂对玉米褐斑病菌休眠孢子囊萌发
　的影响 [J]. 山东农业大学学报（自然科学版），41（2）：169-174.

吴淑华，姜兴印，聂乐兴 .2011. 高产夏玉米褐斑病产量损失模型及损失机理 [J]. 应
　用生态学报，22（3）：720-726.

夏海波，伍恩宇，于金凤 .2008. 黄淮海地区夏玉米纹枯病菌的融合群鉴定 [J]. 菌
　物学报，27（3）：360-367.

肖淑芹，姜晓颖，黄伟东，等 .2011. 玉米瘤黑粉病菌生物学特性研究 [J]. 玉米科
　学，19（3）：135-137.

邢会琴，马建仓，许永锋，等 .2011. 防治玉米顶腐病和黑粉病药剂筛选 [J]. 植物
　保护，37（5）：187-192.

薛春生，肖淑琴，翟羽红，等 .2008. 玉米弯孢菌叶斑病菌致病类型分化研究 [J].
　植物病理学报，38（1）：6-12.

杨雪，丁小兰，马占鸿，等 .2015. 玉米南方锈病发生温度范围测定 [J]. 植物保护，
　41（5）：145-147.

叶坤浩，龚国淑，祁小波，等 .2015. 几种栽培措施对玉米纹枯病和小斑病的影响
　[J]. 植物保护，41（4）：154-159.

张爱红，陈丹，田兰芝，等 .2010. 我国玉米病毒病的种类和病毒鉴定技术 [J]. 玉
　米科学，18（6）：127-132.

张爱红，邸垫平，苗洪芹，等 .2015. 高效、准确的玉米粗缩病人工接种鉴定技术
　[J]. 植物保护学报，42（1）：87-92.

张超冲，李锦茂 .1990. 玉米镰刀菌茎腐病发生规律及防治试验 [J]. 植物保护学报，
　17（3）：257-261.

张海剑，侯廷荣，吴明泉，等 .2010. 玉米褐斑病药剂防治效果评价 [J]. 河北农业
　科学，14（5）：29-31，67.

郭予元，吴孔明，陈万权，等 .2015. 中国农作物病虫害 [M].3 版 . 北京：中国农

业出版社．

郑明祥，胡务义，阮义理，等．2004．玉米南方型锈病夏孢子的侵染时期 [J]．植物保护学报，31（4）：439-440．

Anjos J R N, Charchar M J A, Teixeira R N, et al. 2004. Occurrence of *Bipolaris maydis* causing leaf spot in *Paspalum atratum* cv. ojuca in Brazil[J]. Fitopatologia Brasileira, 29（6）: 656-658.

Azad H R, Holmes G J, Cooksey D A. 2000. A new leaf blotch disease of sudangrass caused by *Pantoea ananas* and *Pantoea stewartii*[J]. Plant Disease, 84: 973-979.

Barash I, Manulis-Sasson S. 2007. Virulence mechanisms and host specificity of gall-forming *Pantoea agglomerans*[J]. Trends Microbiology, 15（12）: 538-545.

Carson M L. 2006. Response of a maize synthetic to selection for components of partial resistance to *Exserohilum turcicum*[J]. Plant Disease, 90（7）: 910-914.

Champs D C, Le Seaux S, Dubost J J, et al. 2000. Isolation of *Pantoea agglomerans* in two cases of septic monoarthritis after plant thorn and wood sliver injuries[J]. Journal of Clinical Microbiology, 38（1）: 460-461.

Chauhan R S, Singh B M, and Develash R K. 1997. Effect of toxic compounds of *Exserohilum turcicum* on chlorophyll content, callus growth and cell viability of susceptible and resistant inbred lines of maize[J]. Journal of Phytopathology, 145（10）: 435-440.

Cother E J, Reinke R, McKenzie C, et al. 2004. An unusual stem necrosis of rice caused by *Pantoea ananas* and the first record of this pathogen on rice in Australia[J]. Australasian Plant Pathology, 33: 494-503.

Cruz A T, Cazacu A C, Allen C H. 2007. Pantoea agglomerans, a plant pathogen causing human disease[J]. Journal of Clinical Microbiology, 45（6）: 1 989-1 992.

Cuomo C A, Güldener U, Xu J R, et al. 2007. The *Fusarium graminearum* genome reveals a link between localized polymorphism and pathogen specialization[J]. Science, 317（5843）: 1 400-1 402.

Desjardins A E, and Plkattber R D. 2000. Fumonisin B（1）-nonproducing strains of *Fusarium verticillioides* cause maize（*Zea mays*）ear infection and ear rot[J]. Journal of Agricultural and Food Chemistry, 48（11）: 5 773-5 780.

Dovas C I, Eythymiou K, and Katis N I. 2004. First report of maize rough dwarf virus （MRDV）on maize crops in Greece[J]. Plant Pathology, 53（2）: 238.

Dugan F M, Hellier B C, and Lupien S L. 2003. First report of *Fusarium proliferatum* causing rot of garlic bulbs in North America[J]. Plant Pathology, 52: 46.

Edens D G, Gitaitis R D, Sanders F H, et al. 2006. First report of *Pantoea agglomerans* causing a leaf blight and bulb rot of onions in Georgia[J]. Plant Disease, 90 (12): 1551.

Gao S G, Zhou F H, Liu T, et al. 2012. A MAP kinase gene, Clk1, is required for conidiation and pathogenicity in the phytopathogenic fungus *Curvularia lunata*[J]. Jouranl of Basic Microbiology, 52: 1-10.

Gao Z H, Xue Y B, and Dai J R. 2001. cDNA-AFLP analysis reveals that maize resistance to *Bipolaris maydis* is associated with the induction of multipledefense-related genes[J]. Chinese Science Bulletin, 46 (17): 1 454-1 458.

Ha V C, Nguyen V H, Vu T M, et al. 2009. Rice dwarf disease in North Vietnam in 2009 is caused by southern rice black-streaked dwarf virus (SRBSDV) [J]. Bibliographic Information, 32 (1): 85-92.

Hakiza J J, Lipps P E, St. Martin S, et al. 2004. Heritability and number of genes controlling partial resistance to *Exserohilum turcicum* in maize inbred H99[J]. Maydica, 49 (3): 173-182.

Harlapur S I, Kulkarni M S, Hegde Y, et al. 2007. Variability in *Exserohilum turcicum* (Pass.) Leonard and Suggs., causal agent of Turcicum leaf blight of maize[J]. Karnataka Journal of Agricultural Science, 20 (3): 665-666.

Hou J M, Ma B C, Zuo Y H, et al. 2013. Rapid and sensitive detection of Curvularia lunata associated with maize leaf spot based on its Clg2p gene using semi-nested PCR[J]. Letters in Applied Microbiology, 56 (4): 245-250.

Isogai M, Uyeda I, and Choi J K. 2001. Molecular diagnosis of rice black-streaked dwarf virus in Japan and Korea[J]. The Plant Pathology Journal, 17 (3): 164-168.

Lee J, Kim H, Jeon Jae, et al. 2012. Population structure of and mycotoxin production by *Fusarium graminearum* from maize in South Korea[J]. Applied Environmental Microbiology, 78 (7): 2 161-2 167.

Liu T, Liu L X, Jiang X, et al. 2009. A new furanoid toxin produced by *Curvularia lunata*, the causal agent of maize *Curvularia* leaf spot. Canadian Journal of Plant Pathology, 31 (1): 22-27.

Liu T, Liu L X, Jiang X, et al. 2010. *Agrobacterium*-mediated transformation as a useful tool for the molecular genetic study of the phytopathogen *Curvularia lunata*[J]. European Journal of Plant Pathology, 126: 363-371.

Louie R, and Abt J J. 2004. Mechanical transmission of maize rough dwarf virus[J].

Maydica, 49（3）: 231-240.

Medrano E G, Bell A A. 2007. Role of *Pantoea agglomerans* in opportunistic bacterial seed and boll rot of cotton（*Gossypium hirsutum*）grown in the field[J]. Journal of Applled Microbiology, 102（1）: 134-143.

Moini A A, and Izadpanah K. 2000. Survival of barley yellow dwarf viruses in maize and johnson grass in Mazandaran[J]. Iranian Journal of Plant Pathology, 36（3/4）: 103-104.

Morales-Valenzuela G, Silva-Rojas H V, Ochoa-Mart D. 2007. First report of *Pantoea agglomerans* causing leaf blight and vascular wilt in maize and sorghum in Mexico[J]. Plant Disease, 91（10）: 1 365.

Obanor F, Neate S, Simpfendorfer S, et al. 2012. *Fusarium graminearum* and *Fusarium pseudograminearum* caused the 2010 head blight epidemics in Australia[J]. Plant Pathology, 62（1）: 1-13.

Ogliari J B, Guimaraes M A, Geraldi I O, et al. 2005. New resistance gene in *Zea mays Exserohilum turcicum* pathosystem[J]. Genetics and Molecular Biology, 28: 435-439.

Pataky J K, and Ledencan T. 2006. Resistance conferred by the Ht1 gene in sweet corn infected by mixtures of virulent and avirulent *Exserohilum turcicum*[J]. Plant Disease, 90（6）: 771-776.

Rezende I C, Silva H P, and Pereira O A P. 1994. Perda da produção demilho causada por *Puccinia polysora* Underw[J]. Anais do XX Congresso Nacional de Milhoe Sorgo, Goiânia, 174.

Romeiro R S, Macagnan D, Mendonça H L, et al. 2007. Bacterial spot of Chinese taro（*Alocasia cucullata*）in Brazil induced by *Pantoea agglomerans*[J]. Plant Pathology, 56（6）: 1 038-1 038.

Saha B C. 2002. Production, purification and properties of xylanase from a newly isolated-*Fusarium proliferatum*[J]. Process Biochemistry, 37（11）: 1 279-1 284.

Sampietro D A, D í az C G, Gonzalez V, et al. 2011. Species diversity and toxigenic potential of *Fusarium graminearum* complex isolates from maize fields in northwest Argentina[J]. International Journal of Food Microbiology, 145: 359-364.

Schulthess F, Cardwell K, Gounou S. 2002. The effect of endophytic Fusarium verticillioides on infestation of two maize varieties by lepidopterous stemborers and coleopteran grain feeders[J]. Phytopathology, 92（2）: 120-128.

Sharma R C, Rai S N, Mukherjee B K, et al. 2003. Assessing potential of resistance source for the enhancement of resistance to maydis leaf blighr (*Bipolaris maydis*) in maize (*Zea mays* L.) [J] . Indian Journal of Genetics and Plant Breeding, 63 (1): 33–36.

Simmons C R, Grant S, Altier D J, et al. 2001. *Maize* rhm1 resistance to *Bipolaris maydis* is associated with few differences in pathogenesis–related proteins and global mRNA profiles[J]. Molecular Plant–Microbe Interactions, 14 (8): 947–954.

Stankovic S, Levic J, Petrovic T, et al. 2007. Pathogenicity and mycotoxin production by *Fusarium proliferatum* isolated from onion and garlic in Serbia[J]. European Journal of Plant Pathology, 118 : 165–172.

Trail F. 2009. For blighted waves of grain : *Fusarium graminearum* in the postgenomics era[J]. Plant Physiology, 149 (1): 103–110.

Tsukiboshi T, Koca H, Uematsu T. 1992. Components of partial resistance to southern corn leaf blight caused by *Bipolaris maydis* Race O in six corn inbred lines[J]. Annual of Phytopathology Society of Japan, 58 (4): 528–533.

Wang H, Xiao Z X, Wang F G, et al. 2012. Mapping of HtNB, a gene conferring non–lesion resistance before heading to *Exserohilum turcicum* (Pass.), in a maize inbred line derived from the Indonesian variety Bramadi[Jj. Genetics and Molecular Research, 11 (3): 2 523–2 533.

Wang Z H, Fang S G, Xu J L, et al. 2003. Sequence analysis of the complete genome of rice black–streaked dwarf virus isolated from maize with Rough Dwarf Disease[J]. Virus Genes, 27 (2): 163–168.

Xu S F, Chen J, Liu L X, et al. 2007. Proteomics associated with virulence differentiation of *Curvularia lunata* in maize in China[J]. Journal of Integrative Plant Biology, 49 (4): 487–496.

第五章
玉米主要虫害
及其防治

第一节　玉米害虫种类

一、地上害虫

（一）刺吸式害虫

1.玉米蚜虫

（1）分类与为害　玉米蚜 *Rhopalosiphum maidis*（Fitch），属同翅目，蚜科，主要为害玉米、谷子、高粱、麦类等禾本科作物及多种禾本科杂草。苗期在心叶内或叶鞘与节间为害，抽穗后为害穗部，吸食汁液，影响生长，还能传播病毒，引发病毒病。蚜虫密度大时分泌大量蜜露，叶面上会形成一层黑霉，影响光合作用，造成玉米生长不良，从而减产。该虫主要分布在华北、东北、华东、西南、华南等地。

（2）形态特征　玉米蚜可分为无翅孤雌蚜和有翅孤雌蚜两种类型。

无翅孤雌蚜　体长 1.2~2.5mm，翅展 5.6mm。活虫深绿色，披薄白粉，附肢黑色，复眼红褐色。腹部第 7 节毛片黑色，第 8 节具背中横带，体表有网纹。触角、喙、足、腹管、尾片黑色。触角 6 节，长短于体长 1/3。喙粗短，不达中足基节，端节为基宽 1.7 倍。腹管长圆筒形，端部收缩，腹管具覆瓦状纹。尾片圆锥状，具毛 4~5 根。

有翅孤雌蚜　长卵形，体长 1.5~2.5mm，头、胸黑色发亮，腹部黄红色至深绿色，腹管前各节有暗色侧斑。触角 6 节比身体短，长度为体长的 1/3，触角、喙、足、腹节间、腹管及尾片黑色。腹部 2~4 节各具 1 对大型缘斑，第 6、第 7 节上有背中横带，第 8 节中带贯通全节。其他特征与无翅型相似。卵椭圆形。

（3）生活史　玉米蚜在中国从北到南一年发生 10~20 代，在河南省以无翅胎生雌蚜在小麦苗及禾本科杂草的心叶里越冬。4 月底至 5 月初是春季繁殖高峰，产生大量有翅蚜，并向春玉米、高粱迁移，在华北 5—8 月为为害严重期。玉米蚜在长江流域年生 20 多代，冬季以成、若蚜在大麦心叶或以孤雌成、若蚜在禾本科植物上越冬。翌年 3—4 月开始活动为害，4—5 月大麦、小麦黄熟期产生大量有翅迁移蚜，迁往春玉米、高粱、水稻田繁殖为害。在江苏，6 月中下旬玉米出苗后，有翅胎生雌蚜在玉米叶片背面为害、繁殖，虫口密度升高以后，逐渐向玉米上部蔓延，同时产生有翅胎生雌蚜向附近株上扩散，到玉米大喇叭口末期蚜量迅速增加，扬花期蚜量猛增，在玉米上部叶片和雄花上群集为害，条件适宜为害持续到 9 月中下旬玉米成熟前。植株衰老后，气温下降，蚜量减少，后产生有翅蚜飞至越冬寄主上准备越冬。一般 8—9 月玉米生长中后期，均温低于 28℃，适其繁殖，此间如遇干旱、旬降雨量低于 20mm，易造成猖獗为害。

（4）习性和发生规律　玉米蚜有匿居于玉米心叶群集为害的习性。随着心叶的展开，玉米蚜也随着陆续向新生的心叶集中为害，在展开的叶面上可见到密集的蚜虫空壳。当玉米抽雄后，可扩散到雄穗上繁殖为害，尤其在扬花期，由于气温适宜，营养丰富，蚜量猛增，影响授粉，对玉米的为害也最重。此后叶片、叶鞘以致雌雄穗均布蚜虫，蚜虫以刺吸式口器刺吸玉米汁液后，排泄大量的"蜜露"，这些覆盖在叶面上的蜜露易引起霉菌寄生，于叶面上形成一层黑色霉状物，影响光合作用，使被害植株长势衰弱，发育不良，若果穗部受害，可使百粒重下降，影响产量。此外，玉米蚜还能传播玉米矮花叶病毒病。

2. 蓟马

（1）分类与为害　玉米蓟马主要包括玉米黄呆蓟马 *Anaphothrips obscurus*（Müller）、禾蓟马 *Frankliniella tenuicornis*（Uzel）和稻管蓟马 *Haplothrips aculeatus*（Fabricius）等，均属缨翅目蓟马科，其中玉米黄呆蓟马是玉米田蓟马的优势种，也是玉米苗期的重要害虫。在玉米苗期，玉米蓟马主要为害玉米叶片，以成虫、幼虫在叶背吸食汁液，受害后玉米叶片的边缘出现断续的银灰色小斑条，严重时造成叶片干枯。蓟马主要在玉米心叶内发生为害，同时释放出黏液，致使心叶不能展开，随着玉米的生长，玉米心叶形成"鞭状"，叶片不能正常生长，影响光合作用，形成弱苗、小苗，导致玉米减产。严重时，玉米心叶难以长出，或生长点被破坏，分蘖丛生，形成多头玉米，甚至毁种重种。该虫在华北、新疆、甘肃、宁夏、江苏、四川、西藏、台湾等地均有分布。

（2）形态特征　以玉米黄呆蓟马为例。雌成虫长翅型，体微小，体长 1.0~1.2mm，很少超过 7mm；黑色、褐色或黄色；头略呈后口式，口器锉吸式；触角 6~9 节，线状，略呈念珠状，一些节上有感觉器；翅狭长，边缘有长而整齐的缘毛，脉纹最多有两条纵脉；足的末端有泡状的中垫，爪退化；雌性腹部末端圆锥形，腹面有锯齿状产卵器，或呈圆柱形，无产卵器。主要以雌成虫进行孤雌生殖，偶有两性生殖，极难见到雄虫。卵长约 0.3mm，宽约 0.13mm，肾形，乳白色至乳黄色。卵散产于叶肉组织内，每雌产卵 22~35 粒。初孵若虫小如针状，头胸部肥大，触角较短粗。二龄后体色为乳黄色，有灰色斑纹。触角末节灰色。体鬃很短，仅第 9~10 节鬃较长。中、后胸及腹部表皮皱缩不平，每节有数横排隆脊状颗粒构成。第 9 腹节上有 4 根背鬃略呈节瘤状。

（3）生活史　蓟马一年四季均有发生。雌成虫寿命 8~10d。卵期在 5—6 月为 6~7 d。若虫在叶背取食到高龄末期停止取食，落入表土化蛹。春、夏、秋三季主要发生在露地，冬季主要在温室大棚中，为害茄子、黄瓜、芸豆、辣椒、西瓜等作物。在玉米上发生 2 代，5 月底、6 月初在春玉米上出现第一代若虫高峰，6 月中旬出现第一代成虫高峰，为害春玉米和套种夏玉米。第二代若虫孵化盛期在 6 月中下旬，6 月上旬为若虫高峰期，7 月上旬出现成虫高峰，主要为害套种夏玉米和夏玉米。蓟马喜欢温暖、干旱的天气，其适温为 23~28℃，适宜空气湿度为 40%~70%；湿度过大不能存活，当湿度达到 100%，温度达 31℃时，若虫全部死亡。在雨季，如遇连阴多雨，叶腋间积水，能导致若虫死亡。大雨后或浇水后致使土壤板结，使若虫不能入土化蛹和蛹不能孵化成虫。

（4）习性和发生规律　蓟马较喜干燥条件，在低洼窝风而干旱的玉米地发生多，在小麦植株矮小稀疏地块中的套种玉米常受害重。一年中 5—7 月的降雨对蓟马发生程度影响较大，干旱少雨有利于发生。一般来说，在玉米上的发生数量，依次为春玉米 > 中茬玉米 > 夏玉米。中茬套种玉米上的单株虫量虽较春玉米少，但受害较重，在缺水肥条件下受害就更重。该虫行动缓慢，多在叶反面为害，造成不连续的银白色食纹并伴有虫粪污点，叶正面相对应的部分呈现黄色条斑。成虫在取食处的叶肉中产卵，对光透视可见针尖大小的白点。为害多集中在自下而上 2~4 叶或 2~6 叶上，即使新叶长出后也很少转向新叶为害。

3. 灰飞虱

（1）分类与为害　灰飞虱 *Laodelphax striatellus*（Fallen）属同翅目飞虱科。主要分布区域，南自海南岛，北至黑龙江省，东自台湾省和东部沿海各地，西至新疆均有发生，以长江中下游和华北地区发生较多。成虫、若虫常群集于玉米心叶内，以刺吸式口器刺吸玉米汁液，致使玉米叶片失绿，甚至干枯。灰飞虱是玉米粗缩病的最主要的传毒媒介，会使粗缩病大量流行，造成玉米减产甚至绝产，因此其传播病毒造成的损失远远大于刺吸为害造成的损失。玉米一旦染病，几乎无法控制，轻者减产 30% 以上，严重的绝收，因此玉米粗缩病又称为玉米的癌症。

（2）形态特征　长翅型成虫，体长（连翅）雄虫 3.5mm，雌虫 4.0mm；短翅型雄虫 2.3mm，雌虫 2.5mm。头顶与前胸背板黄色，雌虫则中部淡黄色，两侧暗褐色。前翅近于透明，具翅斑。胸、腹部腹面雄虫为黑褐色，雌虫色黄褐色，足皆淡褐色。卵呈长椭圆形，稍弯曲，长 1.0mm，前端较细于后端，初产乳白色，后期淡黄色。若虫共 5 龄。第 1 龄若虫体长 1.0~1.1mm，体乳白色至淡黄色，胸部各节背面沿正中有纵行白色部分。2 龄体长 1.1~1.3mm，黄白色，胸部各节背面为灰色，正中纵行的白色部分较第 1 龄明显。3 龄体长

1.5mm，灰褐色，胸部各节背面灰色增浓，正中线中央白色部分不明显，前、后翅芽开始呈现。4龄体长1.9~2.1mm，灰褐色，前翅翅芽达腹部第1节，后胸翅芽达腹部第3节，胸部正中的白色部分消失。5龄体长2.7~3.0mm，体色灰褐增浓，中胸翅芽达腹部第3节后缘并覆盖后翅，后胸翅芽达腹部第2节，腹部各节分界明显，腹节间有白色的细环圈。越冬若虫体色较深。

（3）生活史　灰飞虱一年发生4~8代，华北地区发生4~5代，东北地区3~4代，世代重叠。主要以3~4龄若虫在麦田、禾本科杂草、落叶下和土缝等处越冬。翌年3—4月羽化为成虫。长翅型成虫趋光性较强，尤喜嫩绿茂密的玉米和禾本科杂草，因此长势好的春玉米、套种夏玉米和早播夏玉米以及杂草丛生的地块虫量最大，玉米粗缩病发生会比较严重。成虫寿命8~30d，在适温范围内随气温升高而缩短，一般短翅型雌虫寿命长，长翅型较短。雌虫羽化后有一段产卵前期，发育适温为15~28℃，冬暖夏凉有利于发生，夏季高温对其发育不利，在33℃的高温下卵内的胚胎发育异常，孵化率降低，成虫寿命缩短，产卵量大量减少，每雌虫产卵量100余粒，越冬代最多可达500粒左右。

（4）习性和发生规律　灰飞虱属于温带地区的害虫，耐低温能力较强，对高温适应性较差，其生长发育的适宜温度在28℃左右，冬季低温对其越冬若虫影响不大，在辽宁盘锦地区亦能安全越冬，不会大量死亡，在－3℃且持续时间较长时才产生麻痹冻倒现象，但除部分致死外，其余仍能复苏。当气温超过2℃无风天晴时，又能爬至寄主茎叶部取食并继续发育，在田间喜通透性良好的环境，栖息于植物植株的部位较高，并常向田边移动集中，因此，田边虫量多，成虫翅型变化较稳定，越冬代以短翅型居多，其余各代以长翅型居多，雄虫除越冬外，其余各代几乎均为长翅型成虫。成虫喜在生长嫩绿、高大茂密的地块产卵。雌虫产卵量一般数十粒，越冬代最多，可达500粒左右，每个卵块的卵粒数，由1~2粒至10余粒，大多为5~6粒，能传播玉米粗短病、小麦丛矮病及条纹矮缩病等多种病毒病。

4.玉米耕葵粉蚧

（1）分类与为害　玉米耕葵粉蚧（*Pseudaulacaspis pentagona* Wang et Zhang）属同翅目粉蚧科，主要分布在辽宁、河北、山东等省。该虫是近几年来为害禾本科作物的新害虫，主要为害玉米根部，茎叶变黄干枯，初生根变褐腐烂。其为害主要以若虫和雌成虫群集于表土下玉米幼苗根节周围刺吸植株汁液，以4~6叶期为害最重，茎基部和根尖被害后呈黑褐色，严重时茎基部腐烂，根茎变粗畸形，气生根不发达；被害株细弱矮小，叶片由下而上变黄干枯。后期则群集于植株中下部叶鞘为害，严重者叶片出现干枯。

（2）形态特征　玉米耕葵粉蚧雌成虫体长 3~4.2mm，宽 1.4~2.1mm，扁平长椭圆形，两侧缘近于平行，红褐色，全体覆白色蜡粉。眼椭圆形，发达。触角 8 节，末节长于其余各节。喙短。足发达，具 1 个近圆形腹脐。肛环发达椭圆形，有肛环孔和 6 根肛环刺。臀瓣不明显，臀瓣刺发达。雄成虫小，深黄褐色，3 对单眼紫褐色，触角 10 节，口器退化，胸足发达。卵长椭圆形，长 0.49mm，初橘黄色，孵化前浅褐色。卵囊白色，棉絮状。若虫共 2 龄，一龄若虫体长 0.6mm，无蜡粉；二龄若虫体长 0.9mm，体表有蜡粉。雄蛹长 1.15mm，宽 0.35mm，长形略扁，黄褐色。

（3）生活史　玉米耕葵粉蚧在河北中部 1 年发生 3 代，以卵在卵囊中依附在残留在田间的玉米根茬上或土壤中残存的秸秆上越冬。越冬期 6~7 个月。每个卵囊中有 100 多粒卵，每年 9—10 月雌成虫产卵越冬。翌年 4 月中下旬，气温 17℃左右开始孵化，孵化期半个多月，初孵若虫先在卵囊内活动 1~2d，以后向四周分散，寻找寄主后固定下来为害。1 龄若虫活泼，没有分泌蜡粉，进入 2 龄后开始分泌蜡粉，在地下或进入植株下部的叶鞘中为害。雌若虫共 2 龄，老熟后羽化为雌成虫。雄若虫 4 龄。一代雄虫在 6 月上旬开始羽化。交尾后 1~2d 死亡。雌成虫寿命 20d 左右，交尾后 2~3d 把卵产在玉米茎基部土中或叶鞘里，每雌产卵 120~150 粒，该虫主要营孤雌生殖，但各代也有少量雄虫。河北一代发生在 4 月至 6 月中旬，以若虫和雌成虫为害小麦，6 月上旬小麦收获时羽化为成虫，第二代发生在 6 月中旬至 8 月上旬，主要为害夏播玉米。6 月中旬末，夏玉米出苗卵孵化为若虫，然后爬到玉米上为害，第三代于 8 月上旬至 9 月中旬为害玉米或高粱。一代卵期约 205d，一龄若虫 25d，二龄若虫 35d；二代卵期 13d，一龄若虫 8~10d，二龄若虫 22~24d；三代卵期 11d，一龄若虫 7~9d，二龄若虫 19~21d。雄虫前蛹期约 2d，蛹期 6d。保定地区一代雄成虫发生在 5 月下旬至 6 月上旬，二代 7 月下旬至 8 月上旬，三代 8 月下旬至 9 月中旬。该虫在小麦、玉米二熟制地区得到积累，尤其当小麦收获后，经过一个世代的增殖，种群数量迅速增加，第二代孵化时正值玉米 2~3 叶期，有利玉米耕葵粉蚧的增殖和为害。

（4）习性和发生规律　该虫主要为害夏播玉米幼苗。夏玉米出苗后，卵开始孵化为若虫，而后迁移到夏玉米的主茬根处和近地面的叶鞘内，进行为害。1 龄若虫活泼，没有分泌蜡粉保护层，是药剂防治的最佳时期，2 龄后开始分泌蜡粉，在地下或进入植株下部的叶鞘中为害。雌若虫老熟后羽化为雌成虫，雌成虫把卵产在玉米茎基部土中或叶鞘里。受害植株茎叶发黄，下部叶片干枯，矮小细弱，降低产量，重者根茎部变粗，全株枯萎死亡，不能结实。由于若虫群集在根部取食，所以根部有许多小黑点，肿大，根尖发黑腐烂。玉米耕葵粉蚧为害玉米植株下部，在近地表的叶鞘内、茎基部和根上吸取汁液。受害植株下部叶片、叶鞘发黄，叶尖和叶缘干枯；茎基部变粗、色泽变暗，根系松散细弱、变黑腐烂或肿大；植株生长缓慢、矮小细弱，平均株高只有健株的1/2~3/4，严重受害的植株不能结实，甚至全株枯死。

（二）钻蛀性害虫

1. 玉米螟

（1）分类与为害　玉米螟属鳞翅目螟蛾科，俗称钻心虫，是玉米上重要蛀食性害虫。其种类主要有亚洲玉米螟 *Ostrinia furnacalis*（Guenee）和欧洲玉米螟 *Ostrinia nubilalis*（Hübner）。

中国主要是亚洲玉米螟，是优势种，分布最广，从东北到华南各玉米产区都有分布。尤以北方春玉米和黄淮平原春、夏玉米区发生最重，西南山地丘陵玉米区和南方丘陵玉米区其次。欧洲玉米螟在国内分布局限，常与亚洲玉米螟混合发生。一般发生年春玉米可减产10%，夏玉米可减产20%~30%，大发生年可减产超过30%。玉米螟以幼虫为害，此时期取食叶肉、咬食未展开的心叶，造成"花叶"状。抽穗后蛀茎食害，蛀孔处通风折断对产量影响更大，还可直接蛀食雌穗嫩粒，并招致霉变降低品质。欧洲玉米螟仅在新疆伊宁一带发生，河北的张家口、内蒙古的呼和浩特及宁夏等地，为欧洲玉米螟和亚洲玉米螟的混发区。

（2）形态特征　玉米螟成虫为中型蛾，体色淡黄或黄褐。前翅有2条暗褐色锯齿状横线和不同形状的褐斑，后翅淡黄，中部也有2条横线和前翅相连。雌蛾较雄蛾色淡，后翅翅纹不明显。卵略呈椭圆形，扁平。初产时乳白色，渐变黄。卵粒呈鱼鳞状排列成块。幼虫圆筒形，体色黄白至淡红褐。体背有3条褐色纵线，腹部1~8节，背面各有2列横排毛片，前4后2，前大后小。蛹纺锤形，褐色，末端有钩刺5~8根。

（3）生活史　玉米螟一年发生代数，从北向南为1~7代。可划分为6个世代区，即一代区：45°N以北，东北、内蒙古和山西北部高海拔地区；二代区：40°~45°N，北方春玉米区、吉林、辽宁及河北北部、内蒙古大部分地区；三代区：黄淮平原春、夏玉米区及山西、陕西、华东和华中部分省区；四代区：浙江、福建、湖北北部、广东和广西西北部；五至六代区：广西大部、广东曲江及台北；六至七代区：广西南部和海南。无论哪个世代区，都是以末代老熟幼虫在寄主秸秆、根茎或穗轴中越冬，尤以茎秆中越冬的虫量最大。春玉米在一代区仅心叶期受害，在二代区穗期还受第二代为害。第一代在心叶期初孵幼虫取食造成"花叶"，其后在玉米打苞时就钻入雄穗中取食，雄穗扬花时部分4、5龄幼虫就钻蛀穗柄或雌穗着生节及附近茎秆内蛀食并造成折断。第二代螟卵和幼虫盛期多在抽丝盛期前后，到4、5龄时又可蛀入雌穗穗柄、穗轴及着生节附近茎秆内为害，影响千粒重和籽粒品质。夏玉米在三代区，心叶期受第二代为害，穗期受第三代为害，夏玉米上第三代螟虫的数量比春玉米穗期的第二代多，为害程度大。小麦行间套种玉米，因播期晚于春玉米早于夏玉米，心叶期可避开第一代为害，但到打苞露雄时正好与第二代盛期相通，抽穗期又到第三代初盛期孵化的幼虫为害，双重影响雌穗。

（4）习性和发生规律　玉米螟幼虫有趋糖、趋醋、趋温习性，共5龄，3龄前多在叶丛、雄穗苞、雌穗顶端花柱及叶腋等处为害，4龄后就钻蛀为害。在棉花上初孵幼虫集中嫩头、叶背取食，2~3龄蛀入嫩头、叶柄、花蕾为害，3~4龄蛀入茎秆造成折断，5龄能转移为害蛀食棉铃。玉米螟成虫趋光，飞行能力强，卵多产在叶背中脉附近，产卵对株高有选择性，50cm以下的植株多不去产卵。玉米螟各虫态发生的适宜温度为15~30℃，相对湿度在60%以上。降雨较多也有利于发生。

2. 桃蛀螟

（1）分类与为害　桃蛀螟 *Dichocrocis punctiferalis*（Guenee）为鳞翅目螟蛾科，又名桃斑蛀螟、桃蛀野螟，俗称桃蛀心虫，主要蛀食雌穗，取食玉米粒，并能引起严重穗腐，且可蛀茎，造成植株倒折。分布普遍，北起黑龙江、内蒙古，南至台湾、海南、广东、广西、云南南缘，东接前苏联东境、朝鲜北境，西面自山西、陕西西斜至宁夏、甘肃后，折入四川、云南、西藏。寄主包括高粱、玉米、粟、向日葵、棉花、桃、柿、核桃、板栗等（图5-1）。

（2）形态特征　成虫黄色至橙黄色，体长11~13mm，翅展22~26mm，身躯背面和翅表面都有许多黑斑，前翅有25~26个，后翅有14或15个，胸背有7个；腹部第1节和第3~6节背面各有3个黑斑，第7节只有1个黑斑，第2节、第8节无黑斑，雌蛾腹部较粗，雄蛾腹部较细，末端有黑色毛丛。卵扁平，椭圆形，长

图5-1　桃蛀螟成虫

0.6mm，宽 0.4mm，表面粗糙，有细微圆点，初产卵为乳白色，渐变为淡黄色。孵化前桃红色，卵粒中央呈现黑头。幼虫共 5 龄，体长可达 20~30mm，体色多变，头部黑色，前胸盾深褐色，胸腹颜色多变，有淡褐、浅灰、浅灰兰、暗红等色。各体节毛片明显，灰褐至黑褐色，背面的毛片较大，中、后胸和腹部第 1~8 节各有黑褐色毛片 8 个，排成 2 排，前排 6 个，后排 2 个。气门椭圆形，围气门片黑褐色突起。腹足趾钩不规则的 3 序环。蛹黄褐色或红褐色，纺锤形，体长 15~18mm，腹末稍尖，腹部背面第 5~7 节前缘各有一列小齿，腹部末端有臀次一丛。蛹体外包被灰白色丝质薄茧。

（3）生活史　桃蛀螟在中国北方一年发生 2~3 代，辽宁年生 1~2 代，河北、山东、陕西年生 3 代，河南年生 4 代，长江流域年生 4~5 代。均以老熟幼虫在玉米、向日葵、蓖麻等残株内结茧越冬。华北地区越冬幼虫于翌年 4 月中旬开始化蛹，4 月下旬进入化蛹盛期，5 月上中旬至 6 月上中旬成虫羽化。第一代幼虫于在 5 月下旬至 7 月中旬发生，主要为害桃、李、杏果实；第二代幼虫 7 月中旬至8 月中下旬发生，可为害春高粱、玉米、向日葵等；第三代幼虫 6 月中下旬发生期，可严重为害夏高粱；在河南等地还发生第四代幼虫，为害晚播夏高粱和晚熟向日葵，10 月中下旬老熟幼虫进入越冬。长江流域，第二代幼虫可为害玉米茎秆，而在不种植果树的地方，长年为害玉米、高粱及向日葵等农作物。

（4）习性和发生规律　桃蛀螟为杂食性害虫，寄主植物多，发生世代复杂。为害玉米时，把卵产在雄穗、雌穗、叶鞘合缝处或叶耳正反面，百株卵量高可达 1 729 粒。初孵幼虫从雌穗上部钻入后，蛀食或啃食籽粒和穗轴，造成直接经济损失。钻蛀穗柄常导致果穗瘦小，籽粒不饱满。蛀孔口堆积颗粒状粪渣，一个果穗上常有多头桃蛀螟为害，也有与玉米螟混合为害，严重时整个果穗被蛀。桃蛀螟成虫昼伏夜出，有趋光性和趋糖蜜性。羽化后的成虫需补充营养方能产卵。卵多散产在寄主的花、穗或果实上。幼虫主要蛀食果实和种子，老熟后就近结茧化蛹。桃蛀螟喜湿，多雨高湿年份发生重，少雨干旱年份发生轻。

3.棉铃虫

（1）分类与为害　棉铃虫 *Helicoverpa armigera*（Hübner）属鳞翅目夜蛾科。该虫是一种杂食性害虫，取食 200 余种植物，严重为害棉花、茄科蔬菜等，近年对玉米等旱粮作物的为害有明显加重的趋势。该虫主要取食玉米叶片，并对玉米茎和穗部进行钻蛀为害。

（2）形态特征　棉铃虫成虫为黄褐色（雌）或灰褐色（雄）的中型蛾，体长 15~20mm，翅展 27~40mm，复眼球形，绿色（近缘种烟青虫复眼黑色）。

雌蛾赤褐色至灰褐色，雄蛾青灰色。棉铃虫的前后翅，可作为夜蛾科成虫的模式，其前翅外横线外有深灰色宽带，带上有 7 个小白点，肾纹，环纹暗褐色。后翅灰白，沿外缘有黑褐色宽带，宽带中央有 2 个相连的白斑。后翅前缘有 1 个月牙形褐色斑。卵馒头形或半球形，直径 0.5~0.8mm，表面有纵横隆纹，交织成长方格，纵棱 12 条。顶部微起，底部较平，初产时白色，后变成黄白色，近孵化时灰黑色或红褐色。幼虫共有 6 龄，有时 5 龄（取食豌豆苗、向日葵花盘时），老熟 6 龄虫长 40~50mm，头黄褐色有不明显的斑纹，幼虫体色多变，分 4 个类型，体色淡红，背线，亚背线褐色，气门线白色，毛突黑色；体色黄白，背线，亚背线淡绿，气门线白色，毛突与体色相同；体色淡绿，背线，亚背线不明显，气门线白色，毛突与体色相同；体色深绿，背线，亚背线不太明显，气门淡黄色。气门上方有一褐色纵带，是由尖锐微刺排列而成（烟青虫的微刺钝圆，不排成线）。幼虫腹部第 1、第 2、第 5 节各有 2 个毛突特别明显。蛹长 17~20mm，纺锤形，赤褐至黑褐色，腹末有一对臀刺，刺的基部分开。气门较大，围孔片呈筒状突起较高，腹部第 5~7 节的点刻半圆形，较粗而稀（烟青虫气孔小，刺的基部合拢，围孔片不高，第 5~7 节的点刻细密，有半圆，也有圆形的）。

（3）生活史　棉铃虫发生的代数因年份、地区而异。华北地区每年发生 4 代，9 月下旬成长幼虫陆续下树入土，在苗木附近或杂草下 5~10cm 深的土中化蛹越冬。立春气温回升 15℃ 以上时开始羽化，4 月下旬至 5 月上旬为羽化盛期，成虫出现第一代在 6 月中下旬，第二代在 7 月中下旬，第三代在 8 月中下旬至 9 月上旬，至 10 月上旬仍有棉铃虫出现。棉铃虫发生的最适宜温度为 25~28℃，相对湿度 70%~90%。第二代、第三代为害最为严重，严重地片虫口密度达 98 头 / 百叶，虫株率 60%~70%，个别地片达 100%，受害叶片达 1/3 以上，影响产量 20% 以上。

（4）习性和发生规律　成虫有趋光性，羽化后即在夜间闪配产卵，卵散产，较分散。每头雌蛾一生可产卵 500~1 000 粒，最高可达 2 700 粒。卵多产在叶背面，也有产在正面、顶芯、叶柄、嫩茎上或农作物、杂草等其他植物上。幼虫孵化后有取食卵壳习性，初孵幼虫有群集取食习性。3 龄前的幼虫食量较少，较集中，随着幼虫生长而逐渐分散，进入 4 龄食量大增，可食光叶片，只剩叶柄。幼虫 7—8 月为害最盛。棉铃虫有转移为害的习性，一只幼虫可为害多株玉米。各龄幼虫均有食掉蜕下旧皮留头壳的习性，给鉴别虫龄造成一定困难，虫龄不整齐。

4.二点委夜蛾

（1）分类与为害 二点委夜蛾 *Athetis lepigone*（Moschler）属鳞翅目夜蛾科。2005 年，在河北省始发现该虫为害夏玉米幼苗，并陆续在黄淮海玉米种植区发现其为害夏玉米。该虫主要以幼虫躲在玉米幼苗周围的碎麦秸下或在 2~5cm 的表土层为害玉米苗，一般一株有虫 1~2 头，多的达 10~20 头。在玉米幼苗 3~5 叶期的地块，幼虫主要咬食玉米茎基部，形成 3~4mm 圆形或椭圆形孔洞，切断营养输送，造成地上部玉米心叶萎蔫枯死。在玉米苗较大（8~10 叶期）的地块幼虫主要咬断玉米根部，包括气生根和主根，造成玉米倒伏，严重者枯死。

（2）形态特征 二点委夜蛾卵馒头状，上有纵脊，初产黄绿色，后土黄色。直径不到 1mm。成虫体长 10~12mm，翅展 20mm，雌虫体长会略大于雄虫。头、胸、腹灰褐色。前翅灰褐色，有暗褐色细点；内线、外线暗褐色，环纹为一黑点；肾纹小，有黑点组成的边缘，外侧中凹，有一白点；外线波浪型，翅外缘有一列黑点。后翅白色微褐，端区暗褐色。腹部灰褐色，雄蛾外生殖器的抱器瓣端半部宽，背缘凹，中部有一钩状突起；阳茎内有刺状阳茎针。老熟幼虫体长 20mm 左右，体色灰黄色，头部褐色。幼虫 1.4~1.8cm 长，黄灰色或黑褐色，比较明显的特征是各体节有一个倒三角的深褐色斑纹，腹部背面有两条褐色背侧线，至胸节消失。蛹长 10mm 左右，化蛹初期淡黄褐色，逐渐变为褐色，老熟幼虫入土做一丝质土茧包被内化蛹。

（3）生活史 二点委夜蛾在黄淮海流域玉米种植区 1 年发生 4 代，以老熟幼虫在表土层或附着于植物残体，吐丝粘着土粒、碎植物组织等结茧越冬。从 3 月上旬化蛹至 11 月中旬结茧越冬，历时 8 个多月的活动期在不同作物田转移栖息，相邻世代间各虫态均有重叠现象。3 月上旬二点委夜蛾越冬幼虫就可以陆续化蛹，4 月上旬即可羽化并迁入麦田产卵，第 1 代幼虫主要取食麦类作物、春玉米、杂草等植物，为害不明显。小麦收获后，有麦秸覆盖的玉米田为二点委夜蛾创造了适宜的生存环境。第 1 代成虫多将卵散产于田间散落的麦秸上，近地表温湿度适宜，遮光性好，第 2 代幼虫虫量迅速积累并与夏玉米苗期相遇，咬食玉米茎基部及地上根造成死苗、倒伏等明显且严重的被害症状。之后 7 月下旬羽化出的第 2 代成虫，除在麦茬玉米田继续产卵外，还分散转移到棉花、甘薯、豆类、花生等较为阴凉郁闭的作物田。由于此间作物布局变化不大，8 月底 9 月初的第 3 代成虫还会继续在此类作物田产卵繁殖，同时田间环境类似的瓜类、豆类等蔬菜地也是适宜其生存的场所。因此第 3、第 4 代幼虫也主要在以上地块取食植物叶片、茎秆或者收获后遗留在田间的枯枝、败叶。由于此类作物枝叶茂密、田间密植数量大或者已到达生育末期根茎粗壮，所以被害症状均不明显。第4代幼虫可以取食至11月中旬，幼虫老熟后陆续结茧越冬。

（4）习性和发生规律　二点委夜蛾幼虫在棉田倒茬玉米田比重茬玉米田发生严重，麦糠麦秸覆盖面积大比没有麦秸麦糠覆盖的严重，播种时间晚比播种时间早的严重，田间湿度大比湿度小的严重。二点委夜蛾主要在玉米气生根处的土壤表层处为害玉米根部，咬断玉米地上茎秆或浅表层根，受为害的玉米田轻者玉米植株东倒西歪，重者造成缺苗断垄，玉米田中出现大面积空白地。为害严重地块甚至需要毁种，二点委夜蛾喜阴暗潮湿，畏惧强光，一般在玉米根部或者湿润的土缝中生存，遇到声音或药液喷淋后呈"C"形假死，高麦茬厚麦糠为二点委夜蛾大发生提供了主要的生存环境，二点委夜蛾比较厚的外皮使药剂难以渗透是防治的主要难点，世代重叠发生是增加防治次数的主要原因。

（三）食叶性害虫

1.黏虫

（1）分类与为害　黏虫 *Mythimna separate*（Walker）属鳞翅目夜蛾科。又名行军虫、剃枝虫，分布广泛，是农作物的主要害虫之一。黏虫具有多食性和暴食性。主要为害玉米、高粱、谷子、麦类、水稻、甘蔗等禾本科作物和禾草，大发生时也为害棉花、麻类、烟草等其他科作物。尤其喜食小麦、玉米等禾本科作物和杂草。黏虫大发生时常将叶片全部吃光，并能咬断麦穗、稻穗和啃食玉米雌穗花丝和籽粒，对产量和品质影响很大。

（2）形态特征　黏虫成虫体长15~17mm，翅展36~40mm。头部与胸部灰褐色，腹部暗褐色。前翅灰黄褐色、黄色或橙色，变化很多；内横线往往只现几个黑点，环纹与肾纹黄褐色，界限不显著，肾纹后端有一个白点，其两侧各有一个黑点；外横线为一列黑点；亚缘线自顶角内斜；缘线为一列黑点。后翅暗褐色，向基部色渐淡。卵粒馒头形，有光泽，直径约0.5mm，表面有网状脊纹，初为乳白色，渐变成黄褐色，将孵化时为灰黑色。卵粒单层排列成行或重叠成堆。老熟幼虫体长38mm。头红褐色，头盖有网纹，额扁，两侧有褐色粗纵纹，略呈八字形，外侧有褐色网纹。体色由淡绿至浓黑，变化甚大（常因食料和环境不同而有变化）；在大发生时背面常呈黑色，腹面淡污色，背中线白色，亚背线与气门上线之间稍带蓝色，气门线与气门下线之间粉红色至灰白色。腹足外侧有黑褐色宽纵带，足的先端有半环式黑褐色趾钩。蛹长约19mm；红褐色；腹部5~7节背面前缘各有一列齿状点刻；尾端臀棘上有刺4根，中央2根较为粗大，其两侧各有细短而略弯曲的刺1根。

（3）生活史　每年发生世代数全国各地不一，从北至南世代数为：东北、内蒙古年生 2~3 代，华北中南部 3~4 代，江苏淮河流域 4~5 代，长江流域 5~6 代，华南 6~8 代。长江流域为例，越冬代成虫盛期在 3 月中旬至 4 月中旬，第一代幼虫孵化盛期一般在 4 月中旬，三龄幼虫盛期一般在 4 月下旬至 5 月初。第一代各虫态历期大致为：卵期 8~10d；第一龄幼虫期 6~7d；第二至五龄幼虫期各为 3d 左右；第六龄幼虫期 6~7d；前蛹期约 3d，蛹期约 10d；成虫产卵前期约 5d；成虫寿命约 12d。

（4）习性和发生规律　黏虫多在降水过程较多，土壤及空气湿度大等气象条件下大发生。玉米受害株率达到 80% 左右。它是一种迁飞性害虫，因此具有偶发性和爆发性的特点。黏虫以幼虫暴食玉米叶片，严重发生时，短期内吃光叶片，造成减产甚至绝收。为害症状主要以幼虫咬食叶片。1~2 龄幼虫取食叶片造成孔洞，3 龄以上幼虫为害叶片后呈现不规则的缺刻，暴食时，可吃光叶片。大发生时将玉米叶片吃光，只剩叶脉，造成严重减产，甚至绝收。当一块田玉米被吃光，幼虫常成群列队迁到另一块田为害，故又名"行军虫"。一般地势低、玉米植株高矮不齐、杂草丛生的田块受害重。

黏虫抗寒力不强，在中国北方不能越冬。在 N32° 以南如湖南、湖北、江西、浙江一带，能以幼虫或蛹在稻桩、杂草、绿肥、麦田等处的表土下或土缝里过冬。在 N27° 以南的华南地区，黏虫冬季仍可继续为害，无越冬现象。南方的越冬代黏虫及第一代黏虫于 2—4 月羽化后，向北迁飞，到江苏、安徽、山东、河南等地，成为这些地区的第一代虫源，主要为害冬小麦。这些地区第一代成虫于 5—6 月又向北迁飞到东北、华北等地，为害春麦、谷子、高粱、玉米等。夏秋季，黏虫成虫又逐步迁回华南，在晚稻、冬麦上为害或越冬。迁飞的黏虫主要是羽化后卵巢尚未发育成熟的成虫，如果羽化后遇到恶劣条件，影响及时迁飞，待卵巢发育成熟后，便留在原地不再迁飞。因此，各地大发生世代，成虫羽化后，大多数向外地迁飞，但也有少数留在原地继续繁殖。

2. 蝗虫

（1）分类与为害　蝗虫属于直翅目昆虫。其种类很多，主要分为飞蝗和土蝗两类。为害玉米的飞蝗主要是东亚飞蝗 *Locusta migratoria manilensis*（Meyen）。土蝗则种类繁多，因种类、环境、地域而异，在我国华北、西北等地常见的土蝗有大垫尖翅蝗 *Epacromius coerulipes*（Ivanov）、苯蝗 *Haplotropis brunneriana*（Saussure）、花胫绿纹蝗 *Ailopus thalasisinus tamulus*（Fabricious）和黄胫小车蝗 *Oedaleus infernalis*（Sauss）等。均以成虫、若虫取食玉米茎叶呈缺刻状，大发生时可将玉米吃成光秆。

（2）形态特征　蝗虫的种类很多，其形态不一一叙述。其共同特征是蝗虫全身通常为绿色、灰色、褐色或黑褐色，头大，触角短；前胸背板坚硬，像马鞍似的向左右延伸到两侧，中、后胸愈合不能活动。足发达，后腿的肌肉强劲有力，外骨骼坚硬，使它成为跳跃专家，胫骨还有尖锐的锯刺，是有效的防卫武器。产卵器没有明显的突出，是它和螽斯最大的分别。头部除有触角外，还有一对复眼，是主要的视觉器官，同时还有 3 个单眼，主管感光。头部下方有一个口器，是蝗虫的取食器官。蝗虫的口器是由上唇（1 片）、上颚（1 对）、舌（1 片）、下颚（1 对）、下唇（1 片）组成的。它的上颚很坚硬，适于咀嚼，因此这种口器叫做咀嚼式口器。在蝗虫腹部第一节的两侧，有一对半月形的薄膜，是蝗虫的听觉器官。在左右两侧排列得很整齐的一行小孔，就是气门。从中胸到腹部第 8 节，每一个体节都有 1 对气门，共有 10 对。雄虫以左右翅相摩擦或以后足腿节的音锉摩擦前翅的隆起脉而发音。有的种类飞行时也能发音。某些种类长度超过 11cm。

（3）生活史　以东亚飞蝗为例，该虫在北京、渤海湾、黄河下游、长江流域年生 2 代，少数年份发生 3 代；广西、广东、台湾年生 3 代，海南可发生 4 代。无滞育现象，全国各地均以卵在土中越冬。山东、安徽、江苏等二代区，越冬卵于 4 月底至 5 月上中旬孵化为夏蝗，经 35~40d 羽化，羽化后经 10d 交尾 7d 后产卵，卵期 15~20d，7 月上中旬进入产卵盛期，孵出若虫称为秋蛹，又经 25~30d 羽化为秋蝗。生活 15~20d 又开始交尾产卵，9 月份进入产卵盛期后开始越冬。个别高温干旱的年份，于 8 月下旬至 9 月下旬又孵出 3 代蝗蛹，多在冬季冻死，仅有个别能羽化为成虫产卵越冬。

（4）习性和发生规律　幼虫只能跳跃，成虫可以飞行，也可以跳跃。植食性，大多以植物为食物。喜欢吃肥厚的叶子，如甘薯、空心菜、白菜等。飞蝗密度小时为散居型，密度大了以后，个体间相互接触，可逐渐聚集成群居型。群居型飞蝗有远距离迁飞的习性，迁飞多发生在羽化后 5~10d、性器官成熟之前。迁飞时可在空中持续 1~3d。至于散居型飞蝗，当每平方米有虫多于 10 只时，有时也会出现迁飞现象。群居型飞蝗体内含脂肪量多、水分少，活动力强，但卵巢管数少，产卵量低，而散居型则相反。飞蝗喜欢栖息在地势低洼、易涝易旱或水位不稳定的海滩或湖滩及大面积荒滩或耕作粗放的夹荒地上，生有低矮芦苇、茅草或盐蒿、莎草等嗜食的植物。遇有干旱年份，这种荒地随天气干旱水面缩小而增大时，利于蝗虫生育，宜蝗面积增加，容易酿成蝗灾，因此每遇大旱年份，要注意防治蝗虫。

二、地下害虫

（一）地老虎类

1.小地老虎

（1）分类与为害　小地老虎学名 *Agrotis ypsilon* Rottemberg，属鳞翅目夜蛾科。别名黑地蚕、切根虫、土蚕。在全国各地都有分布，是玉米苗期生长中一种重要的地下害虫，食性杂。对玉米等作物为害主要是以切断幼苗近地面的茎部，使整株死亡，造成缺苗断垄，甚至毁种。

（2）形态特征　成虫体长 17~23mm，翅展 40~54mm。头、胸部背面暗褐色，足褐色，前足胫、跗节外缘灰褐色，中后足各节末端有灰褐色环纹。前翅褐色，前缘区黑褐色，外缘以内多暗褐色；基线浅褐色，黑色波浪形内横线双线，黑色环纹内一圆灰斑，肾状纹黑色具黑边，其外中部一楔形黑纹伸至外横线，暗褐色波浪形中横线，褐色波浪形外横线双线，不规则锯齿形亚外缘线灰色，其内缘在中脉间有 3 个尖齿，亚外缘线与外横线间在各脉上有小黑点，外缘线黑色，外横线与亚外缘线间淡褐色，亚外缘线以外黑褐色。后翅灰白色，纵脉及缘线褐色，腹部背面为灰色。

（3）生活史　西北地区及长城以北一般年 2~3 代，长城以南黄河以北年 3 代，黄河以南至长江沿岸年 4 代，长江以南年 4~5 代，南亚热带地区年 6~7 代。无论年发生代数多少，在生产上造成严重为害的均为第一代幼虫。南方越冬代成虫二月出现，全国大部分地区羽化盛期在 3 月下旬至 4 月上旬、中旬，宁夏、内蒙古为 4 月下旬。成虫的产卵量和卵期在各地有所不同，卵期随分布地区及世代不同的主要原因是温度高低不同所致。高温和低温均不适于地老虎生存、繁殖。在温度为 30±1℃或 5℃以下时，小地老虎 1~3 龄幼虫会大量死亡。平均温度高于 30℃时成虫寿命缩短，一般不能产卵。冬季温度偏高，5 月气温稳定，有利于幼虫越冬、化蛹、羽化，促使第一代卵的发育和幼虫成活率增高，为害加重。

（4）习性和发生规律　小地老虎的寄主和为害对象有棉花、玉米、高粱、粟、麦类、薯类、豆类、麻类、苜蓿、烟草、甜菜、油菜、瓜类以及多种蔬菜等，药用植物、牧草和林木苗圃的实生幼苗也常受害。多种杂草常为其重要寄主。3 龄前幼虫多在土表或植株上活动，昼夜取食叶片、心叶、嫩头、幼芽等部位，食量较小。3 龄后分散入土，白天潜伏土中，夜间活动为害，常将作物幼苗齐地面处咬断。玉米主茎硬化后该虫还可爬到上部为害生长点，造成缺苗断垄。

　　小地老虎在北方的严重为害区多为沿河、沿湖的滩地或低洼内涝地以及常年灌区。成虫盛发期遇有适量降雨或灌水时常导致大发生。土壤含水量在15%~20%的地区有利于幼虫生长发育和成虫产卵。在黄淮海地区，前一年秋雨多、田间杂草也多时，常使越冬基数增大，翌年发生为害严重。其他因素如前茬作物、田间杂草或蜜源植物多时，有利于成虫获取补充营养和幼虫的转移，从而加重为害发生。

2.黄地老虎

（1）分类与为害　黄地老虎学名 *Agrotis segetum*（Denis et Schiffermüller），属鳞翅目夜蛾科，为地夜蛾属的另一个重要物种。该虫为多食性害虫，为害各种农作物、牧草及草坪草。主要以第一代幼虫为害春播作物的幼苗最严重，常切断幼苗近地面的茎部，使整株死亡，造成缺苗断垄，甚至毁种。黄地老虎分布也相当普遍，以北方各省较多。主要为害地区在雨量较少的草原地带，如对新疆、华北、内蒙古部分地区，甘肃河西以及青海西部常造成严重为害。

（2）形态特征　黄地老虎成虫体长14~19mm，翅展32~43mm，灰褐至黄褐色。额部具钝锥形突起，中央有一凹陷。前翅黄褐色，全面散布小褐点，各横线为双条曲线但多不明显，肾纹、环纹和剑纹明显，且围有黑褐色细边，其余部分为黄褐色；后翅灰白色，半透明。卵扁圆形，底平，黄白色，具40多条波状弯曲纵脊，其中，约有15条达到精孔区，横脊15条以下，组成网状花纹。幼虫体长33~45mm，头部黄褐色，体淡黄褐色，体表颗粒不明显，体多皱纹而淡，臀板上有两块黄褐色大斑，中央断开，小黑点较多，腹部各节背面毛片，后两个比前两个稍大。蛹体长16~19mm，红褐色，第5~7腹节背面有很密的小刻点9~10排，腹末生粗刺1对。

（3）生活史　黄地老虎在黑龙江、辽宁、内蒙古和新疆北部一年发生2代，甘肃（河西地区）2~3代，新疆南部3代，陕西3代。一般以老熟幼虫在土壤中越冬，越冬场所为麦田、绿肥、草地、菜地、休闲地、田埂以及沟渠堤坡附近。一般田埂密度大于田中，向阳面田埂大于向阴面。3—4月气温回升，越冬幼虫开始活动，陆续在土表3d左右深处化蛹，蛹直立于土室中，头部向上，蛹期20~30d。4—5月为各地蛾羽化盛期。幼虫共6龄。陕西（关中、陕南）第一代幼虫出现于5月中旬至6月上旬，第二代幼虫出现于7月中旬至8月中旬，越冬代幼虫出现于8月下旬至翌年4月下旬。卵期6d。1~6龄幼虫历期分别为4d，4d，3.5d，4.5d，5d，9d，幼虫期共30d。卵期平均温度18.5℃，幼虫期平均温度19.5℃。产卵前期3~6d。产卵期5~11d天。甘肃（河西地区）4月上、中旬化蛹，4月下旬羽化。第一代幼虫期54~63d，第二代幼虫期51~53d天，第二代后期和第三代前期幼虫8月末发育成熟，9月下旬起进入休眠。新疆（莎车地区）4月下旬发娥，第一代幼虫于5月上旬孵化，6月上旬化蛹。每年有3次发娥高峰期，第一次在4月下旬至5月上旬，第二次在7月上旬，第三次在8月下旬。

（4）习性和发生规律　成虫昼伏夜出，在高温、无风、空气湿度大的黑夜最活跃，有较强的趋光性和趋化性。产卵前需要丰富的补充营养，能大量繁殖。黄地老虎喜产卵于低矮植物近地面的叶上。每雌虫产卵量为300~600粒。卵期长短，因温度变化而异，一般5~9d，如温度在17~18℃时为10d左右，28℃时只需4d。1~2龄幼虫在植物幼苗顶心嫩叶处昼夜为害，3龄以后从接近地面的茎部蛀孔食害，造成枯心苗。3龄以后幼虫开始扩散，白天潜伏在被害作物或杂草根部附近的土层中，夜晚出来为害。幼虫老熟后多在翌年春上升到土壤表层作土室化蛹。在黄淮地区黄地老虎发生比小地老虎晚，为害盛期相差半个月以上。在新疆一些地区秋季为害小麦和蔬菜，尤以早播小麦受害严重。黄地老虎严重为害地区多系比较干旱的地区或季节，如西北、华北等地，但十分干旱的地区发生也很少，一般在上年幼虫休眠前和春季化蛹期雨量适宜才有可能大量发生。新疆大田发生严重与否和播期关系很大，春播作物早播发生轻，晚播重；秋播作物则早播重，晚播轻。其原因主要决定于播种灌水期是否与成虫发生盛期相遇，南疆墨玉地区经验，5月上旬无雨，是导致春季黄地老虎严重发生的原因之一。

（二）蛴螬类

1. 华北大黑鳃金龟

（1）分类与为害　华北大黑鳃金龟 *Holotrichia oblita* Faldermann，属鞘翅目鳃金龟科，广泛分布东北、华北、西北等省区。成虫取食杨、柳、榆、桑、核桃、苹果、刺槐、栎等多种果树和林木叶片，幼虫为害阔、针叶树根部及玉米、棉花、花生等作物种子或幼苗。与其习性和形态近似种有东北大黑鳃金龟 *H. diomphalia* Bates，华南大黑鳃金龟 *H. gebleri* Faldermann，四川大黑鳃金龟 *H. szechuanensis* Chang。

（2）形态特征　成虫为长椭圆形，体长21~23mm、宽11~12mm，黑色或黑褐色有光泽。胸、腹部生有黄色长毛，前胸背板宽为长的两倍，前缘钝角、后缘角几乎成直角。每鞘翅3条隆线。前足胫节外侧3齿，中后足胫节末端2距。雄虫末节腹面中央凹陷、雌虫隆起。卵为椭圆形，乳白色。幼虫体长35~45mm，肛孔3射裂缝状，前方着生一群扁而尖端成钩状的刚毛并向前延伸到肛腹片后部1/3处。蛹黄白色，椭圆形，尾节具突起1对。

（3）生活史　西北、东北和华东 2 年 1 代，华中及江浙等地 1 年 1 代，以成虫或幼虫越冬。在河北省越冬成虫 4 月中旬左右出土活动直至 9 月入蛰，前后持续达 5 个月，5 月下旬至 8 月中旬产卵，6 月中旬幼虫陆续孵化，为害至 12 月以第 2 龄或第 3 龄越冬；第二年 4 月越冬幼虫继续发育为害，6 月初开始化蛹，6 月下旬进入盛期，7 月始羽化为成虫后即在土中潜伏，相继越冬，直至第三年春天才出土活动。东北地区的生活史则推迟约半月余。

（4）习性和发生规律　成虫白天潜伏土中，黄昏活动，8~9 时为出土高峰，有假死及趋光性；出土后尤喜在灌木丛或杂草丛生的路旁、地旁群集取食交尾，并在附近土壤内产卵，故地边苗木受害较重；成虫有多次交尾和陆续产卵习性，产卵次数多达 8 次，雌虫产卵后约 27d 死亡。多喜散产卵于 6~15cm 深的湿润土中，每雌产卵 32~193 粒，平均 102 粒，卵期 19~22d。幼虫 3 龄，均有相互残杀习性，常沿垄向及苗行向前移动为害，在新鲜被害株下很易找到幼虫；幼虫随地温升降而上下移动，春季 10cm 处地温约达 10℃时幼虫由土壤深处向上移动，地温约 20℃时主要在 5~10cm 处活动取食，秋季地温降至 10℃以下时又向深处迁移，越冬于 30~40cm 处。土壤过湿或过干都会造成幼虫大量死亡（尤其是 15cm 以下的幼虫），幼虫的适宜土壤含水量为 10.2%~25.7%，当低于 10% 时初龄幼虫会很快死亡；灌水和降雨对幼虫在土壤中的分布也有影响，如遇降雨或灌水则暂停为害下移至土壤深处，若遭水浸则在土壤内作一穴室，如浸渍 3d 以上则常窒息而死，故可灌水减轻幼虫的为害。老熟幼虫在土深 20cm 处筑土室化蛹，预蛹期约 22.9d，蛹期 15~22d。

2. 铜绿丽金龟

（1）分类与为害　铜绿丽金龟 Anomala corpulenta Motsch，属鞘翅目丽金龟科，国内广泛分布于华东、华中、西南、东北、西北、华北等地。寄主包括杨、核桃、柳、苹果、榆、葡萄、海棠、山楂等多种果树，玉米、棉花、花生等多种作物。幼虫在土壤中钻蛀，破坏农作物或植物的根系，使寄主植物叶片萎黄甚至整株枯死，成虫群集取食植物叶片。

（2）形态特征　成虫体长 19~21mm，触角黄褐色，鳃叶状。前胸背板及鞘翅铜绿色具闪光，上面有细密刻点。稍翅每侧具 4 条纵脉，肩部具疣突。前足胫节具 2 外齿，前、中足大爪分叉。卵初产椭圆形，长 182 mm，卵壳光滑，乳白色。孵化前呈圆形。幼虫 3 龄虫体长 3~33 mm，头部黄褐色，前顶刚毛每侧 6~8 根，排一纵列。脏腹片后部腹毛区正中有 2 列黄褐色长的刺毛，每列 15~18 根，2 列刺毛尖端大部分相遇和交叉。在刺毛列外边有深黄色钩状刚毛。蛹长椭圆形，土黄色，体长 22~25 mm。体稍弯曲，雄蛹臀节腹面有 4 裂的统状突起。

（3）生活史　在北方一年发生一代，以3龄幼虫越冬。次年4月上旬上升到表土为害，取食农作物和杂草根部，5月间老熟化蛹，5月下旬至6月中旬为化蛹盛期，5月底成虫出现，6—7月为发生最盛期，是全年为害最严重期，8月下旬，虫量渐退。为害期40 d，成虫高峰期开始产卵，6月中旬至7月上旬为产卵期。7月间为卵孵化盛期。7月中旬出现新1代幼虫，取食寄主植物的根部幼虫为害至秋末即入土层内越冬。7月中旬至9月是幼虫为害期，10月中旬后陆续进入越冬。

（4）习性和发生规律　成虫羽化后3 d出土，昼伏夜出，飞翔力强，黄昏上树取食交尾，成虫寿命25~30d。成虫羽化出土迟早与5—6月温湿度的变化有密切关系。此间雨量充沛，出生则早，盛发期提前。每雌虫可产卵40粒左右，卵多次散产在3~10cm土层中，尤喜产卵于大豆、花生地，次为果树、林木和其他作物田中。以春、秋两季为害最烈。秋后10cm内土温降至10℃时，幼虫下迁，春季10cm内土温升到8℃以上时，向表层上迁，幼虫共3龄，以3龄幼虫食量最大，为害最重，亦即春秋两季为害严重老熟后多在5~10cm土层内做蛹室化蛹。化蛹时蛹皮从体背裂开脱下且皮不皱缩，不同于大黑鳃金龟。

3.暗黑鳃金龟

（1）分类与为害　暗黑鳃金龟 *Holotrichia parallela* Motschulsky，属鞘翅目鳃金龟科。该虫分布在中国20余个省（区）市，是花生、豆类、粮食作物的重要地下害虫，就分布之广、为害之重而言，在金龟甲类中已逐渐上升到首位。该虫的为害特点与华北大黑鳃金龟、铜绿丽金龟相似。

（2）形态特征　成虫体长17~22mm，体宽9~11.5mm，黑色或黑褐色，无光泽。暗黑鳃金龟与大黑鳃金龟形态近似，在田间识别须注意下列几点：暗黑鳃金龟体无光泽，幼虫前顶刚毛每侧1根；大黑鳃金龟则体有光泽，幼虫前顶刚毛每侧3根。

（3）生活史　每年1代，绝大部分以幼虫越冬，但也有以成虫越冬的，其比例各地不同。在6月上中旬初见，第一高峰在6月下旬至7月上旬，第二高峰在8月中旬。第一高峰持续时间长，虫量大，是形成田间幼虫的主要来源，第二高峰的虫量较小。幼虫活动主要受土壤温湿度制约，在卵和幼虫的低龄阶段，若土壤中水分含量较大则会淹死卵和幼虫。幼虫活动也受温度制约，幼虫常以上下移动寻求适合地温。另外幼虫下移越冬时间还受营养状况响，在大豆田及部分花生田，幼虫发育快，到9月多数幼虫下移越冬；而粮田中的幼虫发育慢，9月还能继续为害小麦。

（4）习性和发生规律　成、幼虫食性很杂。成虫可取食多种树木叶子，最喜食榆叶，次为加杨。成虫有暴食特点，在其最喜食的榆树上，一棵树上可落虫数千头，很快将树叶吃光。幼虫主要取食花生、大豆、薯类、麦类、玉米等作物的地下部分。在花生田里常将幼果柄咬断并将果吃掉，或是钻入荚果内将果仁食尽或是将荚果咬得残缺。幼虫也喜食大豆须根、根瘤、侧根，环食主根表皮。还可将甘薯、马铃薯的块根、块茎咬成洞穴，引起腐烂变质。在粮区主要为害玉米等春夏播作物的根系。成虫晚上活动，趋光性强，飞翔速度快，先集中在灌木上交配，20—22时为交配高峰，22时以后群集于高大乔木上彻夜取食。黎明前入土潜伏，具隔日出土习性。

（三）金针虫类

1. 细胸金针虫

（1）分类与为害　细胸金针虫 *Agriotes subrittatus* Motschulsky，属于鞘翅目叩甲科。国内主要分布于黑龙江、吉林、内蒙古、河北、陕西、宁夏、甘肃、陕西、河南、山东等省区。为害麦类、玉米、马铃薯、豆类等作物，对麦类、玉米为害最重，该虫主要为害作物的幼芽及种子，也可为害出土的幼苗。幼苗长大后便钻到根茎部取食，被害部位不完全被咬断、断口不整齐，有时也可钻入大粒种子，从而使病菌入侵而引起腐烂，被害作物逐渐枯黄而死。

（2）形态特征　成虫体长 8~9mm，宽约 2.5mm。体形细长扁平，被黄色细卧毛。头、胸部黑褐色，鞘翅、触角和足红褐色，光亮。触角细短，第一节最粗长，第二节稍长于第三节，基端略等粗，自第四节起略呈锯齿状，各节基细端宽，彼此约等长，末节呈圆锥形。前胸背极长稍大于宽，后角尖锐，顶端多少上翘；鞘翅狭长，末端趋尖，每翅具 9 行深的封点沟。卵乳白色，近圆形。幼虫淡黄色，光亮。老熟幼虫体长约 32mm，宽约 1.5mm。头扁平，口器深褐色。第一胸节较第 2~3 节稍短。1~8 腹节略等长，尾圆锥形，近基部两侧各有 1 个褐色圆斑和 4 条褐色纵纹，顶端具 1 个圆形突起。蛹体长 8~9mm，浅黄色。

（3）生活史　细胸金针虫在东北约需 3 年完成 1 个世代。在内蒙古河套平原 6 月见蛹，蛹多在 7~10cm 深的土层中。6 月中、下旬羽化为成虫，成虫活动能力较强，对禾本科草类刚腐烂发酵时的气味有趋性。6 月下旬至 7 月上旬为产卵盛期，卵产于表土内。在黑龙江克山地区，卵历期为 8~21d。幼虫要求偏高的土壤湿度；耐低温能力强。在河北 4 月平均气温 0℃时，即开始上升到表土层为害。一般 10cm 深土温 7~13℃时为害严重。黑龙江 5 月下旬 10cm 深土温达 7.8~12.9℃时为害，7 月上、中旬土温升达 17℃时即逐渐停止为害。

（4）习性和发生规律　成虫取食小麦、玉米苗的叶片边缘或叶片中部叶肉，残留叶表皮和纤维状叶脉。被害叶片干枯后呈不规则残缺，成虫嗜食麦叶和刚腐烂的禾本科杂草，而且对稍萎蔫的杂草有极强的趋性，喜欢在草堆下栖息活动和产卵，白天多潜伏在地表、土缝中、土块下或作物根丛中，黄昏后出土在地面上活动，具有负趋光性和假死性。

2. 褐纹金针虫

（1）分类与为害　褐纹金针虫 *Melanotus caudex* Lewis，属鞘翅目叩甲科。主要分布华北及河南、东北、西北等省，寄主禾谷类作物、薯类、豆类、棉、麻、瓜等。成虫在地上取食嫩叶，幼虫为害幼芽和种子或咬断刚出土幼苗。其对玉米的为害特点同细胸金针虫。

（2）形态特征　成虫体长 9mm，宽 2.7mm，体细长被灰色短毛，黑褐色，头部黑色向前凸密生刻点，触角暗褐色，2、3 节近球形，4 节较 2、3 节长。前胸背板黑色，刻点较头上的小后缘角后突。鞘翅长为胸部 2.5 倍，黑褐色，具纵列刻点 9 条，腹部暗红色，足暗褐色。长 0.5mm，椭圆形至长卵形，白色至黄白色。末龄幼虫体长 25mm，宽 1.7mm，体圆筒形，棕褐色具光泽。第 1 胸节、第 9 腹节红褐色。头梯形扁平，上生纵沟并具小刻点，体具微细到点和细沟，第 1 胸节长，第 2 胸节至第 8 腹节各节的前缘两侧，均具深褐色新月斑纹。尾节扁平且尖，尾节前缘具半月形斑 2 个，前部具纵纹 4 条，后半部具皱纹且密生大刻点。幼虫共 7 龄。

（3）生活史　西北地区 3 年发生 1 代，以成、幼虫在 20~40cm 土层里越冬。翌年 5 月上旬平均土温 17℃，气温 16.7℃越冬成虫开始出土，成虫活动适温 20~27℃，下午活动最盛，把卵在麦根 10cm 处，成虫寿命 250~300 d，5—6 月进入产卵盛期，卵期 16 d。第 2 年以 5 龄幼虫越冬，第 3 年 7 龄幼虫在 7—8 月于 20~30cm 深处化蛹，蛹期 17 d 左右，成虫羽化，在土中即行越冬。

（4）习性和发生规律　在华北地区常与细胸金针虫混合发生，其分布特性相似，以水浇地发生较多。成虫昼出夜伏，夜晚潜伏于 10cm 土中或土块、枯草下等处，间亦有伏在叶背、叶腋或小穗处过夜。成虫具伪死性，多在麦株上部叶片或麦穗上停留。成虫多在麦株或地表交配，呈背负式。褐纹金针虫的发生与土壤条件有关，适宜发生于湿润疏松，pH 值 7.2~8.2，有机质 1% 的土壤，碱土、有机质低的土壤较少，土壤干燥，有机质很低的碱性土壤对其极不适宜。

3. 沟金针虫

（1）分类与为害　沟金针虫 *Pleonomus canaliculatus*，属鞘翅目叩甲科。在中国主要分布于辽宁、河北、内蒙古、山西、河南、山东、江苏、安徽、湖北、陕西、甘肃、青海等省区，属于多食性地下害虫。在旱作区有机质缺乏、土质疏松的粉砂壤土和粉砂黏壤土地带发生较重。其为害特点同细胸金针虫。

（2）形态特征　成虫，雌虫体长 14~17mm，宽约 5mm；雄虫体长 14~18mm，宽约 3.5mm。体扁平，全体被金灰色细毛。头部扁平，头顶呈三角形凹陷，密布刻点。雌虫触角短粗 11 节，第 3~10 节各节基细端粗，彼此约等长，约为前胸长度的 2 倍。雄虫触角较细长，12 节，长及鞘翅末端；第 1 节粗，棒状，略弓弯；第 2 节短小；第 3~6 节明显加长而宽扁；第 5、第 6 节长于第 3、第 4 节；自第 6 节起，渐向端部趋狭略长，末节顶端尖锐。雌虫前胸较发达，背面呈半球状隆起，后绿角突出外方；鞘翅长约为前胸长度的 4 倍，后翅退化。雄虫鞘翅长约为前胸长度的 5 倍。足浅褐色，雄虫足较细长。卵近椭圆形，长径 0.7mm，短径 0.6mm，乳白色。幼虫初孵时乳白色，头部及尾节淡黄色，体长 1.8~2.2mm。老熟幼虫体长 25~30mm，体形扁平，全体金黄色，被黄色细毛。头部扁平，口部及前头部暗褐色，上唇前线呈三齿状突起。由胸背至第八腹节背面正中有 1 明显的细纵沟。尾节黄褐色，其背面稍呈凹陷，且蜜布粗刻点，尾端分叉，各叉内侧各有 1 小齿。

（3）生活史　沟金针虫长期生活于土中，需 3 年左右完成 1 代，第 1 年、第 2 年以幼虫越冬，第 3 年以成虫越冬。受土壤水分、食料等环境条件的影响，田间幼虫发育很不整齐，每年成虫羽化率不相同，世代重叠严重。老熟幼虫从 8 月上旬至 9 月上旬先后化蛹，化蛹深度以 13~20cm 土中最多，蛹期 16~20 d，成虫于 9 月上中旬羽化。越冬成虫在 2 月下旬出土活动，3 月中旬至 4 月中旬为盛期。成虫交配后，将卵产在土下 3~7cm 深处。卵散产，一头雌虫产卵可达 200 余粒，卵期约 35 d。雄虫交配后 3~5 d 即死亡；雌虫产卵后死去，成虫寿命约 220d。成虫于 4 月下旬开始死亡。卵于 5 月上旬开始孵化，卵历期 33~59 d，平均 42d。初孵幼虫体长约 2mm，在食料充足的条件下，当年体长可达 15mm 以上；到第三年 8 月下旬，老熟幼虫多于 16~20cm 深的土层内作土室化蛹，蛹历期 12~20 d 天，平均 16d。9 月中旬开始羽化，当年在原蛹室内越冬。

（4）习性和发生规律　成虫白天躲藏在土表、杂草或土块下，傍晚爬出土面活动和交配。雌虫行动迟缓，不能飞翔，有假死性，无趋光性；雄虫出土迅速，活跃，飞翔力较强，只做短距离飞翔，黎明前成虫潜回土中（雄虫有趋光性）。由于该虫雌虫不能飞翔，行动迟缓，且多在原地交配产卵，因此其在田间的虫口分布很不均匀。幼虫的发育速度、体重等与食料有密切关系，尤以对雌虫影响更大。取食小麦、玉米、荞麦等的沟金针虫生长发育速度快；取食油菜、豌豆、棉花、大豆的生长发育较为缓慢；取食大蒜和蓖麻则发育迟缓或停滞，部分幼虫体重下降。沟金针虫在雌虫羽化前一年取食小麦的，产卵量也最多，则发生为害较重。

（四）其他

1.蝼蛄

（1）分类与为害　蝼蛄属直翅目蝼蛄科，在我国记载的有6种，其中，以东方蝼蛄 *Gryllotalpa orientalis* 和华北蝼蛄 *Gryllotalpa unispina* 为主。东方蝼蛄在我国广泛分布，华北蝼蛄是中国北方的主要蝼蛄种类。蝼蛄以成虫和若虫在土中咬食刚播下的玉米种子，特别是刚发芽的种子，也咬食幼根和嫩茎，造成缺苗。咬食作物根部使其成乱麻状，幼苗枯萎而死。在表土层穿行时，形成很多隧道，使幼苗根部与土壤分离，失水干枯而死。因而，不怕蝼蛄咬，就怕蝼蛄跑。

（2）生活史　华北蝼蛄在华北地区3年完成一代，均以成虫及若虫在土下150cm深处越冬。东方蝼蛄在华中及南方每年发生一代，华北、西北和东北约需2年发生一代。以成虫和若虫越冬。在土下40~60cm深处越冬。两种蝼蛄的全年活动大致可分为6个阶段：①冬季休眠阶段，约从10月下旬开始到次年3月中旬；②春季苏醒阶段：约从3月下旬至4月上旬，越冬蝼蛄开始活动；③出窝转移阶段：从4月中旬至4月下旬，此时地表出现大量弯曲虚土隧道，并在其中留有一个小孔，蝼蛄已出窝为害；④猖獗为害阶段：5月上旬至6月中旬，此时正值春播作物和北方冬小麦返青，这是一年中第一次为害高峰；⑤产卵和越夏阶段：6月下旬至8月下旬，气温增高、天气炎热，两种蝼蛄潜入30~40cm以下的土中越夏；⑥秋季为害阶段：9月上旬至9月下旬，越夏虫又上长升到土面活动补充营养，为越冬作准备，这是一年中第二次为害高峰。

（3）习性和发生规律　蝼蛄是最活跃的地下害虫种类，杂食性，为害多种作物。蝼蛄昼伏夜出，晚9—11时为活动取食高峰。初孵若虫有群集性，怕光、怕风、怕水。东方蝼蛄多在沿河、池埂、沟渠附近产卵；华北蝼蛄多在轻盐碱地内的缺苗断垄、无植被覆盖的干燥向阳、地埂附近或路边、渠边和松软土壤里产卵。盐碱地虫口密度大，壤土地次之，黏土地最小，水浇地虫口密度大于旱地，华北蝼蛄喜潮湿土壤，含水量为22%~27%时最适生存。前茬作物是蔬菜、甘蓝、薯类时，虫口密度较大。在春、秋季，当旬平均气温和20cm土温均达16~20℃，是蝼蛄猖獗为害时期。在一年中，可形成两个为害高峰，即春季为害高峰和秋季为害高峰。夏季当气温达28℃以上时，它们则潜入较深层土中，一旦气温降低，它们又上升至耕作层活动。

2.麦根蝽象

（1）分类与为害　麦根蝽象 *Stibaropus formosanus* 属半翅目土蝽科，主要在华北、东北和内蒙古等地发生为害。主要寄主包括小麦、玉米、谷子、高粱及禾本科杂草。成、若虫以口针刺吸寄主根部的营养。为害玉米时，苗期出现苗青、株矮及青枯不结穗，可减产 20%~30% 或点片绝收。

（2）形态特征　成虫雌体长约 5.3mm，宽约 3.7mm，棕褐色，头短宽，宽约为长的 2 倍，边缘锯齿状，前缘向下倾斜，具一些短刺，下方具一列刚毛。复眼极小，不突出于头的两侧，单眼两个，位于复眼后侧。触角同体色，第 5 节。第 2 节极短，不及第 1 节的 1/2，第 3~4 节依次递长，各节均呈纺锤形，前胸背板鼓起，前部光滑，后部具点刻及横皱纹，小盾片基部光滑，端部有横纹，前翅具稀疏点刻。足极度特化，前足胫节镰刀状，近端部深褐色，跗节着生于其中部，中足胫节弯曲，微似香蕉状，胫节甚小，着生于近顶端处，后足腿节极粗，跗节马蹄形，甚小，着生于近顶端处。卵灰白色，椭圆形，长约 1.4mm，宽约 1.0mm。若虫，初孵时乳白色，后渐变乳黄、棕黄，随龄期的增加体色渐变深。末龄若虫体长与成虫相近，头部、胸部、翅芽黄色至橙黄色，腹背具 3 条黄线，腹部白色。

（3）生活史　该虫在山东 2 年发生 1 代，个别 3 年 1 代，以成虫或若虫在土中 30~60cm 深处越冬。翌年越冬代成虫 4 月逐渐上升到耕作层为害和交尾，5 月中、下旬产卵，卵期 26.6d，6 月上旬至 7 月上中旬出现大量若虫，若虫共 5 龄，每个龄期 30~45d，为害小麦、高粱、玉米等作物根部，若虫越冬后至翌年 6—7 月，老熟若虫羽化，若虫期和成虫期约需 1 年左右，条件不利时若虫期可长达 2 年。世代不够整齐，有世代重叠现象。陕西也是 2 年 1 代，翌年越冬成虫于 6—7 月交配产卵，卵期 30 d。若虫于 8 月中旬至 9 月上旬孵化，10 月下旬越冬，次年 4 月中旬开始活动，4 月下旬至 7 月中旬进入若虫为害期，7 月下旬至 8 月中旬成虫羽化后越冬。于第三年成虫经补充营养，交配产卵，产卵前期 15 d。辽宁绵州 2 年或 2.5 年完成 1 代，越冬成虫于 7 月产卵，发育快的次年 8 月羽化为成虫，当年以成虫越冬。发育慢的群体则需进行 2 次越冬，第 3 年 6—7 月羽化为成虫。2.5 年完成 1 代。

（4）习性和发生规律　该虫有假死性，能分泌臭液，在土中交配，把卵散产在 20~30cm 潮湿土层里，产卵量数粒至百余粒。成虫于 6—8 月土温高于 25℃或天气闷热的雨后或灌溉后，部分成虫出土晒太阳，身体稍干即可爬行或低飞。干旱年份发生为害重。麦根蝽象清晨多在表层土壤中活动为害，气温高时则下移到土层深处，同时有在雨后或田间浇水后出土活动的习性。

第二节　防治措施

根据玉米田各种害虫发生规律、为害程度，综合农艺防治、物理防治、生物防治和应急性化学防治技术，将各种防治措施进行有机组合，最终形成适用于当地玉米田害虫，经济、高效、绿色的玉米田害虫综合防控措施。

一、农艺防治

农艺防治也称为农业防治，是指为防治农作物病、虫、草害所采取的农业技术综合措施，用于调整和改善作物的生长环境，以增强作物对病虫害的抵抗力，创造不利于病原物和害虫生长发育或传播的条件，以控制、避免或减轻病虫害的为害。针对玉米害虫的农业措施主要有：选用抗虫品种、调整品种布局、选留健康种苗、轮作、深耕灭茬、调整播期、合理施肥、及时灌溉排水、搞好田园卫生等。农业防治如能同物理、化学防治等配合进行，可取得更好的效果。

作物是农业生态系统的中心，农业害虫是生态系统的重要组成成分，并以作物为其生存发展的基本条件。一切耕作栽培措施都会对作物和农业害虫产生影响。农业防治措施的重要内容之一就是根据农业生态系统各环境因素相互作用的规律，选用适当的耕作栽培措施使其既有利于作物的生长发育，又能抑制害虫的发生和为害。

（一）种植制度

1. 轮作

对寄主范围狭窄、食性单一的有害生物，如玉米蚜，轮作非禾本科作物可恶化其营养条件和生存环境，或切断其生命活动过程的某一环节。此外，轮作还能促进有颉颃作用的微生物活动，抑制病原物的生长、繁殖，如轮作一些豆类作物，还可提高土壤氮素含量，提高土壤肥力。

2. 间作或套作

合理选择不同作物实行间作或套作，辅以良好的栽培管理措施，也是防治害虫的途径。如小麦、玉米套作可使麦蚜天敌如瓢虫等顺利转移到玉米苗上，从而抑制玉米蚜等苗期害虫的发展，并可由于小麦的屏障作用而阻碍有翅棉蚜的迁飞扩展。高矮秆作物的配合也不利于喜温湿和郁闭条件的有害生物发育繁殖。但是如间、套作不合理或田间管理不好，则反会促进病、虫、杂草等有害生物的为害。

3. 作物布局

合理的作物布局，在一定范围内采用一熟或多熟种植，调整春、夏播面积的比例，均可控制有害生物的发生消长。如适当压缩春播玉米面积，可使玉米螟食料和栖息条件恶化，从而减低早期虫源基数等。但是，如果作物和品种的布局不合理，则会为多种有害生物提供各自需要的寄主植物，从而形成全年的食物链或侵染循环条件，使寄主范围广的有害生物获得更充分的食料。此外，种植制度或品种布局的改变还会影响有害生物的生活史、发生代数、侵染循环的过程和流行。

（二）耕翻整地

耕翻整地和改变土壤环境，可使生活在土壤中和以土壤、作物根茬为越冬场所的有害生物经日晒、干燥、冷冻、深埋或被天敌捕食等而被治除。冬耕、春耕或结合灌水常是有效的防治措施。对生活史短、发生代数少、寄主专一、越冬场所集中的害虫，防治效果尤为显著。

1. 播种

包括调节播种期、密度、深度等。调节播种期，可使作物易受害的生育阶段避开害虫发生盛期。如华北地区适当推迟玉米的播种期，可减轻灰飞虱传播的粗缩病的发生等。此外，适当的播种深度、密度和方法，结合种子、苗木的精选和药剂处理等，可促使苗齐苗壮，影响田间小气候，从而控制苗期害虫为害。

2. 田间管理

包括水分调节、合理施肥以及清洁田园等措施。灌溉可使害虫处于缺氧状况下窒息死亡；采用地膜方法，可明显减少地下害虫的发生；施用腐熟有机肥，可杀灭肥料中的虫卵；合理施用 N、P、K 肥，可减轻害虫为害程度，如增施 P 肥可减轻小麦蚜虫的发生等，N 肥过多易致作物生长柔嫩，田间郁闭阴湿利于病虫害发生等。此外，清洁田园对灰飞虱、蚜虫等防治也有重要作用。

（三）植物抗性的利用

农作物对病虫的抗性是植物一种可遗传的生物学特性。通常在同一条件下，抗性品种受病虫为害的程度较非抗性品种为轻或不受害。植物的抗虫性根据抗性机制可分为 3 个主要类型：①排趋性（无偏嗜性），如某些玉米品种因缺乏能刺激玉米螟取食的化学物质而能抗玉米螟；②抗虫性，表现为作物受虫害后产生不利于害虫生活繁殖的反应，从而抑制害虫取食、生长、繁殖和成活。如有的玉米品种能抗玉米螟第一代为害；③耐虫性，表现为害虫虽能在作物上正常生活取食，但不致严重为害。

利用玉米品种抗虫性性状受显性或隐形基因的控制而遗传给后代的特点，进行玉米抗虫品种的选育和推广应用也是玉米害虫农业防治技术中的重点之一。

农业防治的效果往往是由于多种措施的综合作用。且由于农业防治措施的效果是逐年积累和相对稳定的，因而符合预防为主、综合防治的策略原则，而且经济、安全、有效。但其作用的综合性要求有些措施必须大面积推行才能收效。当前国际上综合防治的重要发展方向是抗性品种，特别是多抗性品种的选育、利用。为此，从有害生物综合治理的要求出发，揭示作物抗性的遗传规律和生理生化机制，争取抗性的稳定和持久，是这一领域的重要课题。

1. 灰飞虱防治

玉米重要传毒昆虫灰飞虱，可传播玉米粗缩病，严重时造成玉米减产，甚至绝收。针对该虫可采取如下农艺防治措施。

适应调整播期，推迟播种 7d 左右即可有效减少该虫的为害；清洁田园，切断灰飞虱传播途径。

清除杂草，消灭病毒寄主。田间路边杂草是灰飞虱和病毒的越冬越夏寄主，也是病毒流行的基本条件，清除杂草在一定程度上可减轻玉米粗缩病的为害。因此夏、秋收获之后要及时灭茬，清除田间杂草，同时注意清除村庄、路旁、地边杂草。

防治麦田灰飞虱，减少传毒媒介。麦田冬灌，消灭灰飞虱越冬若虫；除草剂防除麦田杂草，早春小麦拔节期结合防治小麦根病喷药防治灰飞虱越冬成虫；小麦抽穗后，结合防病治虫，防治一代灰飞虱。

重病区可选用冀植 5 号、农大 108 等抗病、耐病品种。同时应注意合理布局，避开单一抗源品种的大面积种植。

适期播种。在适期范围内尽量晚套，使玉米苗期避开第 1 代灰飞虱成虫的活动盛期，套种期宜掌握在 6 月上旬，小麦玉米共生期不能超过 7~10d。

加强田间管理。田间管理要注意及时进行中耕除草，适当多下种，早间苗、晚定苗，发现病株后要立即拔除，带出田外。及时追肥浇水，促进玉米生长发育健壮，提高抗病能力。如果田间病株率超过 50%，则应毁种。

2. 棉铃虫防治

棉铃虫是重要农业害虫，该虫寄主广泛，几乎可取食所有田间农作物及杂草，20 世纪末，中国棉铃虫大暴发实践证明，对于棉铃虫的防治单单只依靠化学防治已无法达到控制该虫种群的目的。包括农艺防治技术在内的综合防治技术对于该虫的田间种群治理至关重要。玉米田棉铃虫农艺防治主要包括。

玉米收获后，秸秆还田，及时深翻耙地，坚持实行冬灌，可大量消灭越冬蛹。

合理布局。在玉米地边种植诱集作物如洋葱、胡萝卜等，于盛花期可诱集到大量棉铃虫成虫，及时喷药，聚而歼之。

选择抗、耐虫性强、虫害补偿能力强的玉米品种，减少因该虫造成的产量损失。

二、抗虫育种

农田害虫是造成玉米产量损失的主要因素之一，利用种质资源中的抗虫性进行抗虫育种是解决该问题最有效的途径。寄主植物抗虫性是指植物所具有的抵御或减轻昆虫侵害的能力，或指某一品种在相同的虫口密度下比其他品种高产、优质的能力。玉米抗虫育种包括直接筛法、杂交选育法、回交转育法、复合杂交法、轮回选择法和生物技术，即转基因技术，各种方法殊途同归，均是旨在纯化和利用自然界存在的抗虫基因，达到杀虫或驱虫的目的。

利用转基因技术可达到快速、目的性强、成功率高等优点，但是其主要缺点是可能潜在的生态安全性方面。

1995 年以后，转基因玉米研究就已进入商业化阶段，10 多年来，利用转基因玉米已经培育出一批抗虫、抗病、优质等转基因玉米新品种。当前我国玉米转基因的产业化进程不断推进，2007 年中国农业科学院开发出了一种既能帮助改善营养价值又能减少污染的转基因玉米。

ART 研究所（位于瑞士苏黎世）的一项研究表明，转基因 Bt 玉米对瓢虫不会造成为害。ART 的科学家做此项研究时，用红蜘蛛螨饲喂瓢虫幼虫，而该红蜘蛛螨是用 MON 810、MON 88017 两种转基因玉米喂养的，这两种转基因玉米含有 Bt 基因表达蛋白 Cry1Ab 和 Cry3Bb1 两种内毒素。研究人员称，他们的研究证明转基因抗虫玉米不仅具有杀死害虫的能力，而且不会对有益昆虫有不良影响。

目前，国内玉米生产的主要制约因素是成本较高，单产水平和总产量尚能满足消费的需要，减少农药和除草剂的使用量可在很大程度上降低玉米的生产费用，也有利于保护环境。因而，转基因玉米将在玉米生产上具有潜在的、优异的应用前景。

三、物理防治

物理防治是利用简单工具和各种物理因素，如光、热、电、温度、湿度和放射能、声波等防治病虫害的措施。如人为升高或降低温、湿度，是指超出病虫害的适应范围，如晒种、热水浸种或高温处理竹木及其制品等。利用昆虫趋光性灭虫自古就有。近年黑光灯和高压电网灭虫器应用广泛，用仿声学原理和超声波防治虫等均在研究、实践之中。原子能治虫主要是用放射能直接杀灭病虫，或用放射能照射导致害虫不育等。随着近代科技的发展，物理防治技术也将会有更广阔的发展前途。

（一）杀虫灯

杀虫灯是根据昆虫具有趋光性的特点，利用昆虫敏感的特定光谱范围的诱虫光源，诱集昆虫并能有效杀灭昆虫，降低病虫指数，防治虫害和虫媒病害的专用装置。如玉米田重要害虫棉铃虫、二点委夜蛾等鳞翅目害虫和铜绿丽金龟、暗黑鳃金龟等鞘翅目害虫成虫无具有较强的趋光性，可利用特定波段光谱范围的杀虫灯进行有效防治。

采用灯光诱虫物理防治技术，既能控制虫害和虫媒病害，也不会造成环境污染和环境破坏。有人担心，益虫也被诱杀了，其实没有必要。灯光诱虫与化学农药防治不同，灯光诱虫不会破坏原有的生态平衡，害虫、益虫都不会被完全诱杀；杀虫灯只是通过降低害虫基数，把病虫指数降到防治标准以下，并没有破坏原生态平衡。如果只诱杀害虫，益虫没有了食物，部分益虫也会被饿死，这就是生态平衡。

（二）诱虫色板

诱虫色板是利用害虫对某种颜色趋性诱杀农业害虫的一种物理防治技术，它绿色环保、成本低，全年应用可大大减少用药次数。采用色板上涂黏虫胶的方法诱杀昆虫，可以有效减少虫口密度，不造成农药残留和害虫抗药性，可兼治多种虫害。可防治蚜虫、叶蝉、蓟马等小型昆虫，如配以性诱剂可扑杀多种害虫的成虫。

四、生物防治

生物防治是指利用自然界有益生物或其他生物来控制有害生物种群数量的防治方法。

（一）利用微生物防治

常见的有应用真菌、细菌、病毒和能分泌抗生物质的抗生菌，如应用白僵菌、苏云金杆菌各种变种制剂、病毒粗提液和微孢子虫等防治玉米田棉铃虫、黏虫、玉米螟等重要害虫。

（二）利用寄生性天敌防治

最常见有赤眼蜂防治玉米螟、中红侧沟茧蜂防治棉铃虫等多种害虫。

（三）利用捕食性天敌防治

这类天敌很多，玉米田节肢动物中捕食性天敌玉米瓢虫、螳螂等昆虫外，还有蜘蛛和螨类。

保护和利用天敌是害虫生物防治中的重要工作之一。

1. 中红侧沟茧蜂防治棉铃虫

河北省农林科学院植物保护研究所王德安研究员于 1979 年在棉田天敌昆虫调查时发现了寄生于棉铃虫低龄幼虫的一种新的寄生性天敌昆虫，经我国茧蜂分类专家何俊华先生鉴定，属茧蜂科小腹茧蜂亚科侧沟茧蜂属，中红侧沟茧蜂（ *Microplitis mediator* Haliday），是中国新纪录种。中红侧沟茧蜂成虫长约 3mm，体黑色，足赤黄色；茧纺锤形，一般长 4.5mm，径 1.5mm，分为两种，一种绿色，为发育茧，另一种褐色，为滞育茧，滞育茧所羽化出的成蜂存活时间较长，产卵量较大。

中红侧沟茧蜂适宜寄生 1 龄末 2 龄幼虫，表现为寄生成功性高，寄生蜂幼虫在寄主体内发育正常。寄主被寄生后，短时期内表现呆滞，随后恢复常态，继续爬行取食。寄主体内的卵一天内即可孵化，蜂幼虫开始取食寄主体液发育，并逐渐向寄主体后部运行，随着蜂幼虫的增大，寄主的食量逐渐减少，生长发育受到明显抑制。4~5d 后寄主基本停止取食，活动缓慢，往往爬至于干燥处静伏不动，寄主的体色明显变黄，中间暗黑色，在光线下可看到蜂幼虫已运行到寄主体的中部，寄生 6~7d 后寄生蜂幼虫到寄主的第 4~5 对腹足之间部位，随后从寄主气门线附近咬破虫体钻出体外，在寄主尾部处结茧。

经过多年的田间试验，已经基本确定中红侧沟茧蜂防治棉铃虫的田间释放技术。罩笼试验和多点田间试验证明，中红侧沟茧蜂的田间释放量根据 20 头幼虫 / 雌蜂的比例确定放蜂量。棉田棉铃虫一般发生年份，每亩应释放有效蜂 500~700 头。目前比较简单的放蜂方式是将待羽化的蜂茧装入牛皮纸袋，在棉铃虫的卵孵化盛期悬挂于棉株上，用剪刀将纸袋剪一小口，让羽化后的成蜂自行爬出。一般来说，每亩悬挂 3~5 个纸袋即可。如果棉铃虫发生很不整齐，可以以 7d 的间隔分 2 次释放。经过多年多地的释放试验和示范，在棉铃虫一般发生年份，棉铃虫的被寄生率在 50%~75%，防治效果 60%~80%，应用效果一般高于其他天敌。

中红侧沟茧蜂在中国华北地区 1 年发生 7~8 代，对棉铃虫各世代的平均寄生率达 22.9%，在田间自然条件下对这些害虫具有显著的控制作用，因而田间自然天敌的保护利用尤其重要。

2.玉米螟的生物防治

玉米螟的成虫在白天大多潜伏在茂密的作物中，或隐藏在杂草中，夜间会出来活动，并且玉米螟在玉米心叶期、抽雄期以及雌穗抽丝初期会成群为害。除此之外，在雨水充沛且均匀的季节，发生玉米螟的概率会大大增加。在新种植玉米的地区，玉米螟也会加重为害。以上这些因素都增加了治理玉米螟的难度。利用传统的喷洒农药的防治方式，不仅不能完全去除玉米螟成虫和卵，而且会浪费大量的人力物力和财力。重要的是，会产生残余农药，影响玉米质量。

玉米螟的生物防治方式是利用赤眼蜂、苏云金杆菌以及白僵菌等来防治玉米螟。具体生物防治方法如下：在玉米螟卵孵化的初盛期，设放蜂点，利用赤眼蜂蜂卡放蜂 15 万 ~45 万头，可以在玉米心叶中期每株玉米使用 2 g 孢子含量范围在 50 亿 ~100 亿 /g 的白僵菌粉，按 1 : 10 的比列配置成颗粒剂使用即可；或可以用苏云金杆菌进行生物防治；用含菌量为 100 亿 /g 的 Bt 乳油或 BT-781DZ，667 m^2 玉米地用 10 倍的颗粒剂在心叶末期使用效果佳。因为纬度、海拔的不同，玉米螟每年发生 1~6 代，利用生物防治的方法可以高效地解决玉米螟这一玉米虫害。

3.玉米蚜的生物防治

玉米蚜的繁殖代数非常多，适应温度范围广，适应能力强，所以往往玉米蚜 1 年可以繁殖 20 代左右。玉米蚜寄主范围非常广，传播能力强，并且会集中在新形成的心叶内为害，尤其在适合玉米生长的时期为害严重。但是玉米蚜天敌众多，可以利用生物防治的方法抑制其为害玉米的活动。例如，可以选择草间小黑蛛、隆背微蛛、瓢虫类和食蚜蝇等作为天敌品种。1 个玉米心叶中只需要 1 头草间小黑蛛就能抑制玉米蚜的发生。草间小黑蛛的日捕食量为 15~25 头。在进行生物防治过程中，要注意保护和利用天敌。但是当在玉米抽雄株率到 5%，有蚜株率 10% 以上时，生物防治不能完全解决玉米蚜的发生，这时需要进行相应的药剂防治。

五、化学防治

（一）刺吸式害虫的防治

1. 蚜虫

玉米苗期蚜虫防治较易，成株期后由于植株高大，田间郁闭，农事操作困难，防治较难。①喷雾防治：直接用 25% 噻虫嗪水分散粉剂 6 000 倍液，或用 40% 乐果乳油、10% 吡虫啉可湿性粉剂 1 000 倍液，或用 50% 抗蚜威可湿性粉剂 2 000 倍液等喷雾。②种子包衣或拌种：用 70% 噻虫嗪（锐胜）种衣剂包衣，或用 10% 吡虫啉可湿性粉剂拌种，对苗期蚜虫防治效果较好。③清除田间地头杂草，减少早期虫源。

2. 蓟马

繁殖较快，见虫即应防治。①种子包衣或拌种：用含有内吸性杀虫剂成分的种衣剂直接包衣，或用 10% 吡虫啉可湿性粉剂拌种。②喷雾：用 10% 吡虫啉可湿性粉剂、40% 毒死蜱乳油、20% 灭多威 1 000~1 500 倍液，或者用 1.8% 阿维菌素乳油、25% 噻虫嗪水分散粒剂 3 000~4 000 倍液均匀喷雾，重点为心叶和叶片背面。③清除田间地边杂草，减少越冬虫口基数。④剖开扭曲心叶顶端，帮助心叶抽出。⑤苗期可用蓝板诱杀。

3. 灰飞虱

具体可用内吸杀虫剂吡虫啉等拌种或 70% 噻虫嗪（锐胜）种衣剂包衣对玉米粗缩病有部分防治效果；也可用 10% 吡虫啉可湿性粉剂 1 000~1 500 倍液、40% 乐果乳油 1 000 倍液、25% 吡蚜酮可湿性粉剂 2 000~2 500 倍液等药剂喷雾杀虫。

4. 玉米耕葵粉蚧

二龄前为防治最佳时期，二龄后若虫体表覆盖一层蜡粉，耐药性较强，防治效果较差。①种子包衣或药剂拌种：用 70% 噻虫嗪（锐胜）或含有机磷成分的种衣剂直接包衣，用 50% 辛硫磷乳油或 48% 毒死蜱乳油拌种。②药剂灌根：用 50% 辛硫磷乳油 1 000 倍液、10% 吡虫啉可湿性粉剂 2 000 倍液或 48% 毒死蜱乳油 1 500 倍液灌根，然后浇一遍水。

（二）钻蛀性害虫

1. 玉米螟、桃蛀螟

在心叶内撒施化学颗粒剂：用 3% 广灭丹颗粒剂。每亩 1~2kg；或用

0.1% 或 0.15% 氟氯氰颗粒剂。每株用量 1.5g；或用 14% 毒死蜱颗粒剂、3% 丁硫克百威颗粒剂每株 1~2g 或用 3% 辛硫磷颗粒剂，每株 2g；或 50% 辛硫磷乳油按 1∶100 配成毒土混匀撒入喇叭口，每株撒 2g。

2. 棉铃虫

苗期棉铃虫防治的最佳时期在 3 龄前，叶面喷洒 2.5% 氯氟氰菊酯乳油 2 000 倍液，5% 高效氯氰菊酯乳油 1 500 倍液等化学农药；6 月下旬在玉米心叶中撒施杀虫颗粒剂，药剂及使用方法同玉米螟。

3. 二点委夜蛾

幼虫 3 龄前为防治最佳时期。①撒毒土：48% 毒死蜱乳油 500g+1.8% 阿维菌素乳油 500g，对水喷洒在 50kg 细干土上配成毒土，撒于幼苗根部。②随水灌药：用 48% 毒死蜱 1 000g/ 亩，浇地时随水施药。③喷雾或灌根：1.8% 阿维菌素乳油 +5% 高效氯氰菊酯，1 500 倍液喷雾或将喷雾器喷头拧下，逐株滴灌根颈及根际土壤，每株 50~100g 药液。

（三）食叶类害虫

以黏虫、蝗虫为例。在早晨或傍晚黏虫在叶面上活动时，喷洒速效性强的药剂。①用 4.5% 高效氯氰菊酯乳油 1 000~1 500 倍液，48% 毒死蜱乳油 1 000 倍液，3% 啶虫脒乳油 1 500~2 000 倍液等杀虫剂喷雾防治。②麦茬地要在玉米出苗前用化学药剂杀灭地面和麦茬上的害虫。

（四）地下害虫

1. 地老虎类

防治最佳时期在 1~3 龄，此时幼虫对药剂抗性较差，并在寄主表面或幼嫩部位取食；3 龄后潜伏在土表中，不易防治。①药剂拌种：有一定效果，用 50% 辛硫磷乳油拌种，用药量为种子重量的 0.2%~0.3%；或用 3% 好年冬颗粒播种时沟施。②三龄以下幼虫用 48% 毒死蜱乳油或 40% 辛硫磷乳油 1 000 倍液灌根或傍晚茎叶喷雾。③毒土、毒饵诱杀大龄幼虫：用 50% 辛硫磷乳油每亩 50g，拌炒过的棉籽饼或麦麸 5kg，傍晚撒在作物行间。

2. 蛴螬、金针虫

药剂包衣或拌种：用种衣剂 30% 氯氰菊酯（帅苗）直接包衣，或者用 40% 辛硫磷乳油 0.5L 对水 20L，拌种 200kg。或用 48% 毒死蜱乳油 2 000 倍液或 40% 辛硫磷乳油 1 000 倍液灌根处理。

本章参考文献

陈元生，涂小云 .2011. 玉米重大害虫亚洲玉米螟综合治理策略 [J]. 广东农业科学，38（2）：80-83.

党志红，李耀发，潘文亮，等 .2011. 二点委夜蛾发育起点温度及有效积温的研究 [J]. 河北农业科学，15（10）：4-6.

杜军辉，于伟丽，王猛，等 .2013. 三种双酰胺类杀虫剂对小地老虎和蚯蚓的选择毒性 [J]. 植物保护学报，40（3）：266-272.

高璇 .2013. 玉米病虫害防治技术分析 [J]. 农业与技术，33（11）：146.

李海英 .2013. 国内玉米病虫害防治与转基因玉米的应用前景探究 [J]. 生物技术世界（1）：54.

李耀发，党志红，高占林，等 .2010. 防治灰飞虱高毒力药剂的室内筛选 [J]. 河北农业科学，14（8）：80-81.

李耀发，党志红，张立娇，等 .2011. 二点委夜蛾形态识别及发育历期研究 [J]. 河北农业科学，15（4）：23-24.

李耀发，党志红，高占林，等 .2012. 二点委夜蛾高效低毒防治药剂室内评价 [J]. 农药 .51（3）：213-215.

刘杰，姜玉英，曾娟 .2013. 2012 年玉米大斑病重发原因和控制对策 [J]. 植物保护，39（6）：86-90.

刘杰，姜玉英 .2014. 2012 年玉米病虫害发生概况特点和原因分析 [J]. 中国农学通报，30（7）：270-279.

刘明春，蒋菊芳，郭小芹，等 .2014. 气候变化背景下玉米棉铃虫消长动态预测及影响因素研究 [J]. 干旱地区农业研究，32（2）：114-118.

罗益镇，崔景岳 .1995. 土壤昆虫学 [M]. 北京：农业出版社 .

全国农业技术推广服务中心病虫害测报处 .2015. 2015 年全国玉米重大病虫害发生趋势预报 [J]. 山东农药信息（3）：42.

王文锦 .2014. 玉米地老虎发生特点与综合防治技术 [J]. 种子科技，（9）：50-51.

张范强，薛淑珍，纪勇，等 .1986. 褐纹叩头甲生物学特性观察 [J]. 昆虫知识（2）：60-62.

张小龙，张艳刚，李虎群，等 .2011. 二点委夜蛾发生为害特点、发生规律及防治技术研究 [J]. 河北农业科学，15（12）：1-4.

朱丽敬，杨丽，蔺怀博 .2014. 浅谈玉米病害加重原因及防治 [J]. 农业技术，34（8）：148.

第一节 玉米抗（耐）旱指标

一、中国玉米主产区玉米干旱发生频率

黄淮海夏玉米区是中国最大的玉米集中产区，常年播种面积占全国 40% 以上，种植面积约 600 万 hm²，约占全国总种植面积的 32%；总产量约 2 200 万 t，占全国总产量的 34% 左右（刘京宝等，2012）。近年来，该区夏玉米播种面积和产量均呈现出逐渐增加的趋势，对保障全国粮食安全起着重要的作用。在黄淮海地区，尽管夏玉米生产季节雨热同期，但这一地区的水资源严重不足，水资源占全国水资源总量的 7.6%，人均水资源量和平均水资源量仅占全国平均值的 22.5% 和 19.8%，水资源的可持续利用问题已成为黄淮海区域经济发展的战略性问题（毕明等，2012）。夏玉米生育期间气温高、蒸发量大、降水分布不均、干旱灾害发生频繁，因而，干旱是影响范围最大、造成产量损失最重的农业气象灾害之一（薛昌颖等，2014）。

华北平原夏玉米耗水量大体变化在 300~400 mm，平均为 350 mm 左右（陈博 等，2014）。如图 6-1 所示，2005—2014 年，年降雨量变化范围在 294.8~707.7mm，年度间变异很大。2005—2014 年，玉米生育期间降水量分别为 318.3mm、304.3mm、264.6mm、581.3mm、523.6mm、356.4mm、564.3mm、515.9mm、435.4mm、218.5mm，低于 350mm 的有 4 个年份，干旱发生频率为 40%，如图 6-2 所示。10 年来 7—8 月年度间降雨量变异最大，且 7—8 月的降雨量平均值为月份间最高。

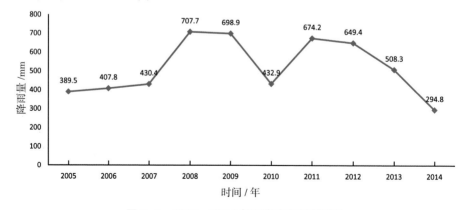

图 6-1 2005—2014 年石家庄市年降雨量

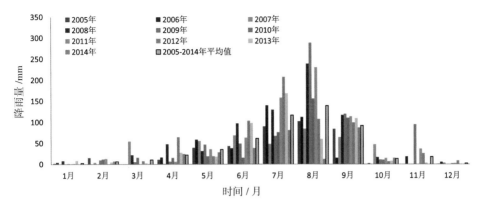

图 6-2　2005—2014 年石家庄市月降雨量

图 6-3，图 6-4 所示，2005—2014 年石家庄市温度较高的 3 个月份为 6、7、8 月，与降水量结合可看出，7—8 月为雨热同期，此时在石家庄地区玉米受旱的几率较小；6 月属于降雨较少，气温较高的年份，此时玉米容易受旱，所以在该地区种植玉米一般要浇"蒙头水"。

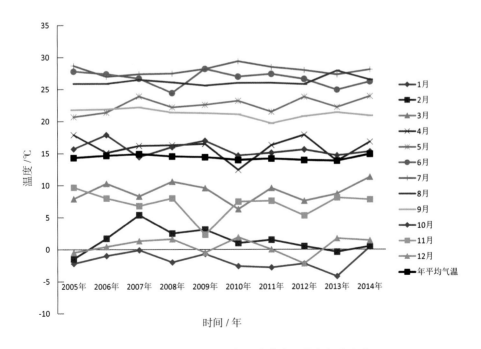

图 6-3　2005—2014 年石家庄市逐月年温度变化

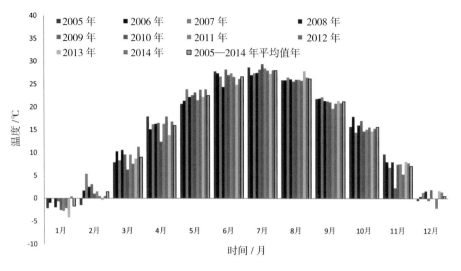

图 6-4　2005—2014 年石家庄市月温度变化

二、玉米干旱发生时期及对玉米生长和产量的影响

近年来受全球变暖的影响，中国干旱灾害加剧。据《中国水旱灾害公报》公布的数据，1950—2007 年，全国农业平均每年因旱受灾 2 173.33 万 hm²，年均因旱损失粮食 158 亿 kg，占各种自然灾害造成粮食损失的 60% 以上（齐述华，2004）。黄淮海平原作为中国重要的粮棉油产区，20 世纪 70 年代以来干旱灾害不断加重，平均每年有 1.4 × 10⁶ hm² 的农田因干旱减产（阎丙离，1995；郝晶晶等，2010）。农业干旱的直接承灾体是农作物，农作物受旱程度不仅与气象干旱程度有关，还与作物种类、品种、生长阶段有关，农作物不同生长阶段对干旱的敏感性存在差异（马晓群等，2010）。黄淮海粮食主产区是以冬小麦和玉米占绝对优势的区域（郭淑敏等，2006），玉米种植区旱情以轻旱和中旱为主，其面积比重分别为 24.80% 和 52.79%（康蕾等，2014）。

受大陆性季风气候的影响，在夏玉米生育期间，常有季节性干旱，从而影响夏玉米产量的稳定性（庄严等，2010）。干旱一般可使玉米减产 20%~30%，是影响玉米生产的重要因素（齐伟等，2010）。为此，近年来，许多学者开展了水分胁迫对玉米生长发育、生理生态特性及产量的影响研究（李清芳等，2007；卜令铎等，2010；何海军等，2001）。白莉萍等（2004）研究表明，水分胁迫对玉米前期营养生长阶段和生殖阶段株高的影响有所不同，作物不同时期的水分胁迫对产量的影响存在明显差异；马旭凤等（2010）认为，苗期的干旱抑制了玉米植株生长；随着水分亏缺程度的加重，根系长度缩短、根直径变细、总生物量降低（李博等，2008；姚启伦等，2010；郑盛华等，2006）；纪瑞鹏等（2012）的研究则指出，农田干旱胁迫会影响玉米的生长发育从而最终导致产量下降；其产量下降的程度不但取决于干旱的严重程度，还取决于干旱发生在玉米生长阶段（王延宇等，1998；白向历等，2009）。白向历等（2009）的研究认为，任何生育时期的土壤干旱均会导致玉米减产，其中抽雄吐丝期水分胁迫减产最重，其次是拔节期，苗期相对较轻。姜鹏等（2013）研究指出，玉米受干旱胁迫的影响程度，因受旱轻重、受旱时间不同而有所差别。玉米抽穗—乳熟期分别经轻度（田间持水量的60%）和重度干旱（田间持水量40%），果穗性状和产量构成要素指标降幅明显，与对照差异显著，百粒重分别下降18.8%和30.2%，理论产量分别下降62.4%和70.3%。与自然生长相比，拔节—抽穗期遭受重旱的玉米，生长至乳熟期，株高偏低26.1%，叶面积下降30.9%，果穗长、穗粒数、百粒重分别下降27.6%、46.5%和8.7%；抽穗—乳熟期遭受重旱的玉米，生长至乳熟期，株高偏低21.7%，叶面积下降23.6%，果穗长、穗粒数、百粒重分别下降36.1%、60.5%和30.2%。说明干旱是制约玉米高产的一个关键因子，特别是抽穗—乳熟期遭受重旱，玉米产量降幅更大。

　　水分胁迫对玉米生长的影响深刻而全面，包括解剖、形态和生理生化各方面，这些方面都影响产量的形成（Brown et al，1976；Dedove et al，1996；Dhindsa et al，1981；Dwyer et al，1984；鲍巨松等，1991）。大多数研究认为水分胁迫使玉米产量下降的基本原因在于生长过程受到抑制和它对光合作用的影响，特别是在产量形成的敏感时期。水分胁迫条件下，远在叶片净光合速率明显降低之前，叶片的伸长就受到明显的抑制，主要是细胞伸长受抑制，而一般情况下细胞分裂仍可继续进行。因此，胁迫时，植株矮小（许旭恒，1986；张义林等，1994）。大量研究证明玉米不同生育时期水分胁迫对产量的影响不同。苗期对水分胁迫的抵抗力较强，适当的水分胁迫可起到蹲苗和抗旱锻炼的作用，此期胁迫对产量的影响较小；拔节期后干旱玉米根系生长发育受阻，吸收表面积减少对产量的影响较大（顾慰连，1992）；玉米雌穗小花分化期，水分胁迫严重阻碍小花分化发育、受精和籽粒灌浆；开花期玉米对水分胁迫最敏感，即使短期水分胁迫也会导致严重减产（Siatyer et al，1976），穗粒数受影响最大；灌浆期水分胁迫则明显降低粒重。开花期水分胁迫严重减产的原因，一般认为水分胁迫影响花原始体发育（Hall et al，1975），造成卵细胞败育和花期不遇，破坏授粉和受精造成穗粒数减少（Hall et al，1981；Westgate et al，1986）。

三、玉米受旱的形态表现

在干旱胁迫条件下，作物要发生一系列形态上的变化，如株高、生长速度、根系、叶片形态等的改变。作物的株高与叶面积增长速率一直作为重要的农艺性状应用于作物栽培研究中，水、肥等许多栽培条件都会明显影响植株的生长，都可通过这两个指标反映出来。张岁岐（1997）在小麦试验中，发现随干旱程度加剧，单株叶面积及株高明显减小，而且还发现增施 P 肥在各个水分水平上都增加了单株叶面积和株高，但随水分胁迫的加重，P 肥促进植株生长的作用逐渐被削弱。作为水分吸收的主要器官，根系与作物抗旱性的形成必然具有密切关系。孙彩霞等（2002）在研究玉米根系生态型及生理活性与抗旱性关系时，发现根体积、干物质量和根冠比在苗期和拔节期受旱均有明显的下降，这几个指标变化的规律性强且在基因型间有显著差异。

干旱对植物的影响主要是生理脱水。干旱导致组织和细胞的水势降低，进而影响植物的各种生理过程。许多研究证实，植物的生长受抑是干旱胁迫诱导的第一个可测得的生理反应。干旱导致植物产量降低的基本原因是由于植物生长过程受到抑制。一般来说，受旱植物叶片的细胞数量没有明显减少，即水分亏缺条件下细胞分裂仍可继续进行，但细胞伸长却受到很大影响。干旱抑制了不同植物细胞的延伸生长，最终表现为对器官生长的抑制。目前对干旱抑制生长的机理有如下解释，干旱抑制细胞伸长是因为细胞伸长最易为膨压降低所控制（Tollenaar et al, 1996；赵可夫等，1990）。李豪喆（1986）则认为水分亏缺下细胞的延伸生长受抑，尤其是植物叶片的生长受抑，可能与细胞壁发生硬化有关。在极度干旱条件下，细胞壁的硬化有效地限制了植物绿叶面积的扩大，因而也就显著地降低了植物蒸腾失水，从而使植物有可能长时间存活。甚至顺利度过生殖期，达到繁衍后代的目的。也就是说细胞壁的这种硬化现象实质是植物对水分亏缺的一种主动适应性前馈机制（Adaptive feed forward mechanism）。干旱对植物地上部和地下部生长的影响是不同的。水分亏缺时根系仍能生长，但是，苗/根和侧根/主根的比率降低，因此旱长根；反过来，根深能抗旱。干旱胁迫下，植物体内积累一些溶质，如可溶性糖、脯氨酸（Pro），甜菜碱及一些离子等，使细胞渗透势下降，这样植物可以继续从外界吸水。保持细胞膨压，使体内各种代谢过程正常进行，即干旱胁迫下植物产生渗透调节作用，通过渗透调节可维持细胞继续伸长。渗透调节也可使植物在干旱时维持气孔开放，从而维持一定的光合作用。不同种类、不同栽培品种的作物其渗透调节能力有差异。一般盆栽作物的渗透调节幅度要比同品种的田间植物大得多（王秀全等，1997）。由于渗透调节有它的局限性，例如作用的暂时性、调节的幅度有限以及不能完全维持生理过程等，严重干旱时，植物会表现出膨压不能维持、生长率下降和气孔阻力增加等（席章营等，2000），严重胁迫下，这种调节能力的丧失，会影响植物的正常生理生化过程。

四、玉米抗（耐）旱形态、生理指标

作物的抗旱性是指作物在大气或土壤干旱条件下生存和形成产量的能力，作物的抗旱性分为避旱性和耐旱性，耐旱性又包括避脱水性和耐脱水性。由于植物在漫长的进化过程中以多种方式来抵抗和适应干旱，形成了许多抗旱机制。Levitt（1980）和 Tumer（1979）认为作物适应干旱有 3 种方式，即避旱、高水势下耐旱和低水势下耐旱。避旱是通过调节生长发育进程避免干旱的影响；高水势下耐旱是通过减少失水或维持吸水达到；低水势下耐旱途径是维持膨压或者是耐脱水或干化。其中，减少失水或耐干化的耐性都是以降低产量为代价的。Hall（1990）认为作物适应干旱的方式有御旱、耐旱和高水分利用效率 3 种。御旱主要是通过根系和调节气孔来维持体内的高水势，耐旱的主要机制是渗透调节，而高水分利用效率的作物和品种能够在缺水条件下形成较高的产量。

（一）玉米的形态指标与抗（耐）旱性

玉米在干旱胁迫下，其形态指标要发生一系列变化，如株高、生长速度、根系、叶片形态等。

1. 根冠比

是指植物地下部分与地上部分的鲜重或干重的比值。它的大小反映了植物地下部分与地上部分的相关性；在作物苗期，为了给作物创造良好营养生长条件，要促进根系生长，增大根冠比。土壤中常有一定的可用水，所以根系相对不易缺水，而地上部分则依靠根系供给水分，又因枝叶大量蒸腾，所以地上部水分容易亏缺。因而土壤水分不足对地上部分的影响比对根系的影响更大，使根冠比增大。反之，若土壤水分过多，氧气含量减少，则不利于根系的活动与生长，使根冠比减少。

根冠作为各自独立又相互联系的共同体在其消长变化及干物质的分配关系中，水分扮演着重要角色。水分胁迫越严重时，根、冠绝对生长速率下降，干物质累积降低程度越大。然而，在营养生长期，根系相对地上部则增加相对大的生物量，从而表现出根冠比增大；在生殖生长期，尽管此时由于营养生长与生殖生长间的剧烈竞争，根、冠仍受到不同程度的抑制，但为促使冠层生长增加，植株通过维持根系活性的方式而表现出后期长冠，根冠比降低的特性。根、冠关系形成的原因是：在植株的生长过程中，由于干物质优先供应于作物的根系，从而促进了根系的发育，提高或维持根的活性，吸收更多的水分和养分，减少水分不足对根、冠的损坏，特别避免生育后期冠的损失；同时也从库源关系反映出，在干旱条件下根系有较大的同化物累积库，因而冠层的生长受损相对较少；这可能是作物功能平衡的自适应的集中体现。在水分胁迫下同化物优先供根系生长以吸收更多的水分，来满足作物的功能平衡生长（葛体达等，2015）。

2. 株高

株高是植物形态学调查工作中最基本的指标之一，其定义为从植株基部至主茎顶部即主茎生长点之间的距离。

土壤水分是影响作物生长发育最重要的环境因子，任一时期干旱都会制约夏玉米株高的增长，干旱越重，受到影响的程度越大。夏玉米的株高从出苗后逐渐增高，抽雄以前增高速度最快，抽雄后至灌浆初期株高增长缓慢，趋于稳定。全生育期连续轻度干旱处理的株高最低，适宜水分处理的最高，拔节期干旱处理对株高影响最大，苗期干旱处理的次之，任一时期受旱越重，株高越低（肖俊夫等，2011）。玉米生育期间，株高的变化趋势无不随生育进程的推进而提高，但增加幅度因土壤水分的差异而表现不同。玉米株高在各生育阶段均为充分供水＞轻度水分胁迫（土壤相对含水量55％）＞严重水分胁迫（土壤相对含水量35％）。玉米大喇叭口期之前，充分供水和轻度水分胁迫处理间株高差异不算很明显，但从大喇叭口期后，株高便开始拉开距离，并呈显著差异；而严重水分胁迫和充分供水处理之间，株高从拔节期始起，直至灌浆中期均达到极显著水平。譬如，灌浆中期严重水分胁迫处理株高仅占充足供水处理的76.9％。由此说明，玉米生育前期主要是营养生长阶段，株高受轻度水分胁迫的影响不是很大；当玉米营养生长向生殖阶段过渡，直至抽雄、灌浆期，轻度水分胁迫对株高影响不良。而在各生育阶段，玉米株高受严重水分胁迫的影响则更为不利（白莉萍等，2004）。

3. 叶片

作为同化和蒸腾器官的叶片，在长期干旱胁迫下，叶片的形态结构会发生变化，其形态结构的改变与作物的耐旱性有着密切的关系。主要表现在：叶片表皮外壁有发达的角质层，角质层是一种类质膜，其主要功能是减少水分向大气散失，是作物水分蒸发的屏障。厚的角质层可提高作物的能量反射与降低蒸腾，从而增强作物的抗旱（杨静慧等，1996）；具有表皮毛，可以保护作物避免强光照射，减少蒸腾；具有大的栅栏组织/海绵组织比和小的表面积/体积比，发达的栅栏组织，分布于叶的背腹两面，可使干旱缺水作物萎蔫时减少机械损伤，而小的表面积/体积比，可以最大程度减少水分丧失（蒋高明，2004）。韦梅琴对4种委陵菜属作物解剖研究，也证实了这一点（韦梅琴等，2003）。

4. 反复干旱存活率

幼苗干旱存活率综合反映了玉米植株在水分胁迫条件下的失水速率和复水以后的恢复速率，其与苗期抗旱性的关系密切（杜彩艳等，2014）。

其计算方法如下：

反复干旱存活率＝（第1次干旱后的存活＋第2次干旱后的存活率＋……＋第 n 次干旱后的存活率）/n。

用反复干旱法鉴定作物或品种的抗旱性，可真实反应其抗旱的能力。苏联利用反复干旱法鉴定了上万份小麦资源，弄清了生态地理环境与品种的抗旱性关系，建立了抗旱、抗热基因库。印度利用反复干旱法从6 000份高粱资源中筛选出40份抗旱性强的品种，并利用这些品种作为抗旱亲本，培育出抗旱性好的品种。作者在小麦后期用该法鉴定的结果与大田鉴定结果基本一致，说明该法具有实用价值。反复干旱法鉴定作物或品种的抗旱性理论根据也是充分的。因为随着干旱时间的延长和干旱强度的增加参试品种的细胞膜相对透性增大，呼吸强度减弱，叶片水势降低，相对含水量减少，pH值改变，破坏了离子平衡，酶失活，代谢失调，最终导致植株伤害甚至死亡。但不同抗旱程度的品种这些生理反应是不一样的，差异是明显的。这反应了品种之间对水分胁迫的反应是不一样的，最终反映在存活率的大小上，抗旱品种忍耐干旱的能力强，存活率高；反之亦然。反复干旱过程与田间干旱过程是一致的，都是逐渐的自然干旱的过程，其间土壤水分逐渐减少，土壤水势、叶水势逐渐下降，叶片由快速生长到停止生长，直至永久萎蔫。这一过程的时间长短，不同品种是不一样的。在同样低的土壤含水量下萎蔫系数高的品种先进入萎蔫阶段，受干旱的时间长，受害就重。萎蔫系数低的品种进入萎蔫阶段的时间晚些，受旱的时间就短些，受害程度相对减轻。萎蔫系数的高低是由品种本身遗传特性所决定的，但环境因素也有一定的影响。因此，利用反复干旱法进行抗旱性鉴定时要苗期与后期结合起来鉴定才能分开苗期抗旱而后期不抗旱的品种（胡荣海等，1996）。

5. 抗旱指数

目前，玉米的抗旱性鉴定方法主要有两种：一是旱棚、人工气候室或田间直接鉴定法在自然条件下控制灌水，造成不同的干旱胁迫，或在干旱棚控制温度、湿度和光照的人工气候室内，分析对作物形态结构或产量的影响，以评价品种的抗旱性；二是盆栽鉴定法包括沙培、水培、土培。根据需要先用盆栽培养玉米幼苗，然后将正常生长的玉米幼苗转移到高渗溶液中进行脱水处理，研究其恢复能力，并结合测定一些生理指标和形态指标来评价玉米品种的抗旱性。该法简单易行，适宜苗期大批量品种（系）的抗旱性鉴定。但此法不适合作物生长发育后期的抗旱性鉴定（杜金友等，2004）。

在总结前人研究的基础上，河北省农林科学院旱作农业研究所对玉米各个生育期的抗旱性进行了系统研究，形成了以抗旱指数（DRI）为核心的河北省地方标准《玉米抗旱性鉴定技术规范》（河北省农林科学院旱作农业研究所，2010），该规范规定了种子萌发期、苗期、花期、灌浆期、全生育期的玉米抗旱性鉴定评价指标，见表 6-1 至表 6-5，具体计算方法见该标准。

表 6-1　玉米种子萌发期的抗旱性评价标准（柳斌辉等，2010）

级别	种子萌发耐旱指数（%）	抗旱性
1	≥ 85.0	极强（HR）
2	70.0~84.9	强（R）
3	55.0~69.9	中等（MR）
4	40.0~54.9	弱（S）
5	≤ 39.9	极弱（HS）

表 6-2　玉米苗期抗旱性评价标准（柳斌辉等，2010）

级别	反复干旱存活率（%）	抗旱性
1	≥ 80.0	极强（HR）
2	66.0~79.9	强（R）
3	50.0~65.9	中等（MR）
4	40.0~49.9	弱（S）
5	≤ 39.9	极弱（HS）

表6-3 玉米花期抗旱性评价标准（柳斌辉等，2010）

级别	抗旱指数	抗旱性
1	≥ 1.30	极强（HR）
2	1.10~1.29	强（R）
3	0.90~1.09	中等（MR）
4	0.70~0.89	弱（S）
5	≤ 0.69	极弱（HS）

表6-4 玉米灌浆期抗旱性评价标准（柳斌辉等，2010）

级别	抗旱指数	抗旱性
1	≥ 1.20	极强（HR）
2	1.00~1.19	强（R）
3	0.80~0.99	中等（MR）
4	0.60~0.79	弱（S）
5	≤ 0.59	极弱（HS）

表6-5 玉米全生育期抗旱性评价标准（柳斌辉等，2010）

级别	抗旱指数	抗旱性
1	≥ 1.20	极强（HR）
2	1.00~1.19	强（R）
3	0.80~0.99	中等（MR）
4	0.60~0.79	弱（S）
5	≤ 0.59	极弱（HS）

（二）玉米的生理指标与抗（耐）旱性

玉米在水分胁迫下，体内细胞在生理及生物化学上发生一系列改变，最终体现在植株形态和产量上。因此，相关生理指标的研究有助于对作物抗旱性的深入了解。以下就与抗旱性相关的生理生化指标进行介绍。

1. 叶片相对含水量（RWC）

相对含水量是指植物组织实际含水量占组织饱和含水量的百分比，常被用来表示植株在遭受水分胁迫后的水分亏缺程度（席章营等，2000）。作物生理过程及自身构建利用了它所吸收水分的极少部分，绝大部分通过植株表面蒸散掉，相对含水量（RWC）反映了叶片水分供应与蒸腾之间的平衡关系，抗旱性强的品种有较强的保水能力，自身水分调节能力较强，因而能维持较高的RWC。（张宝石等，1996）的研究表明，不同玉米基因型叶片的保水能力与各自交系的抗旱系数间呈极显著的相关关系。抗旱性强的品种由于细胞内有较强的黏性、亲水能力高，在干旱胁迫下抗脱水能力强；而抗旱性弱的品种则抗脱水能力较弱（席章营等，2000）。白向历等（2009）的研究表明，水分胁迫条件下，各玉米品种叶片相对含水量较正常供水均有所下降，抗旱性强的品种下降幅度小，抗旱性弱的品种下降幅度大。叶片相对含水量的相对值（占对照的百分率）与品种抗旱性间均表现出正相关关系，且相关性达到极显著水平。

2. 叶水势（LWP）

玉米叶片的水分状况可用叶片水势来表示。当叶细胞内水分不足时，水势降低，水分亏缺越严重，水势值就越低，相应吸水能力就越强。在土壤—植物系统内，水分由高水势向低水势处移动。因此，水势大小在一定程度上反映出玉米叶片对水分的需求状态，表示叶细胞吸水潜力的强弱。大量研究表明，在正常供水条件下，抗旱品种的叶水势较低；在干旱胁迫下所有玉米品种的叶水势均降低，但抗旱品种的叶水势降低不明显（侯建华等，1995）。

玉米受旱后，其叶片水势均下降，但品种间差异很大，抗旱性强的品种，其水势值保持较高水平，而抗旱性弱的品种水势下降幅度大。罗淑平（1990）研究指出，抗旱指数与叶片水势呈极显著正相关。斐英杰等（1992）的研究结果表明，水分胁迫条件下抗坏血酸变化率、电解质渗漏率、脯氨酸变化率、萎蔫分数等指标与叶片水势极显著相关。李金洪等（1993）曾报道，干旱条件下玉米叶面喷施抗蒸腾剂，能明显提高叶片水势，降低蒸腾速率而提高叶片光合速率。上述结果表明，叶片水势是反映玉米抗旱性强弱的可靠指标。

3. 脯氨酸

植物适应干旱胁迫的渗透调节机制已得到广泛的认同，并成为抗旱生理研究最活跃的领域之一（Hisao et al，1976；Westgate et al，1985）。作为植物防御干旱的一种重要方式，渗透调节的生理效应是增加细胞溶质浓度，降低渗透势，保持膨压，缓和脱水胁迫，有利于保持水分和细胞各种生理过程的正常进行（Taylor et al，1996）。

脯氨酸是植物体内最有效的一种亲和性渗透调节物质，具有很强的水溶性，它的增加有助于植物细胞、组织的持水和防止脱水。干旱胁迫下植物体内游离脯氨酸的大量累积现象最早是由 Kramble 等在萎蔫的黑麦草叶片中发现的，随后在许多植物中都观察到这一现象。实验表明，水稻幼苗在干旱胁迫下脯氨酸含量增加，并与丙二醛（MDA）和质膜透性呈极显著相关（宗会等，2001；刘娥娥等，2000），脯氨酸还具有清除活性氧的作用（Jiang et al，1997）；水分胁迫下玉米叶片和根系脯氨酸大量累积（张立军，1996），高粱也表现出类似的情况（汤章城，1986）；柠条在受到干旱胁迫时，游离脯氨酸的含量有所增加，有助于柠条细胞或组织的持水作用，减少组织或细胞由于脱水造成的伤害（马红梅等，2005）；而持续干旱可明显促进刺槐无性系脯氨酸质量分数增加，使叶片水势降低（曹帮华等，2005）；干旱胁迫下，胡杨可以通过累积脯氨酸的方式来增强其抗旱能力。对沙冬青的水分生理指标测定表明，沙冬青中脯氨酸含量很高。刘瑞香等发现（2005），不同的干旱胁迫条件下，沙棘叶内脯氨酸含量随着干旱胁迫程度和干旱胁迫时间的延长而增加，且雌、雄株之间存在明显差异，雌株明显大于雄株。经 PEG 模拟干旱胁迫处理后，水稻叶片中游离脯氨酸含量成倍增加（朱维琴等，2003）。

脯氨酸存在于细胞质中，在抗逆中的作用大致归结为以下几个方面：一是作为细胞的有效渗透调节物质，保持原生质与环境的渗透平衡，防止失水；二是保护酶和膜的结构。脯氨酸与蛋白质结合能增强蛋白质的水合作用，增加蛋白质的可溶性和减少可溶性蛋白质的沉淀，从而保护这些生物大分子的结构和功能的稳定性；三是可直接利用无毒形式的氮源，作为能源和呼吸底物，参与叶绿素的合成等；四是从脯氨酸在逆境条件下积累的途径来看，它既可能有适应性的意义，又可能是细胞结构和功能受损伤的表现，是一种伤害反应（王艳青等，2001；Dingkuhn et al，1991）。

但也有人认为，脯氨酸的积累可能与细胞的存活状况和蛋白质代谢情况有关（周瑞莲 等，1999）。例如，随土壤含水量的减少，白刺花叶片水势在胁迫前期下降缓慢，随胁迫时间的延长，水势大幅度下降。在土壤干旱条件下，白刺花通过在叶片内积累大量渗透保护性物质可溶性糖和 K^+，增加细胞的保水力，维持细胞生长所需膨压，游离脯氨酸含量变化与水分关系不大（王海珍等，2005）。也有研究表明，梭梭同化枝在受到干旱胁迫时，其体内脯氨酸含量只有少量增加（李洪山等，1995）。

4. 可溶性蛋白质

可溶性蛋白是重要的渗透调节物质和营养物质，它们的增加和积累能提高细胞的保水能力，对细胞的生命物质及生物膜起到保护作用，因此经常用作筛选抗性的指标之一。

抗旱品种表现出对干旱的耐力有其内在的分子基础。在同样的干旱条件下，抗旱品种可能产生更多的蛋白质，或者细胞内一些不溶性蛋白转变为可溶性蛋白质，以抵抗缺水的威胁（Skriver et al，1990），它的最终结果是使细胞内正常的新陈代谢得以维持，从而发挥了植物体正常的生理功能，在干旱条件下能维持正常的产量，在外观上表现出抗旱的性状。与此相反，非抗旱品种在同样的条件下蛋白质不能产生或者不能维持正常的可溶性蛋白的浓度，抵抗缺水的能力就小的多，外观上表现为弱抗旱性或干旱敏感性（徐民俊等，2002）。

5. 丙二醛

植物器官衰老时，或在逆境条件下，往往发生细胞膜质过氧化作用，丙二醛（Malondialdehyde，MDA）是其产物之一，通常利用它作为膜质过氧化指标，表示细胞膜质过氧化程度和植物对逆境条件反应的强弱。丙二醛含量高，说明植物细胞膜质过氧化程度高，细胞膜受到的伤害严重。一般植物在逆境条件下，如高温、盐碱，以及强光等逆境条件下就会产生膜质过氧化。

张宝石（1996）对不同玉米基因型叶组织中的 MDA 含量的测定结果表明，在干旱条件下所有基因型叶组织中的 MDA 含量均大幅度增加，而且增加的幅度存在着基因型间的差异，抗旱性强的基因型增加的幅度小，抗旱性弱的基因型增加的幅度大。张海明（1993）的研究表明，在正常水分条件下，MDA 的含量无明显的差别；在水分胁迫处理后，不抗旱品种的 MDA 含量的增高幅度大于抗旱品种。陈军（1996）的研究也得出了相同的结论。因此可以用 MDA 含量的变化作为鉴定抗旱基因型的指标之一。

6. 超氧化物歧化酶

超氧化物歧化酶（Superoxide dismutase，SOD）是生物体内最重要的抗氧化酶之一，是细胞防御活性氧毒害作用的第一道防线。

SOD 是一种金属酶，其底物是一种寿命很短的氧自由基 O_2^-，当作物遇到干旱脱水时，O_2^- 大量产生，从而对植物细胞产生伤害，而 SOD 是植物体内消除 O_2^- 伤害的保护酶。张敬贤（1990）、王茅雁（1995）、张海明（1993）等的研究均表明，随着干旱胁迫时间的延长，SOD 活性逐渐下降，抗旱性强的品种总的 SOD 活性下降幅度小于抗旱性弱的品种。在整个处理过程中，抗旱性强的品种比抗旱性弱的品种具有较高的 SOD 活性，SOD 活性与品种的抗旱性呈正相关。说明抗旱品种比不抗旱品种存在着较强的 SOD 合成调节系统，这种系统使抗旱品种的 SOD 活性受干旱胁迫影响程度小于不抗旱品种。因此，SOD 活性可作为玉米抗旱性鉴定的生化指标。对其他作物的 SOD 活性与抗旱性关系的研究，也得出了相似的结论（龚明，1989）。

7. 过氧化物酶

过氧化物酶（Peroxidase，POD）是广泛存在于各种动物、植物和微生物体内的一类氧化酶。催化由过氧化氢参与的各种还原剂的氧化反应：$RH_2 + H_2O_2 \rightarrow 2H_2O + R$。POD 与植物的抗逆性有关，是植物体内重要的保护酶之一（彭永康等，1987），普遍存在于植物各种组织器官中，具有物种组织器官和发育阶段的特异性（孙静等，2006）。它对环境变化十分敏感，如辐射、重金属、低温、盐胁迫、干旱胁迫等逆境下都会引起酶谱带及活性的变化。

POD 为植物体内保护酶系统的三大保护酶之一，其对于消除线粒体、细胞质内的 O_2^- 和 OH^- 等自由基，避免生物功能分子和细胞膜受到损伤有重要作用（阎秀峰等，1999；Price et al，1989）。植物遭受干旱胁迫时，POD 的产生能使植物免除或降低活性氧对细胞膜系统的伤害。POD 活性增高是植物对适度干旱胁迫的生理生态反应，表明保护能力的增强，意味着植物具有一定的抗旱潜力。

8. 过氧化氢酶

过氧化氢酶（Catalase，CAT），是催化过氧化氢分解成氧和水的酶，存在于细胞的过氧化物体内。过氧化氢酶是过氧化物酶体的标志酶，约占过氧化物酶体酶总量的 40%。过氧化氢酶酶促分解 H_2O_2 是生物体内清除 H_2O_2 的一条重要途径，它对降低活性氧毒害有着不可低估的作用（方允中等，1988）。

抗旱性强的基因型，在干旱胁迫下 SOD、CAT 和 POD 的活性较高，能有效清除活性氧，阻抑膜脂过氧化（王晓琴等，2002）。孙彩霞等（2000）研究表明，玉米在水分胁迫初期 CAT 活性升高，但随着水分胁迫时间的延长和强度的增加，CAT 活性下降，说明适度水分胁迫能增强植物对干旱的适应性。

9. 硝酸还原酶

硝酸还原酶（Nitrate reductase，NR）是植物氮代谢中一个重要的调节酶和限速酶（余让才等，1997），NR 对植物生长发育、产量形成和蛋白质的含量都有重要影响（李豪喆，1986）。NR 的活性由底物诱导产生，并且受到其他许多环境因素的影响（林建明等，1986）。

玉米适应干旱的又一生理特征是在干旱条件下某些酶的合成活动仍占优势。有人在干旱条件下对玉米叶面喷施抗蒸腾剂，结果玉米的抗旱能力增强，叶片硝酸还原酶活性明显提高。玉米的主要氮源是土壤中的硝酸盐（NO_3^-），NO_3^- 被玉米根系吸收后必须首先还原形成 NH_4^+，才能转变成有机氮化物如谷酰胺和谷氨酸（二者是合成很多种氨基酸的原料）等，NO_3^- 要转变成 NH_4^+ 必须先将 NO_3^- 还原成亚硝酸盐（NO_2^-），NO_2^- 再进一步还原后变为 NH_4^+，前者的还原就是在硝酸还原酶催化下完成的，糖酵解和 TCA 循环产生的 NADH（辅酶 I）对该还原过程有加速作用。因而干旱条件下硝酸还原酶活性增加对促进有机氮化物的合成代谢过程具有十分重要的意义（霍仕平等，1995）。

硝酸还原酶对水分胁迫极为敏感，可以影响植物体内各种代谢过程和作物的产量，即使轻微干旱也导致 NR 活性下降，使植株因体内硝酸积累过多而发生毒害。侯建华等（1995）认为，在玉米生育中期，耐旱品系 NR 活性的下降与不耐旱品系 NR 活性的下降之间差异较为明显。

10. 脱落酸

脱落酸（Abscisic acid，ABA）别名脱落素（Abscisin），休眠素（Dormin），是一种抑制生长的植物激素，因能促使叶子脱落而得名，广泛分布于高等植物。除促使叶子脱落外尚有其他作用，如使芽进入休眠状态、促使马铃薯形成块茎等，对细胞的延长也有抑制作用。1965 年证实，脱落素 Ⅱ 和休眠素为同一种物质，统一命名为脱落酸。脱落酸可由氧化作用和结合作用被代谢，刺激乙烯的产生，催促果实成熟，它抑制脱氧核糖核酸和蛋白质的合成。一般来说，干旱、寒冷、高温、盐渍和水涝等逆境都能使植物体内 ABA 迅速增加，同时抗逆性增强。如 ABA 可显著降低高温对叶绿体超微结构的破坏，增加叶绿体的热稳定性；ABA 可诱导某些酶的重新合成而增加植物的抗旱性、抗涝性和抗盐性。因此，ABA 被称为应激激素或胁迫激素（Stress hormone）。

ABA 除能诱导植物休眠、诱导种子贮藏蛋白的合成、促进光合产物运往发育着的种子等生理功能之外，它还在植物抗旱中起到重要作用（周云龙，2001）。当根系感受到渗透胁迫后，细胞质膜上的感受器把信号通过信号传递系统传递给下游，形成 ABA，后被 ABA 受体 ABAR 识别，识别后通过一系列细胞内下游信使将信号转导到"靶酶"或细胞核内"靶基因"上，最终直接引起酶活性的变化或基因表达的改变，再通过基因表达形成的功能蛋白，从而提高胁迫忍耐。大量研究表明，包括干旱、寒冷、盐渍为主的多种逆境均不同程度地刺激 ABA 的合成，尤其以干旱最为显著。采用压力室技术、分根试验等研究的结果表明，根系是植物对根系周围环境变化的原初感应器。根系合成 ABA 的量与根周围的水分状况密切相关。干旱条件下，植物体内的 ABA 含量增高，ABA 促进了开放的气孔关闭和抑制了关闭的气孔开放，最终结果是关闭气孔，从而降低了植物水分的蒸发，ABA 参与的这两个过程是孤立进行的。

脱落酸 ABA 在干旱胁迫条件下的生理功能至少有两种：水分平衡和细胞耐受。前者主要是通过控制气孔开度来实现的，而后者则是通过诱导一系列胁迫相关基因的表达实现的。前者速度较快，发生在胁迫后几分钟内，而后者速度相对慢一些。正常植株情况下，ABA 在根中积累要比叶片多得多。水分充足时，细胞水平上，ABA 呈均匀分布。早期认为，植物叶片，特别是老叶是 ABA 合成的主要部位。后来证实离体的根系，特别是根尖（根毛区至根冠），在缓慢脱水时也能合成大量 ABA；非离体根在胁迫下也能够合成 ABA，并且 ABA 可沿木质部随蒸腾流运输到叶片而导致气孔关闭。其他器官，特别是花、果实和种子也能合成 ABA。叶片中的 ABA 主要集中在叶绿体。受干旱胁迫的根系，其 ABA 来源可能作为一种正信号参与地上部的生理活动（气孔运动和叶片生长等）和基因的表达。与根系相似，受干旱胁迫的叶片也能迅速积累大量 ABA；但是有结果显示，叶片和根系对渗透胁迫的敏感性有明显差异。感受渗透胁迫后的叶片合成 ABA 的能力显著高于根系细胞，根系的代谢能力仅为叶片的 20% 左右。不同的干旱程度处理下，玉米体内 ABA 的变化是不一样的。水分胁迫时，ABA 合成加快的同时分解也在进行，因此长期持续的干旱将在高等植物体内形成一个稳定的或者缓慢增加的 ABA 水平（吕祥勇，2007）。

第二节　玉米抗（耐）旱栽培措施

一、选用抗（耐）旱玉米品种

干旱是普遍存在的、严重制约玉米产量的一个非生物因素。河北省十年九旱，为中国的严重缺水地区。研究表明，农作物品种对增加产量和农业抗旱节水方面的贡献率均在 23%~25%。尤其在干旱缺水条件下，抗旱耐旱农作物品种对增产量的贡献率在 30% 以上。在相同管理条件下，抗旱节水作物品种比非抗旱节水的可少浇 1 水，节约灌溉用水 30% 以上。针对缺水现状，对已通过审定的不同的玉米品种进行节水抗旱性鉴定筛选，筛选出部分已审定的节水玉米品种，可在适宜地区推广。

（一）郑单 958

河南省农业科学院粮食作物研究所选育。2000 年全国农作物品种审定委员会审定，河北省、山东省、河南省农作物品种审定委员会审定。

属中熟玉米杂交种，夏播生育期 96d 左右。幼苗叶鞘紫色，生长势一般。株型紧凑，株高 246cm 左右，穗位高 110cm 左右，雄穗分枝中等，分枝与主轴夹角小。果穗筒形，有双穗现象，穗轴白色，果穗长 16.9cm，穗行数 14~16，行粒数 35 个左右。结实性好，秃尖轻。籽粒黄色，半马齿型，千粒重 307g，出籽率 88%~90%。抗大斑病、小斑病和黑粉病，高抗矮花叶病，感茎腐病，抗倒伏，较耐旱。

籽粒粗蛋白质含量 9.33%，粗脂肪 3.98%，粗淀粉 73.02%，赖氨酸 0.25%。1998、1999 年参加国家黄淮海夏玉米组区试，其中，1998 年 23 个试点平均亩产 577.3kg，比对照掖单 19 号增产 28%，达极显著水平，居首位；

1999 年 24 个试点，平均亩产 583.9 kg，比对照掖单 19 号增产 15.5%，达极显著水平，居首位。1999 年在同组生产试验中平均亩产 587.1kg，居首位，29 个试点中有 27 个试点增产，2 个试点减产，有 19 个试点位居第一位，在各省均比当地对照品种增产 7% 以上。

适宜推广地区：黄淮海夏播区。

（二）先玉 335

美国先锋公司选育，在人工模拟干旱棚和田间自然干旱两种环境下，抗旱指数分别为 1.041 和 1.003。河北省玉米品种抗旱性评价标准，为一级抗旱品种。

在黄淮海地区生育期 98d，比对照农大 108 早熟 5~7d。全株叶片数 19 片左右。幼苗叶鞘紫色，叶片绿色，叶缘绿色。成株株型紧凑，株高 286cm，穗位高 103cm。花粉粉红色，颖壳绿色，花柱紫红色。果穗筒形，穗长 18.5cm，穗行数 15.8 行，穗轴红色，籽粒黄色，马齿形，半硬质，百粒重 34.3g。

适宜推广地区：河北夏播区种植。

（三）衡单 6272

河北省农林科学院旱作农业研究所选育。在人工模拟干旱棚和田间自然干旱两种环境下，抗旱指数分别为 1.143 和 1.056，河北省玉米品种抗旱性评价标准，为一级抗旱品种。

生育期 105d 左右。全株叶片数 22 片。幼苗叶鞘紫色。成株株型紧凑，株高 261cm，穗位高 126cm。雄穗分枝 12~16 个，花药黄色。花柱丝紫色。果穗筒形，穗轴白色，穗长 16.5cm，穗行数 14 行，秃尖 0.4cm。籽粒黄色，半马齿形，千粒重 339g，出籽率 86.6%。

适宜推广地区：河北夏播区种植。

（四）吉祥 1 号

生育期 134d。全株 19~21 片叶，叶片上举。叶鞘紫色，幼叶绿色。株型紧凑。株高 285cm，穗位高 138cm，茎粗 2.6cm；雄穗主轴长 35~42cm，分枝 8~16 个；颖壳绿色，花药浅红色，花粉量大；花柱浅紫色；果穗筒型，果柄短，苞叶长度中等。果穗长 18.1cm，粗 5.1cm，穗轴白色、粗 2.7cm，穗行数 16.1 行，行粒数 34.6 粒，千粒重 388.4g，出籽率 90.2 %；籽粒黄色，半马齿型。高抗大斑病、茎基腐病。

含粗蛋白 10.76%，粗脂肪 3.76%，粗淀粉 75.30%，赖氨酸 0.233%。在 2009—2010 年甘肃省玉米品种区域试验中，平均合亩产 998.2kg，比对照郑单 958 增产 5.4%。在 2010 年生产试验中，平均亩产 1 099.1kg，比对照品种增产 9.0%。

密度 5 500~6 000 株 / 亩。田间管理同一般大田玉米。

适宜种植区域：适宜在黄淮海夏播地区种植。

（五）农华 101

北京金色农华种业科技有限公司选育。在人工模拟干旱棚和田间自然干旱两种环境下，抗旱指数分别为 1.043 和 1.343，河北省玉米品种抗旱性评价标准为一级抗旱品种。

在黄淮海地区出苗至成熟 100d，与郑单 958 相当。成株叶片数 20~21 片。幼苗叶鞘浅紫色，叶片绿色，叶缘浅紫色。株型紧凑，株高 296cm，穗位高 101cm。花药浅紫色，颖壳浅紫色。花柱浅紫色，果穗长筒形，穗长 18cm，穗行数 16~18 行，穗轴红色，籽粒黄色、马齿形，百粒重 36.7g。

适宜推广地区：北京、天津、河北北部、河北中南部夏播种植。

（六）中科 4

北京中科华泰科技有限公司、河南科泰种业有限公司联合选育。在人工模拟干旱棚和田间自然干旱两种环境下，抗旱指数分别为 1.030 和 1.032，河北省玉米品种抗旱性评价标准，为一级抗旱品种。

夏播生育期 96~99d。叶片数为 20~21 片。幼苗叶鞘浅紫色，株型半紧凑。株高 260~270cm，穗位高 100~104cm。成株叶片为绿色、叶缘紫红色。花柱淡粉色，颖片淡紫色，花药淡绿色。果穗中间型，果穗长 19cm 左右，果穗粗 4.9~5.2cm，穗行数 14~16 行，行粒数 36，偏硬粒型，籽粒黄色有白顶，穗轴白色，千粒重 350g 左右，出籽率 84% 左右。

适宜推广地区：河北夏播区种植。

二、加强田间管理，提高水分利用率，增强玉米自身抗（耐）旱能力

玉米的田间管理是根据玉米的生长发育规律，针对各个生长发育时期的特点和要求，做好田间定苗，中耕除草，追肥灌水，防治病虫害等一系列田间管理工作，对保证玉米健壮生长发育有重要作用，是玉米高产、稳产、高效、低成本的综合措施。

作物水分蒸发蒸腾总量的 50% 是从地表丧失的，对于玉米来说，生长的早期水分蒸发蒸腾总量数值更高。田间地面覆盖物可以起到减少水分蒸发和降低地表温度的作用。在半干旱地区，作物残留覆盖物可明显提高玉米产量，跟传统耕作的田块相比明显提高了土壤水分容量。一系列试验表明：免耕、化学药剂控制杂草和使用覆盖物的田地与经过两轮耕作和化学药剂控制杂草的田地相比，土壤水分容量增加 65%，籽粒产量因此增产达 100%。

通过田间管理如覆盖保墒、合理田间耕作等一系列田间管理措施来增加地温、提高光能和水肥利用率，具有保墒、保肥、保湿、增产、增收、增效等功能。

（一）秸秆覆盖蓄水保墒

夏玉米一年两熟种植模式下采用不同秸秆还田方式可提高夏玉米产量与水分利用率。河北省主要是小麦秸秆覆盖。所谓秸秆覆盖系指利用农业副产品如茎秆、落叶、糠皮或以绿肥为材料进行的地面覆盖，农田覆盖一层秸秆后，一方面可使农田土壤表面免受风吹日晒和雨滴的直接冲击，保护土壤表层结构，提高降水入渗率；另一方面可隔断蒸发表面与下层毛细管的联系，减弱土壤空气与大气之间的乱流交换强度，起到抑制土壤蒸发的目的。

（二）塑料薄膜覆盖保墒

塑料薄膜覆盖栽培技术早期主要用于蔬菜、瓜类和经济作物，随着超薄膜的出现及其成本的降低，塑料薄膜覆盖在玉米、冬小麦、薯类等作物得到广泛应用。塑料薄膜覆盖栽培应包括田间覆盖和温室大棚两大类，主要地膜覆盖节水技术为主要点。地膜覆盖的主要优点是，显著抑制田间土壤水分无效蒸发，集水、保墒、提墒，提高耕作层地温，改善作物中下部光照条件，促进作物生长发育，缩短作物生长期，避免冷冻灾害，抑制杂草生长等作用。地膜覆盖比秸秆覆盖更具有节水增产的效果。

（三）机械蓄水保墒措施

机械蓄水保墒措施主要包括：深翻（深松）、早耕、耙糖、中耕松土、雨后（灌后）适时锄地松土、少耕和免耕等，是千百年来行之有效的蓄水保墒措施。

耕作可以提高土壤容水量和易于玉米根系的早期生长，使其获得土壤中储存的水分。耕作也可以控制与玉米竞争水分的杂草生长，但根据土壤类型不同采取不同的耕作方式。如有的沙质土几乎没有团粒结构，干旱时非常结实，且易结硬壳。坚实的次层土壤使玉米的根系很难向下穿透。对于这类土壤，耕作是很必要的，但应尽量减少耕作。深耕深松有利于植物根系的向下生长，增加玉米根系向下的深度就会增加可用水分的量。增强雨水入渗速度和数量，提高土壤蓄水能力，促进农作物根系下扎，提高作物抗旱、抗倒伏能力，经试验对比，深耕深松一次每亩耕地的蓄水能力达到 $10m^3$ 以上，土壤蓄水能力是浅耕的 2 倍，可使不同类型土壤透水率提高 5~7 倍。其中深松不翻转土层，使残茬、秸秆、杂草大部分覆盖于地表，既有利于保墒，减少风蚀，又可以吸纳更多的雨水，还可以延缓径流的产生。削弱径流强度，缓解地表径流对土壤的冲刷，减少水土流失，有效地保护土壤，改善土壤的水、肥、气、热条件，增强地力，这样种植的玉米根系更发达，蓄水、抗旱、抗病虫害和抗倒伏能力明显增强，将直接提高玉米的产量和质量。

一般玉米所吸取水分的 90% 多是来自耕作层 70cm 范围内的水分。然而，在那些用牲畜耕地的半干旱地区，其传统的牛拉耕地只能到达土壤 10~15cm 的深度。坚实的土壤、石块和酸性次层土都会阻碍根系向下深扎，就会导致干旱发生的更早、更严重。

近年主要推广了深松中耕等措施。中耕是玉米田间管理的一项重要工作。中耕的作用在于疏松土壤，流通空气，破除板结，提高地温，消灭杂草及病虫害，减少水分养分的消耗，促进土壤微生物活动，满足玉米生长发育的要求。苗期中耕，一般可进行 2~3 次。第一次玉米现行就可进行，深度 10~12cm，要避免压苗、埋苗。第 2~3 次中耕，苗旁宜浅，行间宜深，中耕深度可达 16~18cm。

所谓早耕是指农作物收获以后适墒早耕；所谓深耕是提高土壤调控水分能力和管理农田生态系统的重要措施；所谓耙耱是指翻地后用齿耙或圆盘耙进行碎土、松土、平整地面，实行翻地—耙地—耱地的"三连贯"作业，可以进一步耱碎表土、耱平耙沟，使田面更加平整，并具有轻压作用，使地面形成一个疏松的覆盖层，减少蒸发；所谓雨后（灌后）适时锄地是指一场透雨或一次灌水之后的农田土壤水分无效蒸发消耗速率最大，这时锄地松土或中耕松土都可以达到破坏毛细管，减少土壤水无效蒸发，提高对降水量的纳蓄能力的作用（沈振荣等，2000）。

（四）除草

玉米田杂草生长迅速，生长量大，与玉米争水、争肥、争空间，对玉米苗期生长为害较大，造成苗瘦、苗弱，影响产量达 10%~30%。因此必须进行除草。

玉米苗期受杂草的为害最重，所以杂草的化学防除应抓好播后苗前和苗后早期两个关键时期。第一为播后苗前除草剂，即通常说的封闭型除草剂；如乙草胺、乙莠、异丙甲草胺等。除草剂使用时，应该按照先浇地后喷药，土壤表面湿润为原则。干旱的年份，浇水后立即喷药。喷后下雨，药效流失，应再次喷药。喷药时以地表面湿润为好，利于药膜形成，达到封闭地面的作用，起到除草的效果。第二类为苗后早期除草剂，即农民说的小草除草剂，（一般在玉米 3~5 叶茎叶处理，常为内吸性选择性除草剂）如烟嘧磺隆、莠去津、硝磺草酮（玉米 3~8 叶期）、2，4–D 等。

三、适时灌溉

（一）灌溉时期

水是玉米的主要成分，占鲜重的 80%~90%。玉米每生产 1kg 干物质消耗的水比其他作物少得多。玉米的蒸腾系数为 200~300，小麦为 400~500，水稻为 710。但是玉米植株高大，生长迅速，又生长在高温季节，绝对耗水量则较多。资料证明，亩产量 500kg 的夏玉米耗水量 300~370m³，形成 1kg 籽粒大约需水 700kg。耗水量随产量提高而增加。夏玉米在不同生育时期对水分的要求不同。从播种到出苗需水量少。播种时土壤田间最大持水量应保持在 60%~70%，才能保持全苗；出苗至拔节，需水增加，土壤水分应控制在田间最大持水量的 60%，为玉米苗期蹲苗、促根生长创造条件；拔节至抽雄需水剧增，抽雄至灌浆需水达到高峰，从开花前 8~10d 开始，30d 内的耗水量约占总耗水量的一半。该期间田间水分状况对玉米开花、授粉和籽粒的形成有重要影响，要求土壤保持田间最大持水量的 80% 左右为宜，是玉米的水分临界期；灌浆至成熟仍耗水较多，乳熟以后逐渐减少。因此，要求在乳熟以前土壤仍保持田间最大持水量的 80%，乳熟以后则保持 60% 为宜。

玉米植株根深叶茂，而且其生长期多处在高温条件下，属需水较多的作物。玉米不同的生育期对水分的需要不同，必须依据玉米的需水规律，结合当地气候情况，进行科学灌溉，以满足玉米各个生育对水分的需求，保证高产稳产，达到高效节水的目的。

在多年灌溉试验成果资料和分析总结群众实践经验的基础上，结合各地区土壤状况、肥力水平和农民普通的耕作水平等，拟定出了适合不同条件的高产节水灌溉模式图，供生产中应用。由于玉米各个生育阶段历时长短、植株生长量、地面覆盖度以及气候变化等诸多因素的影响，不同生长阶段对水分消耗有一定的差异。玉米一生需水动态基本上遵循"前期少，中期多，后期偏多"的变化规律。

1.播种至拔节

此期土壤水分状况对出苗及幼苗壮弱有重要作用。此阶段耗水约占总耗量的18%，日平均耗水量30m³/hm²左右。虽然该阶段耗水少，但春播区早春干旱多风，不保墒。夏播区气温高、蒸发量大、易跑墒。土壤墒情不足会导致出苗困难，苗数不足。水分多，则易造成种子霉烂，影响正常发芽出苗。

2.拔节至吐丝

此阶段植株生长速度加快，生长量急剧增加。此期气温高，叶面蒸腾作用强烈，生理代谢活动旺盛，耗水量加大，约占总耗水量的38%，日平均耗水达45~60m³/hm²，自大喇叭口期至开花期是决定有效穗数、受精花数的关键时期，也是玉米需水的临界期。水分不足会引起小花大量退化和花粉粒发育不健全，从而降低穗粒数。抽雄开花时干旱易造成授粉不良，影响结实率，有时造成雄穗抽出困难，俗称"卡脖旱"，严重影响产量。因此，满足玉米大喇叭口至抽穗开花期对土壤水分的要求，对增产尤为重要。

3.吐丝至灌浆

此阶段水分条件对籽粒库容大小、籽粒败育数量及籽粒饱满程度都有所影响。此期同化面积仍较大，耗水强度也比较高，日耗水量可达45~60m³/hm²，阶段耗水量占总耗水量的32%左右。在该阶段应保证土壤水分相对充足，为植株制造有机物质并顺利向籽粒运输，实现高产创造条件。

4.灌浆至成熟

此阶段耗水较少，但玉米叶面积系数仍较高，光合作用也比较旺盛，日耗水强度可达到36m³/hm²，阶段耗水量占总耗水量的10%~30%。生育后期适当保持土壤湿润状态，有益于防止植株早衰、延长灌浆持续期，同时也可提高灌浆强度、增加粒重。

（二）灌溉依据

根据玉米需水规律进行灌溉，可以节约用水，提高水分的利用率。目前主要是依据玉米生长状况的形态指标、土壤含水量及玉米生理指标来确定。

1.玉米生长形态指标

根据玉米叶片萎蔫的程度来确定缺水程度及需要的灌溉水量。水分充足时，玉米植株秆青叶绿；若叶片在中午前后时间变得萎蔫，而早晚又会恢复过来，则是轻度缺水的症状，应适时灌水。

2.土壤含水量指标

从播种到出苗要求土壤田间持水量60%~80%；苗期55%~60%；拔节

期 70%；抽雄、抽丝期 80%；乳熟至蜡熟期 75%，低于上述指标就应灌溉。

3.玉米需水规律

玉米生长是一个动态过程，不同生育阶段，植株蒸腾面积及根系量都在发展，环境条件也处在不断变化的过程中，所以其阶段需水量存在较大差异。

出苗—拔节：苗期需水量较少，日耗水 $1.28m^3/$ 亩，占全生育期总量的 13%。

拔节—抽雄：需水量显著增多，日耗水 $4.87m^3/$ 亩，占全生育期总量的 32.6%。

抽雄—乳熟：需水量达到高峰，日耗水 $5.41m^3/$ 亩，占全生育期总量的 35%。

乳熟—成熟：需水量开始下降，日耗水 $3.74m^3/$ 亩，占全生育期总量的 19.4%。

从玉米生育期需水规律看，需水量呈单峰曲线，苗期需水较少，孕穗（拔节—抽雄）增多，灌溉期达到高峰，以后逐渐减少。

4.关注玉米生长过程中的叶片膨压

叶片相对膨压是生产过程中检测作物植株是否缺水的一个常用指标，相对膨压较低，表示叶面水势较低，植株缺水。有研究认为，在水分临界前后，作物植株从上往下第 5 片叶子相对膨压为 95% 时，可认为供水适宜；低于 85% 时，表已经轻度缺水需补充水分；而膨压到了 75% 时，则说明植株已严重缺水急需灌溉。

5.玉米各生育阶段对水分状况的反应

实践和研究证明：玉米对水分状况的反应总的趋势是苗期比较耐旱，从拔节以后对水分亏缺越来越敏感，抽丝期最敏感，此后敏感性下降。出苗至展开 5 叶期，因植株生长缓慢，个体少，耗水少，一般土壤水分就可维持根系的正常生长。展开 5 叶至拔节，雄穗正在发育，雌穗开始生长，这一阶段末期开始对水分敏感，但正常情况仍不需要灌水。拔节至抽雄这一阶段是茎叶生长最快，营养生长向生殖生长过渡阶段，也是玉米对水分较敏感时期。大喇叭口期是雌穗小花分化发育的关键时期，进入玉米需水临界期，开始灌水。抽雄散粉至抽丝是玉米对水分最敏感时期。如水分供应不足，会抑制花柱伸长，推迟抽丝，使雌穗不能正常受精结实；若此期植株连续萎蔫 8d，减产可达 40%；抽丝至籽粒形成期，对水分的敏感仅次于抽丝期，这个时期如植株萎蔫 4~8d，一般籽粒减产可达 30% 左右。

（三）节水灌溉类型

中国现有常用节水灌溉方法包括渠道防渗、喷灌、微喷灌、渗灌和滴灌等。灌水方法即田间配水方法，就是如何将已送到田头的灌溉水均匀地分布到作物根系活动层中去。按灌溉水是通过何种途径进入根系活动层，灌水方法可分为地面灌溉、喷灌、微灌和地下灌溉。

1. 地面灌溉

水是从地表面进入田间并借重力和毛细管作用浸润土壤，所以称为重力灌水法。地面灌溉是古老的传统的灌水方法，一般说来它是作为比较是否节水的基点。但是地面灌溉技术也在不断发展不断完善，所以最近也有许多比传统地面灌溉技术更节水的方法。

2. 喷灌

利用专门设备将有压水送到灌溉地段，并喷射到空中散成细小的水滴，像天然降雨一样灌溉。突出的优点是对地形的适应力强，机械化程度高，灌水均匀，灌溉水利用系数高，尤其适合于透水性强的土壤，并可调节空气湿度和温度，但基建投资高，而且受风的影响大。

3. 微灌

利用微灌设备组成微灌系统，将有压力的水输送到田间，通过灌水器以微小的流量湿润作物根部附近土壤的一种灌水技术。主要特点是灌溉时只浸润作物周围的土壤，远离作物根部的行间或棵间的土壤保持干燥，一般灌溉流量都比全面灌溉小得多，因此又称为微量灌溉，简称微灌，其中包括渗灌、滴灌、微喷灌、涌灌和膜上灌等。主要优点是：灌水均匀，节约能量，灌水流量小，对土壤和地形的适应力强，能提高作物的产量，增加耐盐能力；便于主动控制，明显节约劳力。比较适合于灌溉宽行作物、果树、葡萄、瓜果等。

4. 地下灌溉

地下灌溉是用控制地下水位的方法进行灌溉。在要灌溉时把地下水位抬高到水可以进入根系活动层的高度，地面仍保持干燥，所以非常省水，不灌溉时把地下水位降下去。这方法的局限性很大，只有在根系活动层下有不透水层时才行，不适于普遍推广。

（四）常用的灌溉方法

当前夏玉米大田灌溉具体方法如下。

1. 水平沟灌

灌溉水在玉米行间的水平灌水沟内流动，靠重力和毛管作用，湿润土壤的一种灌溉技术。沟灌较大水漫灌对土壤的团粒结构破坏轻，灌水后表土疏松，这对质地黏重的土壤更为重要，可避免板结和减少棵间蒸发量。灌水垄沟深 18~22cm。

2. 长畦分段灌和小畦田灌溉

灌溉水进入畦田，在畦田面上的流行过程中，靠重力作用入渗土壤的灌溉技术。要使灌溉水分配均匀，必须严格地整平土地，修建临时性畦埂，在目前土地整平程度不太高的情况下，采取长畦分段灌溉和把大畦块改变成较小的畦田块的小畦田灌溉方法具有明显的节水效果，可相对提高田块内田面的土地平整程度，灌溉水的均匀度增加，田间深层渗漏和土壤肥分淋失减少，节水效果显著。一般所提倡的畦田长50m左右，最长不超过80m，最短30m。畦田宽2~3m。灌溉时，畦田的放水时间，可采用8~9成，即水流到达畦长的80%~90%时改水。

3. 波涌灌

将灌溉水流间歇性地，而不是像传统灌溉那样一次使灌溉水流推进到沟的尾部。即每一沟（畦田）的灌水过程不是由1次，而是分成2次或者多次完成。波涌灌溉在水流运动过程中出现了几次起涨和落干，水流的平整作用使土壤表面形成致密层，入渗速率和面糙率都大大减小。当水流经过上次灌溉过的田面时，推进速度显著加快，推进长度显著增加。地面灌溉灌水均匀度差、田间深层渗漏等问题得到较好的解决。尤其适用于玉米沟、沟畦较长的情况。一般可节水10%~40%。

4. 喷灌

喷灌是将具有一定压力的灌溉水，通过喷灌系统，喷射到空中，形成细小的水滴，再洒落到耕地地面上的一种灌溉技术。它具有输水效率高，地形适应性强和改善田间小气候的特点。对水资源不足、透水性强的地区尤为适用。一般情况下，喷灌可节水20%~30%。

5. 滴灌

滴灌是将具有一定压力的灌溉水，通过滴灌系统，利用滴头或者其他微水器将水源直接输送到玉米根系，灌水均匀度高，不会破坏表土的结构，可大大减少棵间蒸发量，是目前最节水的灌溉技术。

6. 膜上灌

膜上灌是由地膜输水，并通过放苗孔和膜侧旁入渗到玉米的根系。由于地膜水流阻力小，灌水速度快，深层渗漏少，节水效果显著。目前膜上灌技术多采用打埂膜上灌，即做成95cm左右的小畦，把70cm地膜铺于其中，一膜种植两行玉米，膜两侧为土埂，畦长80~120cm。和常规灌溉相比，膜上灌节水幅度可达30%~50%。

7. 皿灌

皿灌是利用陶土罐贮水，罐埋在土中，罐口低于田面，用带孔的盖子或塑料膜扎住，防止罐中水分蒸发。可以向罐中加水，也可以收集降雨，罐中的水通过罐壁慢慢向周围土壤供水，每个罐周围种 3~4 棵玉米。这种灌水方法只湿润局部土壤，减少了棵间蒸发和深层渗漏，节水效果十分显著。

8. 微喷灌

小型行走式喷淋机是一种节灌机具，通过其背负的水箱可进行微喷灌，喷水的同时还可一次性喷药、喷肥，节水效果明显。地膜玉米从出苗至大喇叭口期正值山区夏旱阶段，这一时期玉米对水分反应敏感，其生长的好坏直接关系到营养的蓄积与幼穗分化发育，机具的利用将大大缓解夏旱对玉米生长发育的影响，促进玉米幼穗分化，投入低而产出高。

9. 调亏灌溉

研究结果表明，玉米苗期耐旱性较强，适度干旱对其生长发育影响较小，却能促进根系发展，增大根冠比，收到玉米蹲苗的效果。对玉米苗期调亏（灌溉水量有限）可以显著减少作物总需水量，而光合速率下降并不明显。复水后玉米根系和地上部分的生长速度加快，根系活力和光合速率提高。经过适宜的调亏处理，作物需水量大幅度降低，干物质累积总量虽然有所下降，而经济产量并未明显减少。水分利用率高于常规灌溉。

10. 控制性分根交替隔沟灌溉

玉米灌溉时，不是逐沟灌溉，而是通过人为控制隔一沟灌一沟，另外一沟不灌溉。下一次灌时，只灌溉上次没有灌水的沟，即玉米根系水平方向上的干湿交替。每沟的灌水量比传统方法增加 30%~50%，这样分根交替灌溉一般可比传统灌溉节水 25%~35%。大田试验表明，干物质累积有所减少，而经济产量和对照接近或稍高，水分利用效率大大提高。

现有常用节水灌溉方法均为人为控制灌溉时机和灌水量，属于"被动式"灌溉模式。以色列滴灌技术被公认为目前效果最好的节水灌溉技术，中国自 20 世纪 70 年代末引进以来，取得了长足发展，但是滴灌灌水器为了实现更小流量的灌水以及长距离铺设，就必须不断地减小流道尺寸，由此带来了流道易堵塞及制造难的问题。

本章参考文献

白莉萍，隋方功，孙朝晖，等 .2004. 土壤水分胁迫对玉米形态发育及产量的影响 [J]. 生态学报，24（7）：1 556-1 560.

白向历，孙世贤，杨国航，等 .2009. 不同生育时期水分胁迫对玉米产量及生长发育的影响 [J]. 玉米科学，17（2）：60-63.

鲍巨松，薛吉全 .1991 不同生育时期水分胁迫对玉米生理特性的影响 [J]. 作物学报，7（4）：11–15.

毕明，李福海，王秀兰，等 .2002. 黄淮海区域夏玉米生育期水分供需矛盾与抗旱种植技术研究 [J]. 园艺与种苗（2）：5–6，24.

卜令铎，张仁和，常宇，等 .2010. 苗期玉米叶片光合特性对水分胁迫的响应 [J]. 生态学报，30（5）：1 184–1 191.

曹帮华，张明如，翟明普，等 .2005. 土壤干旱胁迫下刺槐无性系生长和渗透调节能力 [J]. 浙江林学院学报，22（2）：161–165.

陈博，欧阳竹，程维新 .2012. 近 50 a 华北平原冬小麦—夏玉米耗水规律研究 [J]. 自然资源学报，21（7）：1 186–1 199.

陈军，戴俊英 .1996. 干旱对不同耐性玉米品种光合作用及产量的影响 [J]. 作物学报，22（6）：757–762.

杜彩艳，段宗颜，王建新，等 .2014. 云南 8 个玉米品种苗期抗旱性研究 [J]. 西北农业学报，23（10）：82–89.

杜金友，陈晓阳，李伟，等 .2004. 干旱胁迫诱导下植物基因的表达与调控 [J]. 生物技术通报（2）：10–14.

方允中 .1988. 自由基与酶 [M]. 北京：科学出版社 .

斐英杰，郑家玲，瘐红，等 .1992. 用于玉米品种旱性鉴定的生理生化指标 [J]. 华北农学报（1）：31–35.

葛体达，隋方功，李金政，等 .2015. 干旱对夏玉米根冠生长的影响 [J]. 中国农学通报，21（1）：103–109.

龚明 .1989. 作物抗旱性鉴定方法与指标及其综合评价 [J]. 云南农业大学学报，4（1）：73–81.

顾慰连 .1992. 论文选集编委员编 [M]. 沈阳：辽宁科学技术出版社 .

郭淑敏，马帅，陈印军 .2006. 我国粮食主产区粮食生产态势与发展对策研究 [J]. 农业现代化研究，27（1）：1–6.

郝晶晶，陆桂华，闫桂霞，等 .2010. 气候变化下黄淮海平原的干旱趋势分析 [J]. 水电能源科学，28（11）：12–14，115.

何海军，寇思荣，王晓娟 .2011. 干旱胁迫对不同株型玉米光合特性及产量性状的影响 [J]. 干旱地区农业研究，29（3）：63–66.

侯建华，吕风山 .1995. 玉米苗期抗旱性鉴定研究 [J]. 华北农学报，10（3）：89–93.

胡荣海，昌小平 .1996. 反复干旱法的生理基础及其应用 [J]. 华北农学报，11（3）：51–56.

霍仕平，晏庆九，宋光英，等 .1995. 玉米抗旱鉴定的形态和生理生化指标研究进

展 [J]. 干旱地区农业研究，13（3）：69.

纪瑞鹏，车宇胜，朱永宁，等 .2012. 干旱对东北春玉米生长发育和产量的影响 [J].
　　应用生态学报，23（11）：3 021-3 026.

姜鹏，李曼华，薛晓萍，等 .2013. 不同时期干旱对玉米生长发育及产量的影响 [J].
　　中国农学通报，29（36）：232-235.

蒋高明 .2004. 植物生理生态 [M]. 北京：高等教育出版社 .

康蕾，张红旗 .2014. 我国五大粮食主产区农业干旱态势综合研究 [J]. 中国生态农
　　业学报，22（8）：928-937.

李博，田晓莉，王刚卫，等 .2008. 苗期水分胁迫对玉米根系生长杂种优势的影响
　　[J]. 作物学报，34（4）：662-668.

李洪山，张晓岚，侯新霞 .1995. 梭梭适应干旱环境的多样性研究 [J]. 干旱区研究，
　　12（2）：15-17.

李金洪，李伯航 .1993. 干旱条件下抗蒸腾剂对玉米的生理效应研究 [J]. 河北农业
　　大学学报，16（3）：42-45.

李豪喆 .1986. 大豆叶片硝酸还原酶活力的研究 [J]. 植物生理学通讯，（4）：30-32.

李清芳，马成仓，尚启亮 .2007. 干旱胁迫下硅对玉米光合作用和保护酶的影响 [J].
　　应用生态学报，18（3）：531-536.

林建明，汤玉玮 .1986. 低 pH 值对水稻黄化叶片硝酸还原酶活性暗诱导的调节 [J].
　　植物生理学报，12（4）：307-314.

刘娥娥，宗会 .2000. 干旱、盐和低温胁迫对水稻幼苗脯氨酸含量的影响 [J]. 亚热
　　带植物学报，8（3）：235-238.

刘京宝，杨克军，石书兵，等 .2012. 中国北方玉米栽培 [M]. 北京：中国农业科学
　　技术出版社 .

刘瑞香，杨吉力，高丽 .2005. 中国沙棘和俄罗斯沙棘叶片在不同土壤水分条件下脯氨
　　酸、可溶性糖及内源激素含量的变化 [J]. 水土保持学报，19（3）：148-151，169.

罗淑平 .1990. 玉米抗旱性及鉴定指标的相关分析 [J]. 干旱地区农业研究，8（3）：72-78.

马红梅，陈明昌，张强 .2005. 柠条生物形态对逆境的适应性机理 [J]. 山西农业科
　　学，33（3）：49.

马晓群，姚筠，许莹 .2010. 安徽省农作物干旱损失动态评估模型及其试用 [J]. 灾
　　害学，25（1）：13-17.

马旭凤，于涛，汪李宏，等 .2010. 苗期水分亏缺对玉米根系发育及解剖结构的影
　　响 [J]. 应用生态学报，21（7）：1 731-1 736.

彭永康，张丰德 . 1987. 不同剂量 60Co-γ 射线对小麦、水稻幼苗生长的影响 [J].

华北农学报，2（1）：13-18.

齐伟，张吉旺，王空军，等.2010.干旱胁迫对不同耐旱性玉米杂交种产量和根系生理特性的影响 [J].应用生态学报，21（1）：48-52.

沈振荣等.2000.节水新概念 [M].北京：中国水利水电出版社.

孙彩霞，沈秀瑛，郝宪彬，等.2000.根系和地上部生长指标与玉米基因型抗旱性的灰色关联度分析 [J].玉米科学，8（1）：31-33.

孙彩霞，沈秀瑛.2002.玉米根系生态型及生理活性与抗旱性关系的研究 [J].华北农学报，17（3）：20-24.

孙静，王宪泽.2006.盐胁迫对小麦过氧化物酶同工酶基因表达的影响 [J].麦类作物学报，26（11）：42-44.

汤章城.1986.不同抗旱品种高粱苗中脯氨酸积累的差异 [J].植物生理学报，12（2）：154-162.

王海珍，梁宗锁，郝文芳，等.2005.白刺花适应土壤干旱的生理学机制 [J].干旱地区农业研究，23（1）：106-110.

王茅雁，邵世勤，张建华，等.1995.水分胁迫对玉米保护酶系活力及膜系统结构的影响 [J].华北农学报，10（2）：43-49.

王晓琴，袁继超.2002.玉米抗旱性研究的现状及展望 [J].玉米科学，10（1）：57-60.

王秀全，刘昌明，于先驹等.1997.玉米抗逆性的相关研究 [J].玉米科学，5（4）：1-7.

王延宇，王鑫，赵淑梅，等.1998.玉米各生育期土壤水分与产量关系的研究 [J].干旱地区农业研究，16（1）：100-105.

王艳青，陈雪梅，李悦，等.2001.植物抗逆中的渗透调节物质及其转基因工程进展 [J].北京林业大学学报，23（4）：66-70.

韦梅琴，李军乔.2003.委陵菜属四种植物茎叶解剖结构的比较研究 [J].青海师范大学学报（3）：48-50.

席章营，吴克宁，王同朝，等.2000.玉米抗旱性生理生化鉴定指标及利用价值分析 [J].河北农业大学学报，21（1）：7-12.

肖俊夫，刘战东，刘祖贵，等.2011.不同时期干旱和干旱程度对夏玉米生长发育及好水特性的影响 [J].玉米科学，19（4）：54-58，64.

徐民俊，刘桂茹，杨学举，等.2002.水分胁迫对抗旱性不同冬小麦品种可溶性蛋白质的影响 [J].干旱地区农业研究，20（3）：85-92.

许旭恒.1986.全面喷施腐殖酸对小麦临界期干旱的生理调节用的初步研究 [J].植物生理学，4（5）：7-3.

薛昌颖，刘荣花，马志红.2014.黄淮海地区夏玉米干旱等级划分 [J].农业工程学报，30（16）：147–156.

阎丙离.1995.黄淮海平原干旱加剧的机制 [J]. 地域研究与开发，14（1）：89–90，92.

阎秀峰，李晶，祖元刚.1999.干旱胁迫对红松幼苗保护酶活性及脂质过氧化作用的影响 [J]. 生态学报，19（6）：850–854.

杨静慧，杨焕庭.1996.苹果树植物叶片角质层厚度与植物抗旱性 [J]. 天津农学院学报，3（3）：27–28.

姚启伦，陈秘.2010.干旱胁迫对玉米地方品种苗期植株形态的影响 [J]. 河南农业科学（2）：20–24.

余让才，李明启，范燕萍.1997.高等植物硝酸还原酶的光调控 [J]. 植物生理学通讯，33（1）：61–65.

张宝石，徐世昌，宋风斌，等.1996.玉米抗旱基因性鉴定方法和指标的探讨 [J]. 玉米科学，4（3）：19–22.

张海明，王茅雁，侯建华.1993.干旱对玉米过氧化氢、MDA 含量及 SOD，CAT 活性的影响 [J]. 内蒙古农牧学院学报，14（4）：92–95.

张敬贤，李俊明，崔四平，等.1990.玉米细胞保护酶活性对苗期干旱的反应 [J]. 华北农学报，5（增刊）：19–23.

张立军.1996.渗透胁迫下玉米幼苗离体叶片膜透性变化机理的研究 [J]. 沈阳农业大学学报，27（3）：207–210.

张岁岐，山仑.1997.磷素营养和水分胁迫对春小麦产量及水分利用效率的影响 [J]. 西北农业学报，6（1）：22–25.

张义林，高宝岩.1994.水分胁迫下 ABT 生根粉对玉米耐旱性的影响 [J]. 华北农学报，9（2）：20–24.

赵可夫，王韶唐.1990.作物抗性生理 [M]，北京：中国农业出版社.

郑盛华，严昌荣.2006.水分胁迫对玉米苗期生理和形态特性的影响 [J]. 生态学报，26（4）：1 138–1 143.

周瑞莲，孙国钧，王海鸥.1999.沙生植物渗透调节物对干旱、高温的响应及其在抗逆性中的作用 [J]. 中国沙漠，19（增刊）：18–22.

周云龙.2001.植物生物学 [M]. 北京：高等教育出版社.

朱维琴，吴良欢，陶勤南.2003.干旱逆境下不同品种水稻叶片有机渗透调节物质变化研究 [J]. 土壤通报，34（1）：25–28.

庄严，梅旭荣，龚道枝，等.2010.华北平原不同基因型夏玉米水分—产量响应关系 [J]. 中国农业气象，31（1）：65–68.

宗会，刘娥娥，郭振飞.2001.干旱、盐胁迫下 LaCl$_3$ 和 CPZ 对稻苗脯氨酸积累的

影响 [J]. 作物学报，27（2）：173-177.

Brown A D.1976.Water stress induced alterations of the stomatal response to decreases in leaf water potential[J]. Plant Physiology，37：1-5.

Dedove D C，Wattiaux R C. 1996. Functions of plysosomes research[J]. Plant Physiology，128：435-492.

Dhindsa R S，Thorpe T A. 1981.Leaf of membrane permeability and lipidper oxidation and decreased levels of superoxide dismutase and catelase[J]. 32：93-101.

Dingkuhn M，Cruz R T，Toole J C，et al. 1991. Responses of seven diverse rice cultivars to water deficits. III. Accumulation of abscisic acid and raline in relation to leaf water-potential and osmotic adjustment [J]. Field Crops Research 27（1-2）:103-117.

Dwyer L W，Stewart D W. 1984. Indicators of water stress in corn[J].Plant Science，64（3）：537-546.

Hall A E，Kaufmann M R. 1975.Stomatal response to environment with sesamum indicumL[J].Plant Physiology，155：455-45.

Hall A J，Lemcof J H. 1981. Water stress before and during flowering in maize and its effect on yield its components and their determinants[J]. Maydica，26：19-30.

Jiang M Y，Guo S C，Zhang X M. 1997. Proline accumulation in rice seedings exposed to hydroxyl radical stress in relation to antioxidation[J]. Chinese scianle bulletin，42（10）：855-859.

Price. A H，Hendry G A F. 1989. Stress and role of activated oxygen scavengers and protective enzymes in plant subjected to drought[J]. Biochemical Society Transactions，17（3）：493-494.

Siatyer R O. 1976. Plant-Water Relationships[M]. New York：Academic Press.

Skriver K，Mundy J. 1990. Gene expression in response to abscisic acid and osmotic stress[J]. Plant Cell，2：503-512.

Taylor C B. 1996. Proline and water deficit：ups，downs，ins and outs[J].Plant Cell（8）：1 221-1 224.

Tollenaar M I. 1996. Genetic improvement in grain yield of commercial maize hybrids grown in Ontario from 1959 to 1988[J].Crop Science，48：1 365-1 371.

Westgate M E，Boyer J S. 1986. Drought tolerance in winter cereals[J].Agron，78：714-719.

Westgate M E，Boyer T S. 1985. Osmotic adjustment and the inhibition of leaf，root and silk growth at low water potentials in maize[J].Planta，164.

第七章
玉米新发病虫害的
发生与防治

第一节 玉米致死性"坏死病"（MLN）

一、玉米致死性"坏死病"（MLN）的发现

（一）玉米致死性"坏死病"分布

玉米褪绿斑驳病毒（*Maize chlorotic mottle virus*, MCMV）主要寄主是玉米，还可侵染小麦、大麦、燕麦、高粱等多达 15~19 种植物。玉米褪绿斑驳病毒属于番茄丛矮病毒科（Tombusviridae）玉米褪绿斑驳病毒属（*Machlomovirus*），可通过昆虫介体和种子传播，是中国重要的对外检疫性病毒，严重为害玉米的生产，影响玉米的产量和质量，造成巨大的经济损失。因感病植株症状表现为叶片逐渐失绿、变黄，整片叶表现呈黄绿相间的斑驳条斑，故命名为玉米褪绿斑驳病毒。MCMV 寄主主要为禾本科的玉米、甘蔗和高粱，其单独侵染玉米仅引起玉米褪绿斑驳症状，但是 MCMV 与其他病毒，小麦线条花叶病毒（*Wheat streak mosaic virus*, WSMV）、甘蔗花叶病毒（*Sugarcane mosaic virus*, SCMV）或玉米矮花叶病毒（*Maize dwarf mosaic virus*, MDMV）复合侵染，能导致玉米致死性"坏死病"（*Corn lethal necrosis*, CLN 或 *Maize lethal necrosis*, MLN），并造成严重的产量损失，影响玉米制种和粮食生产安全。

MCMV 最早于 1973 年在秘鲁的玉米病株上发现，玉米产量损失率达到 10%~15%。1976 年在美国堪萨斯州（Kansas）和内布拉斯加州（Nebraska）发现 MCMV 可单独侵染或者 MCMV 与 MDMV 复合侵染玉米。1978 年，可与 MCMV 复合侵染引起致死的另外一些病毒——马铃薯 Y 病毒科（Potyviridae）的病毒被鉴定出来。1982 年，MCMV 和 MLN 蔓延到美国的内布拉斯加并在墨西哥首次被发现。1989—1990 年，MCMV 在美国夏威夷考艾岛（Kauai）的冬季种子繁育基地上严重爆发，并蔓延到堪萨斯 - 内布拉斯加边界，在秘鲁和美国境内流行。2004 年，亚洲最早报道了泰国（Stenger and French, 2008；Xie et al, 2011）发现 MCMV 病毒，2009 年传至中国（Xie et al, 2011），但仅限于中国云南省和台湾地区（Deng et al, 2014）。非洲最早发现于肯尼亚（Wangai et al, 2011），至 2015 年该病害分别传至乌干达、坦桑尼亚、布隆迪、卢旺达、刚果和埃塞俄比亚等国。

玉米致死性"坏死病"（MLN）主要分布在秘鲁、阿根廷、墨西哥、美国（北卡罗来纳州、堪萨斯州、内不拉斯加州、夏威夷）、泰国、肯尼亚和中国云南。玉米致死性"坏死病"（MLN）可造成 75% 以上的产量损失甚至绝收，给

玉米生产带来毁灭性灾害，一旦扩散开来，将对玉米生产构成严重威胁，了解MLN 研究的现状和传播介体具有重要意义。

甘蔗和玉米是肯尼亚的两大主要作物。玉米致死性"坏死病"（MLN）是复合侵染性病毒病，在肯尼亚该病由玉米褪绿斑驳病毒（MCMV）和甘蔗花叶病毒（SCMV）复合侵染造成。玉米褪绿斑驳病毒症状取决于病毒的株系，表现为坏死斑点、卷曲、叶尖坏死、矮化、植株死亡等。2011 年 MLN 为害肯尼亚玉米，肯尼亚中部和西部地区受害最为严重，该区域为甘蔗和玉米混合种植区。2011 年 9 月第 2 个种植季时，Longisa Division 的 Bomet 镇最早发现了约 200hm² 面积的玉米发生 MLN 为害，后该病害传至临近 Chepalungu，Narok North，Narok South，Sotik 和 Naivasha 及东部省份的 Embu 和 Meru，中部省份 Murang'a，Kirinyaga 和 Nyeri；至 2012 年 4 月，该病已进一步向北高海拔地区传播。

2012 年，MLN 对肯尼亚玉米产业造成重大损失，主要地区包括：Bomet 产量损失 80%~100%，Narok 产量损失 50%~60%，Naivasha 产量损失 40%~50%，Borabu 产量损失 30%~40%，Machakos-Makueni region 产量损失 15%~25%，Embu-Meru Region 产量损失 10%~20%，Uasin Gishu 产量损失 10%~20%，Kakamega and Bungoma region 产量损失 2%~10%，Trans Nzoia 产量损失 2%~10%。并且造成了众多种子公司和育种部门在当地的育种产业损失，其中包括：Agriseed 损失为 10 英亩*（Narok），肯尼亚种子公司（Kenya seed company）损失为 75 英亩（Baringo），孟山都种子公司（Monsanto seed company，Baringo）损失为 20 英亩，肯尼亚农业畜牧业研究机构（Kenya Agricultural Livestock Organization，KALRO）的 Kakamega 试验站损失为 5 英亩；2013 年 KALRO 的 Kitale 试验站损失为 5 英亩，2014 年 KALRO 的 Perkerra 试验站损失为 5 英亩，2014 年东非种子公司（East Africa seed company，Lanet）损失为 100 英亩，见图 7-1 至图 7-3。

图 7-1　甘蔗和玉米相临种植（Kisumu-Kibos）　图 7-2　MLN 对育种产业方面造成的损失
（河北省农林科学院植保研究所李耀发提供，2015）　（肯尼亚 KALRO 提供，2015）

---

*1 英亩 ≈ 4 047m²

MLN in seed producing areas– Kibos

MLN in Baringo

MLN in Kibwezi

MLN in Kitale

MLN in Kakamega

图 7-3　不同地方不同时期 MLN 试验田间表现（肯尼亚 KALRO 提供，2015）

中国是世界第二大玉米种植大国，近年来中国玉米进出口贸易量增大，为玉米褪绿斑驳病毒传入我国创造了条件，一旦此病毒传入中国，将可能带来极大的经济损失（赵明富等，2014），因此已被列入进境植物检疫性有害生物名单。

2009 年，云南省元谋县发现一种玉米新病害，该病害由玉米褪绿斑驳病毒（MCMV）与甘蔗花叶病毒（SCMV）复合侵染引起，称为玉米致死性"坏死病"（MLN）。MCMV 与其他病毒混合侵染发生 MLN 的症状会比单独侵染的症状严重。SCMV 和 MCDV 在中国多数玉米产区都有发生（Xie et al，2011），若发生面积不断增加，将会给玉米产业带来严重影响。

MCMV 可与 WSMV、SCMV 或 MDMV 复合侵染而引发 MLN，对玉米生产造成巨大的损失。而 MDMV 和 SCMV 是中国玉米产区常见的病毒，所以要防止 MLN 在中国发生和为害的根本措施之一就是要加强对 MCMV 的检疫。MCMV 发生的报道长期都局限于美洲，近年在肯尼亚也有发生的报道。从泰国、德国进口的种子中检出 MCMV（雷屈文，2013；刘洪义，2011）。这说明在目前国际种子贸易发达的情况下，不仅仅是美洲的种子具有传递 MCMV 的可能，故必须重视对其他国家进口种子的检疫。

2011 年 4 月，福建出入境检验检疫局技术中心植物检疫实验室采用 DAS-ELISA、RT-PCR 及序列测定验证的方法，从一批阿根廷进境玉米种子上同时检出玉米褪绿斑驳病毒和玉米矮花叶病毒。这是福建口岸首次检出上述 2 种病毒，由于玉米褪绿斑驳病毒属于我国禁止进境的植物检疫性有害生物，福建检验检疫部门已对这批玉米种子及时进行了销毁处理（沈建国，2011）。

（二）MCMV 的传播途径

于洋等（2011）报道，MCMV 容易通过叶或者根机械接种传播。MCMV 的主要传毒昆虫包括：蓟马、多种叶甲、蚜虫和根虫等，该病毒在田间扩散容易。玉米甲虫是通过唾液传播病毒的，且玉米甲虫传毒效率的高低与甲虫的种类有关，某些甲虫的幼虫传毒率高，成虫传毒率低或不传毒。MCMV 可土传的推论尚未得到证实。Bockelman 等（1982）报道，MCMV 不会经由玉米种子传毒。Jensen 等（1991）报道，MCMV 可通过种子传播，但是传毒率较低，且与玉米的品种有关。肯尼亚研究发现，调查 42 000 粒玉米种子中，仅 17 粒携带 MCMV 病毒，其机率为 0.0405％，但通过病种可实现远距离扩散。虽然该病毒的寄主范围不广，但种植的面积和数量较大，在当种子生产保障体系尚未完全建立，自留种比较普遍时，该病毒可扩散。MDMV 主要在雀麦、牛鞭草等田间杂草上越冬，这也是该病毒重要的初侵染源，然后再由麦二叉蚜（*Toxoptera graminum*）、玉米蚜（*Rhopalosiphum maidis*）、桃蚜（*Myzus persicae*）和高粱蚜（*Melanaphis sacchari*）等迁飞传毒。据报道，蚜虫传毒为非持久性传播，该病毒也可种子传播。SCMV 主要由蚜虫、种子传播。SCMV 的传毒介体有玉米蚜、桃蚜、麦长管蚜（*Sitobion avenae*）、棉蚜（*Aphis gossypii*）和麦二叉蚜（*Schizaphis graminum*）、玉米花翅飞虱（*Peregrinus maidis*）等。王海光等（2003）证明，SCMV 不能通过花粉传播。WSMV 由郁金香瘿螨（*Eriophyes tulipae*）携带传播，以郁金香瘿螨若虫从感病植株获毒，以若虫及成虫形态传毒，卵不传毒。

在秘鲁，从单季玉米种植的西海岸到终年种植玉米的东海岸地区都存在，在利马的几条河流流域也相当流行。在美国大陆，接近内布拉斯加州边界的堪萨斯州开始，沿着大布卢河（Big Blue River）流域传播。在墨西哥，从瓜纳哈托（Guanajuato）开始向邻近的州扩散。

依据国外的 MLN 发生生态环境来看，主要发生在温度较高的区域，从云南省生态环境来看，特别是海拔 1 800m 以下地区能满足发病条件，因此，MLN 在未来的几年里可能是我国云南省乃至其他玉米产区的一种潜在威胁。雷屈文等（2013）报道，MCMV 除了随种子传播外，还可通过西花蓟马（*Frankliniella williamsi*）传播。西花蓟马在中国云南省和北京市部分地区广泛分布，在山东、浙江等地也有少量分布。因此，MCMV 在云南省具备扩散的条件。玉米是云南省的重要作物之一，云南省的热带和亚热带地区玉米种子调运频繁。为了阻止 MCMV 进一步扩散，还必须加强对国内调运种子的健康检测，一旦造成 MCMV 的扩散，将对玉米生产带来严重影响。

2014 年来自中国科学报报道，国际玉米小麦改良中心（CIMMYT）目前正在与肯尼亚农业畜牧业研究机构（Kenya Agricultural Livestock Research Organization，KALRO）开展一项联合研究，旨在控制玉米致死性"坏死病"（MLN）。图 7-4 至图 7-5 为 CIMMYT 在肯尼亚进行的不同时期玉米自交系抗 MLN 筛选实验。

MLN-resistanht line　　　　MLN-susceptible line　　　　MLN-resistant line

图7-4　不同时期抗 MLN 的自交系与感 MLN 的自交系比较

（肯尼亚 KALRO 提供，2015）

MLN-susceptible line　　　　　　　　　MLN-resistanht line

图7-5　感 MLN 的自交系与抗 MLN 的自交系比较

（肯尼亚 KALRO 提供，2015）

二、MLN 的为害

关于 MLN 症状及其为害分级情况

1.MLN 症状　MLN 的发病症状最初仅见于叶片，后期玉米茎和雌、雄穗均可见较明显症状。其中，叶片症状主要为黄化、坏死、变红、枯心、花叶、斑点和条纹等；茎部症状主要表现为水浸状病变，有时扩展至展开的叶片；穗部常见症状为授粉减少、籽粒不饱满和霉粒，多从穗基部开始霉烂，严重者可导致全株死亡（图 7-6）。

图 7-6　MLN 的主要叶部症状（肯尼亚 KALRO 提供，2015）

图 7-7　MLN 的主要茎部症状（肯尼亚 KALRO 提供，2015）

图 7-8　MLN 的主要穗部症状（肯尼亚 KALRO 提供，2015）

图 7-9　MLN 导致全株死亡（肯尼亚 KALRO 提供，2015）

2.MLN 为害分级　对于 MLN 造成损失为害进行的分级，其中包括两种分级方式，分别为以叶片或植株整体受害为依据分级和以穗部种子量为依据分级。

以叶片或植株整体为依据分级如下，共分 5 级（图 7-10）。

图 7-10　MLN 为害分级（1~5 分级中叶片或整个植株）（肯尼亚 KALRO 提供，2015）

1 级：没有 MLN 症状；2 级：在下部老叶上有细的褪绿条纹；3 级：整株均有褪绿斑点；4 级：大量褪绿斑点和出现枯心；5 级：全株坏死。

以穗种子量为依据分级如下，共分 5 级（图 7-11）。

1 级：穗粒数 ≥ 80%；2 级：=60%；3 级：=40%；4 级：=20%；5 级：穗粒数 0%。

图 7-11　MLN 导致穗部产量损失严重（从左到右 1~5 级）

（肯尼亚 KALRO 提供，2015）

三、MLN 研究

墨西哥国际玉米小麦改良中心（CIMMYT）建立有效机构开展抗 MLN 研究

自 2011 年起，MLN 已成为肯尼亚、坦桑尼亚、乌干达和卢旺达等非洲国家严重关注的病害。CIMMYT 一直与肯尼亚农业畜牧业研究机构（Kenya Agricultural Livestock Research Organization，KALRO）、私营部门的公司和美国病毒学专家等合作伙伴密切沟通，通过控制寄主的抗性来防治 MLN 病害。

从 2012 年开始，CIMMYT 和 KALRO 进行筛选 MLN 抗性试验，旨在发现有前途的抗 MLN 的自交系和预商业化玉米杂交种。2013 年 9 月，CIM-MYT-KALRO 联合机构在肯尼亚奈瓦沙（Naivasha）建立开展 MLN 筛选设施，并使用人工接种的方法，评价大量玉米种质资源的抗病性。另外，为避免坏死病通过种子传播，科研人员还要确保实验过程中每粒种子都绝对干净，以便将发病意外降低到最小程度。

2014 年，CIMMYT 病理学家 George Mahuku 教授称，开发抗 MLN 耐性品种是防治 MLN 最具成本效益的方式。为此，CIMMYT 率先展开对 MLN 抗性资源的鉴定，并加快研究制定控制病害发展与传播的对策，CIMMYT 位于肯尼亚的农业研究机构 MLN 筛选中心和玉米双单倍体中心也正式投入使用，这将有助于加快 MLN 抗性品种的开发。不仅如此，CIMMYT 还与国际昆虫生理学与生态学中心合作，通过分析 MLN 在蚜虫、甲虫和蓟马中的传播，来设计适当的策略应用于玉米病害防治中。

2014 年召开的肯尼亚种子贸易协会上，George Mahuku 教授还呼吁建立 MLN 筛查的标准化协议，以确保相同的材料可以适用于不同国家的不同地区，达到信息畅通。筛选高抗或中抗 MLN 的自交系和预商用杂交种（与 CIMMYT 品系杂交）。

2013—2014 年，在肯尼亚东非大裂谷的纳罗克（Narok）和奈瓦沙（Naivasha），在两个独立的试验中通过人工接种的方法对 CIMMYT 自交系和预商用杂交种进行了评估（表 7-1 和表 7-2）。在每个试验中，每个参试材料至少重复两次，在作物生长发育的不同阶段（营养生长和生殖生长阶段）记录了 MLN 严重度评分（1~5 级，1＝无疾病症状，5＝大面积损坏）。下面列出了每个材料在两个试验中的最高 MLN 严重度评分性和相应的病害反应评级。

表 7-1　在肯尼亚纳罗克和奈瓦沙两地人工接种条件下选定的 CIMMYT 自交系抗玉米致死性"坏死病"表现（2013—2014 年）

（B.M. Prasanna 博士，CIMMYT 全球玉米项目主任，肯尼亚内罗毕提供）

自交系 Inbred line	粒色 Kernel color	杂种优势群 Heterotic Group	最大 MLN 严重度评分 Max. MLN severity score	病害反应评级 Disease response rating
CLRCY039	Y	B	2.0	R
CLYN261	Y	A	2.0	R
CLRCY034	Y	B	2.0	R
CKDHL120552	W	A	2.3	MR
CKDHL120161	W	B	2.4	MR
CKDHL120668	W	B	2.4	MR
CKDHL120664	W	B	2.4	MR
CML494	W	B	2.5	MR

续表

自交系 Inbred line	粒色 Kernel color	杂种优势群 Heterotic Group	最大 MLN 严重度评分 Max. MLN severity score	病害反应评级 Disease response rating
TZMI730*	W	B	2.5	MR
CKDHL120918	W	B	2.5	MR
CML550	W	B	2.6	MR
CML543（CKL05003）	W	B	2.7	MR
CKDHL120671	W	B	2.7	MR
CLA106	Y	B	2.7	MR
CKSBL10205	W	AB	2.7	MR
CKSBL10194	W	AB	2.8	MR
CML535（CLA105）	Y	B	2.8	MR
CKSBL10060	W	A	2.9	MR
CKDHL121310	W	B	3.0	MR
DTPYC9-F46-1-2-1-2-B	Y	A	3.0	MR
CKDHL0500	W	B	3.0	MR

备注：*IITA 自交系；缩写：Y：黄色，W：白色；

病害反应评级：R，抗（最大 MLN 严重度评分 ≤ 2.0）；MR：中抗（最大 MLN 严重度评分 ≥ 2.0 并 ≤ 3.0）；S：感（最大 MLN 严重度评分 >3.0）

MLN 严重度评分（1~5 级）：1= 没有 MLN 症状；2= 在下部叶片上有细的退绿条纹；

　　　　　　　　　　　　3= 整株有退绿斑点；4= 大量退绿斑点和生长点坏死；

　　　　　　　　　　　　5= 全株坏死

Note：*IITA Inbred Line ;
Disease Response Rating
R: Resistant（max. MLN severity score ≤ 2.0）
MR: Moderately resistant（max. MLN severity score ≥ 2.0 but ≤ 3.0）
S: Susceptible（max. MLN severity score >3.0）

Abbreviations：Y: Yellow; W: White
MLN Severity Scoring（1~5 Scale）
1= No MLN symptoms
2=Fine chlorotic streaks on lower leaves
3=Chlorotic mottling throughout plant
4=Excessive chlorotic mottling and dead heart
5=Complete plant necrosis

表 7-2　在肯尼亚 Narok 和 Naivasha 两地人工接种条件下选定的
CIMMYT 预商用杂交种抗 MLN 表现（2013—2014 年）
（B.M. Prasanna 博士，CIMMYT 全球玉米项目主任，肯尼亚内罗毕提供）

杂交种 Hybrid	系谱 Pedigree	最大 MLN 严重度评分 Max. MLN severity score	病害反应评级 Disease response rating
CKH12613	Under NPT in Tanzania	2.25	MR
CKH12622	CML444/CML445//CLWN234	2.33	MR
CKH12603	Under NPT in Uganda	2.37	MR
CKH12623	CML539/CML442//CLWN234	2.38	MR
CKH12624	CML539/CML442//CML373	2.45	MR
CKIR12014	CML312/CML442// CKSBL10028	2.49	MR
CKH12625	CML444/CML445//CML373	2.50	MR
CKIR12007	CML78/P100C6-200-1-1-B-B-B-B// CKSBL10014	2.50	MR
CKDHH0970	CKDHL0089/CKDHL0323//CKDHL0221	2.50	MR
CKIR11024	CML78/P300C5S1B-2-3-2-#-#-1-2-B-B-#// CKSBL10060	2.51	MR
CKH12607	Under NPT in Tanzania	2.51	MR
CKH10085	Under NPT in Kenya	2.62	MR
CKH12600	Under NPT in Uganda and Tanzania	2.66	MR
CKH12627	CLRCW106//CML444/CML395	2.70	MR
CKDHH0943	CKDHL0159/CKDHL0282//CKDHL0214	2.75	MR
CKDHH0945	CKDHL0089/CML395//CKDHL0214	2.75	MR
CKH12626	CML395/CML488//CML373	2.77	MR

注：上述表现突出的杂交种将在奈瓦沙的玉米致死性"坏死病"严重度评分设计进行试验验证。

MR：中抗（最大 MLN 严重度评分 ≥ 2.0 并 ≤ 3.0）

Note：The responses of the promising hybrids mentioned above are being validated through experiments at the MLN Screening Facility in Naivasha

MR：Moderately resistant（max. MLN severity score ≥ 2.0 but ≤ 3.0）

表 7-3 在自然病害压力下，CIMMTY 具有最少的 MLN 敏感性的预选商业杂交种的
MLN 发生率（2012 年肯尼亚试用）

Entry 名称	Naivasha 奈瓦沙			Bomet 博美特			Chepkitwal		
	DS	%DPLT	Rating	DS	%DPLT	Rating	DS	%DPLT	Rating
CKH10767	2.0	0	MR	2.6	26.2	MR	2.3	0	MR
CKH114272	2.0	8.9	MR	2.3	19.5	MR	2.1	15.2	MR
CKH101509	2.5	16.0	MR	1.9	13.3	MR	2.5	17.8	MR
Mean of three most Susceptible commerdal hybrids（checks）	2.9	44.5		3.4	34.7		2.8	23.4	
Min（across trial）	1.5	0		1.1	9.3		2.1	0.0	
Max（across trial）	4.0	42.8		4.2	67.1		3.9	53.5	
LSD（0.05）	1.2	19.1		1.2	11.8		0.62	10.8	

注：各试验点采用自然病害（玉米致死性"坏死病"）压力，采用 alpha-lattice 设计，每地两次重复，采用常规标准农艺管理，未使用杀虫剂。

DS：不同时期病害严重指数（数值 1~5，1= 没有症状，5= 严重感病）；

%DP：发病率；MR：中等抗性；MS：中等感病；S：易感

Rating：病害反应

Note: The trials were undertaken under natural disease（MLN）pressure at all the locations，using an alpha-lattice design with two replications per location，following standard agronomic management.They received no insecticide application.

DS：Disease Severity score（on 1~5 scale，with 1=no symptoms；5=highly diseased）at different stages；

%DP：% Dead Plants；MR：Moderately Resistant；MS：Moderately Susceptible；S：Susceptible.

表 7-4　在自然病害压力下，CIMMTY 低敏优良自交系的 MLN 发生率
（2012 年肯尼亚，奈瓦沙试验）

名称 Entry	不同时期病害严重 DS	发病率 %DI	等级 Rating
[CML312/CML444//[DTP2WC4H255-1-2-2-BB/LATA-F2-138-1-3-1-B]-1-3-2-3-B]-2-1-2-BB-B-B-B	1.3	6.0	R
CL-02510-B	1.9	3.9	R
La Posta Seq C7-F64-1-1-1-2-B-B-B-B-B	1.7	7.2	R
CKL05003	2.2	1.9	MR
La Posta Seq C7-F64-2-6-2-2-B-B-B-B	1.5	13.5	MR
（KU1403*1368）-7-2-1-1-B-B-B-B-B	1.8	10.2	MR
（La Posta Seq C7-F86-3-1-1-1-B-B-B/CML495）DH1-B-B	2.4	9.3	MR
La Posta Seq C7-F64-1-1-1-1-B-B-B-B	1.8	10.6	MR
P502c2-185-3-4-2-3-B-2-B-B-B-B-B	1.9	13.6	MR
CKL05017	2.7	11.0	MR
DRB-F2-60-1-1-1-B*6-B	3.5	34.8	S
[CML444/CML395//DTPWC8F31-4-2-1-6]-3-1-2-1-1-B*4-B-B	3.3	32.9	S
INTA/INTB-B-41-B-7-1-B-B-B	3.2	56.2	S
（La Posta Seq C7-F64-2-6-2-2-B-B-B/CML495）DH29-B-B	4.2	59.8	S
（DTPWC9-F92-2-1-1-1-BB/[MSRXG9]C1F2-205-1（OSU23i）-5-3-X-X-1-BBB-1-B）DH3-B-B	4.1	69.9	S
CML503（one of the highly susceptible entries in the trial）	3.4	97.2	S
Min（across trial）	1.0	1.9	
Max（across trial）	4.4	100.0	
LSD（0.05）	1.1	26.0	

注：各试验点采用自然病害（玉米致死性"坏死病"）压力，采用 alpha-lattice 设计，每地两次重复，采用常规标准农艺管理，未使用杀虫剂。

DS：不同时期病害严重指数（数值 1~5，1=没有症状，5=严重感病）；%DI：发病率；MR：中等抗性；MS：中等感病；S：易感

Rating：病害反应

Note: The trials were undertaken under natural disease（MLN）pressure at all the locations, using an alpha-lattice design with two replications per location, following standard agronomic management. They received no insecticide application.

DS：Disease Severity score（on 1~5 scale, with 1 = No MLN symptoms；5 = highly diseased）at different stages；

% DI：% Disease Incidence；R：Resistant；S：Susceptible.

表 7-5 人工接种条件下，甘蔗花叶病毒（SCMV）在 CIMMYT 最抗和最敏感自交系的发生率（由美国孟山都公司，伊利诺斯州沃特曼提供 2012 年试验数据）

名 称 Entries	发病率 %DI（1st rating）	发病率 %DI（2nd rating）	对甘蔗花叶病毒抗性 Response to SCMV
CML144	0%	0%	Highly Resistant 高抗
CML312	0%	0%	Highly Resistant 高抗
CML511	0%	0%	Highly Resistant 高抗
P100C6-200-1-1-B***	0%	0%	Highly Resistant 高抗
P300C551B-2-3-2-#-#-1-2-B-B-#	0%	0%	Highly Resistant 高抗
CML539	6%	6%	Resistant 抗
CML395	14%	18%	Moderately Resistant 中抗
CML78	15%	18%	Moderately Resistant 中抗
CML159	16%	29%	Moderately Susceptible 中抗
La Posta Seq C7-F64-2-6-2-1-B-B-#	26%	33%	Susceptible 易感
DTPWC9-F16-1-1-1-1-BB-#	47%	47%	Susceptible 易感
La Posta Seq C7-F86-3-1-1-1-BB-#	20%	52%	Susceptible 易感
CML445	50%	77%	Susceptible 易感
CML204	47%	70%	Susceptible 易感
CZL03007	57%	72%	Susceptible 易感
CML202	64%	72%	Susceptible 易感
DTPWC9-F115-1-4-1-1-B-B-#	65%	65%	Susceptible 易感
CML488	68%	73%	Susceptible 易感
CML489	71%	97%	Susceptible 易感
CZL00003	77%	81%	Susceptible 易感
DTPWC9-F104-5-4-1-1-B-B-#	79%	80%	Susceptible 易感
La Posta Seq C7-F180-3-1-1-1-BB-#	81%	80%	Susceptible 易感
CML444	83%	96%	Susceptible 易感

注：每区接种两次甘蔗花叶病毒，并在营养生长时期和开花后各进行一次病害等级评定并记录。

DI：发病率；依据以下范围评定病害响应情况：

0~10%：高抗性；>10%~20%：中等抗性；>20%~30%：中等感病；>30%：易感

Note: Each entry was inoculated twice SCMV, and the disease ratings were recorded twice-at the vegetative stage, and after flowering.

DI: Disease Incidence; Disease response based on following scale:

0~10%: Highly Resistant; >10%~20%: Moderately Resistant; >20%~30%: Moderately Susceptible; >30%: Susceptible.

四、MLN 的防治

（一）现状

1.关于 MLN 防治技术研究现状

（1）MLN 筛查 由于该病害发生之后，可迅速蔓延，并最终造成巨大产量损失，因而，育种田检测该病时的最小阈值为 1%，大于该阈值则被弃用。检疫方面，由于 MCMV 新品系引入的潜在危险，运往肯尼亚的种子均在送到 KEPHIS 植物安全实验室，进行两种病毒的筛查工作。

（2）MLN 研究现状

①目前肯尼亚种植的所有商业化品种均可受该病影响、为害；

②该病可在玉米所有生长时期侵染植株；

③干旱可加剧 MLN 的发生症状和程度；

④高粱、Napier 和一些杂草可能成为 MLN 的替代寄主，其在田间均表现出了疑似症状，可通过减少杂草来提高玉米的抗病能力；

⑤在土壤低氮条件下种植玉米并进行高产品种筛选；

⑥ MLN 抗病品种筛选保护性实验。豇豆和玉米间作，利用豆科的根瘤菌可以固定土壤中氮肥来提高土壤中氮肥的含量，是否可以提高植株的抗病能力。

（3）筛选抗病品种 肯尼亚的 KALRO 和墨西哥玉米小麦改良中心（CIMMYT）两家，均在 MLN 抗病品种方面做了较多的工作，且只筛选到耐病品种，尚未发现高抗 MLN 品种。肯尼亚农业部和 CIMMYT，搜集肯尼亚和周边 6 个国家的抗病玉米品种 1 800 余份，至今尚未筛选出高抗 MLN 病害的品种。

河北省农林科学院和中国农业科学院作物科学研究所、湖北省种子集团有限公司联合开展了耐旱抗 MLN 病研究，与肯尼亚郎歌大学（Rongo University，Kenya）、Kenya Agricultural Livestock Research Organization（KALRO）下属的食品作物研究所（Food Crops Reasearch Insitute，FCRI）开展合作研究。FCRI 主要以研究玉米育种为主，受到肯尼亚农业部、政府管理部门的支持。近几年重点发展国际间的合作，先后与美国先锋公司、美国资助机构、CIMMYT 等多家单位合作，对玉米 MLN 研究比较深入。这些试验安排在（1）位于 Kisumu-Kibos 的 KALRO 和 CIMMYT 联合基地；（2）位于奈瓦沙（Naivasha）的 CIMMYT 建立的 MLN 筛选设施；（3）KALRO 下属的食品作物研究所（FCRI）试验基地。在 KALRO 研究中心农场田间调查：长期居住的农民或者职工种植的玉米品种田间种植观察看到，由于 2015 年雨水较多，传播 MLN 较慢。但从苗期到玉米抽穗开花期，已有部分地块出现了 60% 以上的 MLN 发病，后期还会大面积传染，导致所有玉米枯死或者颗粒无收。出现病害的植株建议全部清除后烧毁，不宜喂养牲畜，避免交叉感染。MLN 发生，病毒感染迅速（晴天），叶子及穗子干枯腐烂，不结粒。肯尼亚农民对这种病害的防治方法有误，常采用大量施氮肥、除草等方法进行防治，均没有效果。MLN 靠昆虫传毒。目前为止，肯尼亚玉米生产上仅靠一些品种的自然耐病性，来减少该病害造成的损失，发生严重的年份则毁掉玉米播种其他作物（图 7-12，图 7-13）。

内布拉斯加州大学和堪萨斯州立大学的植物病理学专家共同培育出针对 MDMV 的高抗品种 B68、XL25A 和 3195，不仅对 MDMV-A 和 MDMV-B 具有抗性，也对 MLN 表现抗性；Va50 和 G-4636 是对 MDMV-A 和 MDMV-B 的高抗品种，但也是 MLN 的高感品种。吕香玲等（2007）建立了近等基因导入系用于发掘玉米抗甘蔗花叶病毒主效 QTL 技术，获得了一批含有抗病毒 QTL 的近等基因导入系，为抗病育种提供了信息和材料。

图 7-12　MLN 在小金梅草上的疑似症状

图 7-13　MLN 在高粱上的症状
（KALRO / CIMMYT-Kibos）

2. 关于 MLN 化学防治现状

目前为止，肯尼亚玉米生产上仅靠一些品种的自然耐病性来减少该病害造成的损失，发生严重的年份则毁掉玉米播种其他作物。尚未有化学防治技术在农业生产上进行应用的情况，其原因是该国落后的经济水平，导致农民没有经济能力支付化学农药的高额费用。

从应用技术角度出发，肯尼亚对于化学杀虫剂和杀菌剂防治 MLN，尚没有市场，但相关单位的研究均已涉及。由于化学杀虫剂和杀菌剂只作为应急性防控技术，主要研究为利用抗旱耐病品种进行 MLN 的防治技术工作。

肯尼亚 KALRO、CIMMYT 等单位均已开展 MLN 化学防治技术研究。其中，杀虫剂方面包括采用杀虫剂进行喷雾处理防治传毒昆虫和采用种衣剂包衣处理防治传毒昆虫两种方法。另外，采用杀虫剂定期（7d）喷雾处理，用于防治传毒昆虫，也是当前研究中较有效的一种防治技术（表 7-6）。如很多种子公司采用具有传导活性的杀虫剂 Thunder（吡虫啉和百树菊酯），Gaucho（吡虫啉），Cruiser（噻虫嗪）等包衣处理用于防治传毒昆虫；采用杀菌剂 Maxim（咯菌腈），Royalcap（克菌丹）等包衣处理防治该病害的侵染。而针对该病害虫在玉米生长季内均可传毒为害玉米的特点，PCPB 公司在致力于研究采用拌种处理的方法如何更长效的控制该病害的发生为害。

表 7-6　杀虫剂的剂量和治疗方法（肯尼亚，2015 年）

Table 7-6　Dose and treatment method of insecticides（Kenya，2015）

编号 Number	杀虫剂 Insecticides	有效成分 g/100 kg 种子 a.i. g/100 kg seeds	处理方法 Treatment method	备注 Notes
1	吡虫啉 70% WP Imidacloprid 70% WP	420	Seed dressing 拌种剂	
2	噻虫嗪 70% WP Thiamethoxam 70% WP	420	Seed dressing 拌种剂	
3	溴氰虫酰胺 10% SC Cyantraniliprole 10% SC	180	Seed dressing 拌种剂	
4	氯虫苯甲酰胺 35% FS Chlorantraniliprole 35% FS	180	Seed dressing 拌种剂	
5	氟虫腈 5% FS Fipronil 5% FS	180	Seed dressing 拌种剂	
6	噻虫胺 20% SC Clothianidin 20% SC	420	Seed dressing 拌种剂	
7	噻虫嗪 70% WP+ 溴氰虫酰胺 10% SC Thiamethoxam 70% WP + Cyantraniliprole 10% SC	210+90	Seed dressing 拌种剂	
8	吡虫啉 70% WP + 毒氟磷 30% WP Imidacloprid 70% WP + Dufulin 30% WP	420+800g/hm²	Seed dressing +spray 拌种剂 + 喷雾	7~10 days spray once 7~10d 喷 1 次
9	Dufulin 30% WP 毒氟磷 30% WP	800g/hm²	Spray 喷雾	7~10 days spray once 7~10d 喷 1 次
10	CK			

化学防治试验结果如下。

（1）杀虫剂拌种方法控制传毒昆虫防治 NLN 田间试验

采用强内吸性杀虫剂（表 7-6）拌种的方法控制传毒昆虫，及采用抗病毒剂 30% 毒氟磷 WP 控制 MLN 的发生与为害田间试验由当地 Rongo 大学完成。两个试验地点，分别为 a. 位于 Kisumu-Kibos 的 KALRO 和 CIMMYT 联合基地；b. 位于奈瓦沙（Naivasha）的 CIMMYT 研究试验基地。从统计分析结果来看，以当地常规玉米品种 DUMA、WH502、DH01、FRESHCO 和 PIONEER 作为研究对象，各处理对 MLN 控制效果有较大差异，也因品种不同而异。综合来看，70% 噻虫嗪 WP 和 10% 溴氰虫酰胺 SC 混合使用，使用剂量为有效成分 (210+90)g/100 kg 种子，70% 噻虫嗪 WP 有效成分用量 420g/100 kg 种子和 20% 噻虫胺 SC 有效成分用量 420g/100 kg 种子 3 个处理对多数品种 MLN 表现出了较好的防效，部分品种 MLN 的防效达到了 85% 以上，而抗病毒剂 30% 毒氟磷 WP800g/hm^2 喷雾处理对 MLN 也有一定的防效（未发表）。

（2）化学药剂玉米拌种防治传毒昆虫田间试验

中国除云南省和台湾地区发现 MLN 发生及为害之外，其他省份及地区未发现该病害的发生，且云南省该病发生已被有效控制。目前国内河北省农林科学院植物保护研究所开展了这方面的试验，在河北省保定地区采用化学药剂拌种防治刺吸式传毒昆虫蚜虫、灰飞虱和蓟马的田间试验，噻虫嗪和吡虫啉不同含量种子处理剂适宜剂量均可较好的防治三种传毒昆虫，另外，40% 噻虫嗪·溴氰虫酰胺 FS 在防治刺吸式害虫时，表现出了优秀的控制作用（未发表）。

（二）途径

（1）传统的防治方法

建立无病留种田，选用无毒或脱毒种子。因玉米褪绿斑驳病毒（*Maize chlorotic mottle virus*，MCMV）、甘蔗花叶病毒（*Sugarcane mosaic virus*，SCMV）、玉米矮花叶病毒（*Maize dwarf mosaic virus*，MDMV）、小麦线条花叶病毒（*Wheat streak mosaic virus*，WSMV）均为种传病害，选用无毒或脱毒种子，这样可以大大减少种子传播的危险。

合理轮作和布局。合理布局可把病害控制在最小范围内，降低 MDMV 和 SCMV 的介体蚜虫迁飞而造成的大面积损失。

提早或推迟播种期可有效避开介体昆虫传播的高峰期和病毒繁殖的最适气候条件。

加强水肥管理，增强玉米植株的抗病力。

及时彻底地清洁田园可降低带毒介体的量。

农耕器具消毒可降低发病面积和人为的传播。

做好害虫流行的预报和防治，降低虫源和毒源。传统的防治方法有其局限性，控制病毒病害的根本途径还是应选育和种植抗病品种。

（2）其他防治措施

适当调整播期对于MLN的防治也有较好的控制作用，较有效的是应用于第一个雨季，即长雨季该病的防治，可采用提前14 d左右种植的方法；

铲除田边杂草和其他MLN的中间寄主；

避免重茬，适时进行轮种；

尽量在长雨季进行玉米的种植，在短雨季进行轮换。

（3）选育杂交种　利用选择的优良自交系，同步输出现有组合，选育或筛选出适合肯尼亚MLN高发区和干旱地区栽培的玉米杂交种。

创制符合目标性状的种质　选择有热带血缘的国内抗病、耐旱玉米种质，组配选育出符合项目要求，在肯尼亚推广应用的耐旱抗病玉米新品种。

筛选输出本单位现有优势玉米新组合　向肯尼亚提供优势苗头组合，将含有热带血缘的种植表现比较好的耐旱抗病品种，试种并在肯尼亚得到规模推广应用。

东非国家及CIMMYT提供种子测试，筛选抗MLN的杂交种。

（三）发病规律

肯尼亚玉米种植时间分别为两个雨季初期，即3月和9月。全年共分两个雨季，长雨季为每年的3—8月和短雨季为10—12月，两个雨季的降雨量明显不同，长雨季降雨量较大，几乎每天降雨，而短雨季仅有少量降雨发生。总体来看，长雨季MLN发生较轻至不发生，短雨季MLN发生较重，究其原因主要有以下两个方面。

长雨季到来前的干旱季节长达4~5个月，这段时间很多杂草、作物均干枯已死亡，造成了大量的传毒昆虫死亡，至长雨季来临时，传毒昆虫的种群数量较低；而短雨季来临前，仅有1个月或不到30d的干旱，因而，短雨季玉米种植时，大量传毒昆虫存活，能成功传毒；

长雨季时，雨量较大，几乎每天都有降雨，传毒昆虫的种群很难繁殖起来，并顺利达到较高的水平，而短雨季降雨较少，适宜传毒昆虫的发生与繁殖。

（四）综合防治

（1）烧毁　由于一家一户农民各自种植自家的土地，农民科学种田的意识差，只买少量杂交种，大部分种子通过自留，达不到预期防治效果。一旦病害蔓延，唯一的建议就是将玉米全部清除，集中烧毁，不能再给其他牲畜喂，以免引起连锁反应。

（2）轮作　建议农民实行轮作，不能在同一地块连续种植玉米，不要播种前一年收获的玉米种子。改种其他农作物，轮作种植有土豆、大豆、向日葵等，两年后再种植玉米。并通过肯尼亚政府指导具体种植。

（3）控制杂草

（4）正确使用化肥

（5）高质量的种子以提高产量

第二节　玉米二点委夜蛾

一、暴发成因和条件

二点委夜蛾 *Athetis lepigone*（Mschler 1860）广泛分布于欧洲和亚洲的多个国家。据统计，在欧洲就有 19 个国家和地区有该虫的分布，在亚洲的日本、朝鲜、蒙古和俄罗斯中东部也有分布。尽管该虫在欧洲有进一步扩大分布的趋势，但其对当地农作物的为害程度与损失均未见报道，该虫的生物学、生态学、发生规律与防治措施等研究很少。中国于 2005 年首次报道二点委夜蛾在河北省夏玉米苗期暴发为害以来，其发生为害的地区逐渐扩大，成灾频率和程度也越来越重，严重威胁夏玉米的安全生产，并对花生和大豆等农作物构成为害。

2011 年二点委夜蛾呈暴发性发生，根据国家玉米产业技术体系在河北、山东、河南、安徽、江苏和山西等省 15 个试验站 7 月中旬的系统调查，各地的夏玉米区普遍发生了二点委夜蛾，发生范围广、为害重，被害株率在 1%~40%，严重地块缺苗率高达 70% 以上，虫口密度为 1~28 头 /m²，出现了补种和毁种现象。全国农业技术推广服务中心病虫测报处的监测与调查表明，截至 2011 年 8 月 3 日，河北、山东、河南、山西、江苏、安徽共 6 省 47 个地（市）、297 个县（市、区）总发生面积达 214.8 万 hm²，其中，被害株率在 5% 以下的为 88.07 万 hm²，5%~10% 的为 66.4 万 hm²，11%~20% 的为

30.27hm^2，21%~30%的为 19.47 万 hm^2，30%以上的为 12.6hm^2。北京市平谷区也发现局部二点委夜蛾为害严重的地块。2012 年和 2013 年，中国二点委夜蛾种群发生数量和为害程度稍降，但是，2014 年二点委夜蛾又一次大暴发，是继 2011 年之后的第二个暴发年。

近年来，二点委夜蛾在中国以黄淮海为主的夏玉米产区暴发，综合分析，其主要原因如下。

（一）黄淮海地区的小麦—玉米两熟种植区耕作管理新措施

黄淮海地处广大的华北平原，是中国典型的"小麦—玉米"两熟制种植区，小麦和玉米轮作是黄淮海地区主要的作物种植模式。近年来随着农业机械化水平的不断提高和环境保护意识的加强，上茬作物小麦秸秆焚烧已被禁止，而采用直接还田的新耕作模式。即在联合收割机收小麦后，直接将基本粉碎的麦秸留在地里。这种耕作管理措施大大减轻了农村劳动力的投入，并且还田的小麦秸秆自然腐烂后能提供大量的有机质，提高土壤有机肥力，为后茬作物的增产提供了条件。但是，这种作物耕作管理措施带来了一些病虫害的暴发，还田后的麦秸和麦糠，不仅给喜欢隐蔽、潮湿环境的二点委夜蛾提供了适宜的发生环境，而且自然堆肥条件下麦秸和麦糠中残留的麦粒等还给幼虫提供了大量的适宜食物。同时，这种特殊的小生境不仅有利于幼虫虫源积累和隐蔽发生，而且还给成虫产卵提供了适宜场所。田间调查表明，同一块玉米田，没有麦秸覆盖处基本不会发生该虫为害，而麦秸覆盖处往往有成群的幼虫聚集为害。这表明，二点委夜蛾正是近年来中国黄淮海地区"小麦—玉米"两熟种植区秸秆还田措施下引起的一种玉米新发重大虫害。

多年的小麦秸秆还田，使虫量大量累积，导致二点委夜蛾暴发。2005 年二点委夜蛾在河北中南部多个县（市）发生，近几年发生范围和为害程度都在逐渐扩大。毗邻河北省的山东省德州市宁津县在 2007 年已有严重为害报道。2008 年 7 月下旬，在河南省辉县市发现了二点委夜蛾成虫。2008 年，鹤壁市曾发生二点委夜蛾严重为害，由于当地技术员对该虫缺乏了解，将其当作地老虎进行防治。二点委夜蛾幼虫在麦秸和麦糠厚的隐蔽场所取食，高产麦田田间麦秸覆盖厚，为害重。近年来各地禁烧麦秸，为二点委夜蛾提供了良好的生存环境，虫源积累逐年加大。二点委夜蛾成虫繁殖力强，每头雌蛾可产卵数百粒，且孵化率高。此外，在济宁市农业科学院试验地首次发现了二点委夜蛾取食留在田间麦粒的胚、萌发的麦粒和自生苗；室内测定二点委夜蛾对玉米、大豆、花生和小麦萌发籽粒和幼苗的选择行为中，观测到了二点委夜蛾幼虫对萌发的麦粒趋性最强。因此，联合收割机收获后留在田间的麦粒萌发后是二点委夜蛾的嗜好食物，有利于该害虫的生长繁殖。

（二）成虫具有较强的迁飞扩散能力和生殖能力

尽管目前尚无明确证据表明二点委夜蛾是一种远距离迁飞性害虫，但室内飞行磨吊飞结果表明成虫具有较强的飞行潜力。初羽化（日龄）成虫在 12h 吊飞飞行中，最长可飞行 53.5km，飞行 11.2h，最大飞行速度可达 3.8 m /s。成虫在连续夜间吊飞条件下，最长可飞行 160km。这表明成虫的远距离传播为害能力较强。另外，黑光灯下成虫数量监测结果表明，在成虫发生季节，二点委夜蛾有着明显的蛾峰现象。据河北省正定县 2006 年和 2007 年黑光灯诱蛾结果，成虫有两个明显的蛾峰，7 月初前出现第 1 个蛾峰，7 月中下旬至 8 月上中旬间出现第 2 个蛾峰。这表明二点委夜蛾具有迁飞性害虫突增和突减的类似发生规律。而据河北省馆陶县（115.4° E, 36.5° N）植保站监测表明，成虫最早出现在每年的 4 月下旬，而正定县（114.6° E, 38.1° N）的成虫始见期往往要延后 1 个月左右。这种成虫在不同纬度地区发生时序上的差异（约 1 个世代）可能与其迁飞扩散行为有关。自 2005 年河北省首次发现二点委夜蛾以来，其发生为害迅速向黄淮海广大地区蔓延，目前，南至安徽省和江苏省北部，北到河北省北部，均有该虫的发生为害。这种快速的蔓延为害速度可能与其迁飞扩散行为习性有关。近年来，中国农业科学院植物保护研究所设置在延庆县的昆虫雷达也能监测到二点委夜蛾的空中迁飞行为。这些结果均表明，二点委夜蛾可能具有远距离迁飞扩散能力，但要确定其迁飞行为习性和规律，还需要系统研究其生物学特性、生态学基础并进一步结合田间越冬规律、不同地区发生规律与虫源关系以及成虫标记监测（分子标记和雷达监测）技术等研究确定。

另一个导致二点委夜蛾暴发成灾的主要原因是其成虫具有较强的生殖能力。对成虫产卵、交配能力以及卵的孵化能力等研究表明，在雌雄配对饲养条件下，平均单雌产卵量可达 300~500 粒，产卵可持续 3~7d，而卵的孵化率接近 100%。田间成虫可见期长达 2~3 个月，较长的产卵时间、较高的成虫产卵量和卵孵化率均为种群的积累提供了条件，不仅导致田间世代重叠，而且还引起暴发成灾。

（三）缺乏天敌控制和幼虫抗逆能力强

由于二点委夜蛾幼虫常常隐蔽在直接还田的麦秸和麦糠底层或在地表 1~2cm 的浅土层中，幼虫老熟后可利用麦秸或在土层中吐丝结茧，形成蛹室，很容易躲避天敌的控制。田间天敌调查也尚未发现有捕食性或寄生性天敌。因此，缺乏天敌的自然控制作用也是导致二点委夜蛾暴发成灾的主要因素之一。田间调查还发现，在夏玉米生长中后期，二点委夜蛾已不在玉米根基部为害，常在自然腐烂的麦秸和麦糠中完成生活史，其生活环境中微生物种类繁多，还有多种地下害虫在同一生态位上竞争，但二点委夜蛾幼虫生长发育良好，不同龄期的幼虫均可在腐烂的麦秸和麦糠中生存，因此，其幼虫的抗逆能力较强。

（四）幼虫为害取食隐蔽且防治措施复杂

由于二点委夜蛾特殊的隐蔽发生与为害特征，导致对其幼虫为害的监测较为困难。幼虫为害状主要发生在夏玉米生长的 5~7 叶期以前，且多发生根基部，叶片无明显的取食为害症状。但在未发现作物为害症状之前，并不等于田间无幼虫发生。大量的幼虫常在麦秸或地表下以残留的麦粒或幼嫩的次生苗为食物，积累虫源，从而造成后期的暴发成灾。而随着玉米苗的生长，幼虫已很难产生为害，但此时田间的麦秸和麦糠中仍然有大量幼虫发生。因此，即使在未发现为害的玉米苗期以及玉米生长中后期，也要加强对二点委夜蛾幼虫的监测。防治方面，传统的药液喷雾防治并不能对隐蔽在麦秸下的幼虫产生良好的防治效果，而借鉴地下害虫撒毒土防治措施也很难穿过厚厚的麦秸层触杀害虫，防控难度非常大。同时，田间明显的世代重叠和不同龄期的幼虫共存也在一定程度上影响了防治适期的选择，从而影响了防治效果。目前，中国对该虫的防治主要采用药剂喷淋根部、撒施毒土和药剂随水浇灌等方法，在取得较好防治效果的同时，也增加了农药用量和劳动力成本。因此，二点委夜蛾监控的困难性和复杂性以及对该害虫为害规律认识的不足也在一定程度上影响了其防控效果。

（五）监测系统不完善

二点委夜蛾是玉米上的新害虫，最初只在河北省和山东省有为害报道。黄淮海夏玉米区除河北省在 2011 年 6 月下旬发出二点委夜蛾有可能暴发的预警外，其他各省（区）由于没有该害虫为害记录，且幼虫也具假死性，受惊后蜷缩呈"C"字形，与地老虎相近，同时也为害幼苗根茎部，易与地老虎混淆。因此，2011 年二点委夜蛾在各地相继暴发后，一些县（市）是以地老虎或黄地老虎为害发出防治通报的。

由于对二点委夜蛾发生为害规律缺乏了解，很多基层植保和科研部门对其成虫、幼虫的生物学习性不够了解，在防控上出现盲区，发现严重为害时已经错过最佳防治时期。

（六）其他因子

气候因子也会影响二点委夜蛾发生。白雪峰等（2012）试验发现，二点委夜蛾幼虫对高温、干燥的抵抗能力较差，不能长时间暴露在阳光下。幼虫对水的耐受性较强。江幸福等（2011）认为二点委夜蛾受精卵在较高的湿度条件下（80%以上）卵孵化率可达100%。可见，二点委夜蛾喜欢阴暗、潮湿的环境，对高温、干旱和阳光直射的环境条件耐性较差。根据二点委夜蛾在安徽省的发生规律来看，主害代卵孵盛期为6月下旬，2011年6月下旬安徽省淮北北部降雨偏多（1~5成），田间潮湿有利于二点委夜蛾卵孵化和幼虫为害；2012年6月下旬淮北地区降水偏少（1~9成），特别是21—23日淮北大部分地区连续3d出现35℃以上的高温天气，高温、干旱的气候条件不利于二点委夜蛾卵孵化和幼虫存活。

幼虫对高温敏感。姜京宇等（2011）发现，2011年8月夏季室内饲养时曾发生停电1d的情况，二点委夜蛾幼虫一部分死亡。然而在田间自然状况下，因为有麦田覆盖物作为其保护伞，因此，虽然主害代的6月下旬至7月上旬正是全年的最高温时段，特别是2009年和2010年气温偏高，极端高温达到了41~43℃，但是，连续多日35℃以上的气温并未造成幼虫死亡。大暴雨也不影响幼虫的死亡，如2011年7月1—3日连续降雨，调查时未发现幼虫虫口减退。田间湿度大，有利于该虫的发生。2011年玉米苗期雨水充沛，6月21—24日普降雨水30~90mm，夏玉米区下透雨，此时正值二点委夜蛾的产卵期；7月1—3日降雨30~110mm，营造了潮湿的环境，有利于幼虫的发生。据调查，早套玉米先于贴茬玉米出现虫情；高产地块麦秸量大，发生重；苗前施用杀虫剂封闭地面的地块，发生轻；低洼地发生重，如廊坊市仅大城和文安2个县发生。

二、为害历程和发生特点

（一）为害历程

二点委夜蛾自2005年被发现为害黄淮海夏玉米以来，至2011年出现了第一个为害高峰，2012年和2013年发生程度稍稍减弱，但是，2014年又出现了第二个为害高峰。

该虫自2005年被发现后，经对保定的安新，邯郸的曲周，邢台的巨鹿，石家庄的正定、藁城、栾城等地夏玉米田调查，均有该虫发生。主要以幼虫躲在玉米幼苗周围的碎麦秸下或在2~3cm土层中，一般一株有虫1~2头，多的达10~20头。

2005年核实有安新、曲周、正定、藁城、栾城、饶阳等几个县发生，涉及保定、邯郸、石家庄、衡水等地区。2006年仅有石家庄的正定、辛集和深州调查到该虫发生为害；2007年发生范围扩大，邢台发生3万多hm²，邯郸、衡水发生超过6万hm²。幼虫均在6月底至7月底为害玉米苗期。2007年山东科技报7月30日报道宁津县玉米田也发生了严重的二点委夜蛾虫害。2008年发生范围比上年略有扩大。2009年发生在河北省南部夏玉米区，发生范围比2008年略有扩大，发生程度进一步加重。为害株率一般1%~5%。2010年，经在河北省进行综合普查，该虫在邯郸、邢台、沧州、衡水、石家庄、保定等河北省中南部玉米产区均有发生，局部地区发生严重，田间为害率有的达到30%~50%。其中邢台市发生尤其普遍和严重。据初步统计，发生面积5hm²，占夏玉米播种面积的20%以上，已经成为当地玉米的重要虫害。从隆尧县二点委夜蛾成虫调查情况来看，6月中旬以后，佳多测报灯诱蛾较多，6月16—27日，单灯诱蛾达1 299头，其中，20日183头，21日355头，25日后诱蛾量减至60头以下。总之来看，2010年，在河北南部夏玉米区偏重发生，比上年重，以点片发生为主，被害玉米植株在田间呈倾斜或倒伏状，严重的造成幼苗枯死。总体看，该虫发生为害程度逐年加重。

2011年，二点委夜蛾在河北省夏玉米区全面暴发。河北省科技厅组织河北省农林科学院、河北省植保植检站、河北农业大学等科技人员对该害虫进行攻关研究，各地植保站对该虫进行了系统监测。据馆陶、隆尧、赵县、宁晋、正定等县（市）植保站测报灯观察，2011年该虫发生时间早，蛾量大，历期长，为害时间提前。部分县从6月10日就进入成虫盛发期，单灯日诱蛾量达1 000头以上，比2010年同期高10倍以上。6月22日田间始见幼虫，26日开始为害玉米幼苗。成虫发生有如下特点：始见早。4月中下旬各地始见成虫，蛾量较低，单日诱蛾10头以下；峰期长，6月8—10日各发生地蛾量突增，高峰期一直持续到6月底；7月1—2日，单日诱蛾量下降；数量高，临西县调查，6月10日蛾量突增至单日灯诱200~500头，其中，6月22日达最高峰，单灯日诱蛾1 235头。隆尧县调查截至7月6日，单灯累计诱蛾8 114头。

2012—2013年，黄淮海夏玉米产区二点委夜蛾发生为害有所减轻，但是，李怡萍等（2013）在陕西第一次监测到了该虫的发生和分布。2012年，二点委夜蛾在山东省17个地市均有发生，其中烟台发生最重，平均虫口密度为

3.25 头 / m²，其次是潍坊、临沂、莱芜和聊城，平均虫口密度分别为 1.87、1.77、1.74 和 1.62 头 / m²，而发生量最少的地区集中在日照、滨州、威海、青岛和枣庄等地，地域分布没有明显的特征。相比 2011 年山东省植保总站的调查统计发现，2012 年全省二点委夜蛾的发生范围有所扩大，说明整个山东省都是二点委夜蛾的适生区。从山东全省二点委夜蛾调查发现，在 6 月底至 8 月下旬，也就是夏玉米生长期间，二点委夜蛾栖息在夏玉米、大豆田间或地头的麦秸或者杂草里，栖息地发生量相对较大；而秸秆未还田的玉米田块里则相对较少；一般情况下，有秸秆的玉米田、大豆田均能发现二点委夜蛾幼虫。可见，只要温度条件适宜，有小麦秸秆还田的地区就有可能发生二点委夜蛾，也预示着这种害虫具有较强的扩散性。

2014 年二点委夜蛾的第二次高峰期里，主要表现为：一是发生期早。据河北省正定、高邑、鹿泉等地的佳多虫情测报灯调查，一代成虫 5 月 28 日始见，6 月 6—10 日出现第一个诱蛾高峰，据此预测为害将提前至 6 月下旬，比常年早 6~8d。二是发生面积大。据石家庄市植保部门 7 月 1—4 日普查，全市二点委夜蛾发生面积 181.4 万亩，占玉米种植面积的 42%，是发现二点委夜蛾以来第二个大发生年份。区域间发生程度轻重不一，元氏、高邑、赵县、栾城、赞皇发生较重，其他县发生相对较轻。三是虫量高。据全市普查，一般百株虫量 20~50 头（高于 2011 年的 15~20 头），最高百株虫量 340 头（高邑），比大发生的 2011 年的 220 头还高 120 头，最高单株虫量 24 头（赵县），明显高于 2011 年的单株虫量 17 头。四是为害重。田间幼虫龄期不整齐，以 3 龄以上为主。一般被害田率 5% 左右，发生重的县（市）田块被害率达到 30%，缺苗断垄率达到 33%，部分地块已毁种。

（二）发生特点

1. 发生时期与夏玉米苗期吻合

二点委夜蛾全年发生主要以 6 月底至 7 月上旬夏玉米苗期为害严重，其他时间在玉米及其他作物田均未发现明显为害。2011 年 7 月 4—7 日田间调查，夏玉米田发生较重地块一般有虫株率为 15%~20%；单株有虫 2~6 头，最高达 11 头；部分地块幼苗受害较重，出现缺苗断垄现象。从田间调查情况看，二点委夜蛾发生为害主要呈现以下 3 个特点：局部暴发。二点委夜蛾田间发生呈区域性、点片状，表现为局部区域、地块发生重。2010 年 7 月上旬在安新县安州镇独连村局部重发，其他区域发生为害轻。2011 年 7 月上旬田间调查，安新县大王镇北六村、芦庄乡杨桥村等部分地块发生较重；同期大面积普查，相邻镇、村以及同一个村落不同区域发生较轻，未发现严重发生的地块。二点委夜蛾发生区域间差异较大，局部暴发特征较为明显；选择性强。二点委夜蛾主要发生在田间麦秸、麦糠残留覆盖多的地块或垄，残留覆盖少的地块或垄发生较轻。2011 年调查发现，同一区域内，小麦产量为 5 250kg/hm^2，且播种时进行旋耕灭茬，地表秸秆残留覆盖少的地块，基本无二点委夜蛾为害；而产量 >7 500 kg/hm^2，田间麦秸和麦糠残留覆盖多的地块，二点委夜蛾发生为害较为严重。即使同一地块，麦秸、麦糠覆盖多的垄发生重，覆盖少的垄发生轻。同一地块田间调查，麦秸覆盖多的行，幼苗平均被害株率达 28%；覆盖少的行，平均被害株率为 1%，差异较为明显；为害严重。二点委夜蛾主要在玉米幼苗期，钻蛀幼苗根茎或咬食根部为害，致玉米幼苗心叶枯死或倒伏，造成缺苗断垄。二点委夜蛾发生较重的地块，植株被害率达 15%~20%；单株虫量少则 2~3 头，一般为 4~6 头，多者达十几头，呈聚集为害，若玉米苗在 4 叶前受害，死苗率可达 100%。

2. 发生隐蔽与转主为害

姜京宇等（2011）田间系统调查结果表明，幼虫在低龄期首先躲藏在麦秸和麦糠中或是覆盖物下的土表，并不为害玉米苗，3 龄后向玉米苗根周围集中。邢台市植保站 6 月 27 日在平乡县郝庄村调查发现，玉米苗百株有虫 30~40 头，以 1~2 龄为主，没有发现为害症状；7 月 7 日在南和、平乡和隆尧等县调查，玉米苗开始受害，个别点出现死苗情况，幼虫以 3 龄为主。幼虫有聚集性，单株玉米苗有虫一至十几头不等。但虫龄不整齐，大小混合。玉米株上有虫时，在垄间的麦秸和麦糠中以及下边同时也可查到幼虫。2011 年 7 月 7 日在武邑县普查发现，百株玉米苗平均有虫 4 头，单株有虫量最高达 3 头；垄外单位面积平均有虫量为 0.62 头 /m^2，最高为 5 头 /m^2。幼虫白天也进行为害。在为害了有麦秸和麦糠围着的玉米苗后，大龄幼虫会向没有覆盖物的其他玉米株转移。研究发现，二点委夜蛾幼虫有转株为害的习性，1 个幼虫可连续为害 8~10 株，田间连续为害多株时会造成缺苗断垄。

3. 寄主作物种类多

2012 年，山东省农业科学院植物保护研究所，从 7 月中旬至 9 月下旬不连续的全省田间调查来看，二点委夜蛾在山东全省境内普遍发生，大部分地块发生不重，菏泽巨野田桥镇、烟台海阳凤城镇、烟台莱州平里店镇、临沂莒南县相邸镇、聊城高唐镇虫口密度较大，平均虫口数为 5.40、4.58、3.75、3.67 和 3.40 头 / m^2，其中菏泽巨野县田桥镇大豆田虫量最大，最高 8 头 / m^2。二点委夜蛾高发区均为秸秆还田地块或者地块周边有杂草堆积。除玉米田外，二点委夜蛾也发生在其他作物田中，在青岛胶南铁山镇桃树底下的 10 m² 小麦秸秆中共发现 8 头二点委夜蛾，菏泽巨野、济宁市任城前茬小麦的大豆田中以及莱芜市莱城区大王镇花生田花生秧下也发现有二点委夜蛾幼虫。二点委夜蛾成虫活动敏捷，一般贴近地面飞行。调查发现，8 月 30 日，枣庄滕州东沙河镇成虫数量较大，据目测，10 m² 田块共发现了 12 头成虫，占总调查虫量的 67%，由于调查中成虫大部分是飞行的，记录的数据不能代表真正的田间调查实际值。但是，成虫的大量出现表明 8 月底枣庄滕州二点委夜蛾正处于成虫高发期。

2014 年，在沧州地区玉米二点委夜蛾发生和为害情况调查中发现：在南大港农业科学研究所试验场，二点委夜蛾幼虫在同时播种的玉米、大豆、高粱田均有分布，密度为 16~20 头 /m²，经 7 月 9 —11 日大雨后，幼虫密度减到 1~2 头 /m²，不同作物间差异不大。各作物田的幼虫消长规律也基本一致。说明二点委夜蛾趋向小麦和秸秆还田的麦秸营造的具有遮阳的生态环境，与夏播作物的种类无关。但是，3 种作物的受害率则有明显不同。玉米植株受害率 10%~12%，而高粱、大豆未见受害。玉米田在 7 月 6 日统一使用毒饵进行了防治，尽管虫量没有显著减少，但是玉米被害株率未再继续增大。在调查中，发现麦秸围棵的玉米受害苗周边幼虫比垄间多，而麦秸围棵的高粱和大豆幼苗周边虫量与垄间差不多。高粱和大豆幼苗田内幼虫虽未取食植物，但虫体发育依然正常。调查发现，二点委夜蛾在田间可以取食膨胀的麦粒和萌发的麦苗。曾发现一个麦穗上有 12 头幼虫在取食，也发现幼虫取食潮湿腐烂的麦秸和麦秸下幼嫩的杂草。说明二点委夜蛾在麦秸下具有丰富麦粒、潮湿的植物残体及腐败物等适生环境中能够正常存活，具有较强的兼腐食能力，当田间有夏播作物时，相比高粱和大豆，更趋向于取食玉米。在二点委夜蛾为害普查中，发现一分区西庄大队农田受害重，其中一块田玉米受害率达到 25%~30%，调查田块最高虫量达到 45 头 /m²。在该区内二点委夜蛾幼虫最高密度达 100 头 /m²，造成局部夏玉米缺苗断垄。该田块 7 月 6 日也进行了毒饵防治，被害率没有继续增加，说明毒饵防治有效。另外，7 月 9—11 日连续降雨，雨量累计达 53mm，12 日调查发现幼虫数量显著减少。

4. 为害玉米多个部位

2013 年，马继芳等（2013）在河北省农林科学院粮油作物研究所藁城试验站玉米田正常直立的玉米上发现二点委夜蛾为害雌穗。幼虫在苞叶内啃食籽粒、穗轴及花柱。此次发现二点委夜蛾在玉米地中部为害，分布呈小片状。在直径 3~4m 的范围内调查了 65 株玉米，其中，36 株受到二点委夜蛾幼虫为害，被害株率55.4%，有虫雌穗内有4~5龄幼虫1~3头，剥开苞叶可见虫，大多为害花柱，少部分半钻蛀果穗，咬食玉米籽粒，或在苞叶与苞叶缝隙间、叶鞘与茎秆间隙处藏匿。同时，在该处地表调查，在残留的麦秸下发现5头幼虫。观察发生为害地块的生态环境，并未发现与其他玉米田有明显不同。以前报道二点委夜蛾为害玉米幼苗、钻蛀茎秆。本次发现其为害正常直立的玉米雌穗，属于首次确定其在玉米上的新为害部位。之前马继芳等曾在该地玉米收获时发现倒伏的玉米植株下有大量二点委夜蛾幼虫，并在雌穗内啃食玉米粒。当时以为是由于二点委夜蛾喜欢隐蔽潮湿的生态环境，玉米倒伏正好创造了适宜其隐蔽栖息的场所而产生的雌穗受害现象。2012年，河北省农林科学院粮油作物研究所藁城堤上试验站的夏玉米倒伏严重，10月8日调查发现，二点委夜蛾幼虫在田间呈聚集式分布。倒伏玉米植株下的地面、近地面叶片上、玉米苞叶内均可见高龄幼虫存在，成熟玉米籽粒被咬食。被咬食的既有穗上部中期败育、质地较松软的籽粒，也有穗中下部发育良好、质地较硬的籽粒，有的籽粒顶部被咬去，有的被咬成缺刻或孔洞。田间共调查了10个样点，每点1 m²，平均有虫5头/m²。

三、综合防控措施

（一）加强种群监测

根据二点委夜蛾的发生特点，在小麦收获前开始利用测报灯观测二点委夜蛾成虫动态，夏玉米出苗后及时进行幼虫数量以及玉米被害情况调查，逐步积累气象条件、成虫早期发生量和幼虫发生量等的相关数据和预测经验，建立适合二点委夜蛾发生的预测预报技术，及时发布二点委夜蛾发生趋势，指导防治。

（二）农业措施

麦收后灭茬，减少成虫产卵，破坏幼虫栖息地。通过室内饲养及产卵习性观察，发现成虫喜在麦秸上或麦秸覆盖的土壤上产卵，幼虫喜栖息在麦秸或麦糠下，并喜食田间洒落的发芽麦粒。田间调查结果表明，白茬地、麦秸清除或旋耕过的田块很少有该虫为害；灭茬地、秸秆清除出去的地块虫口密度低。在山东省济宁市农业科学院试验地灭茬田枯心苗率为4.8%，而未灭茬的田块枯心苗率为26.2%；田间秸秆覆盖度高的垄虫口密度大。因此，麦收后播前使用灭茬机或浅旋耕灭茬后再播种玉米，可有效减轻二点委夜蛾为害，也可提高玉米的播种质量，苗齐苗壮。

（三）物理措施

二点委夜蛾成虫具有很强的趋光性，可设置杀虫灯对成虫进行诱杀。玉米产业体系石家庄试验站提供的数据表明，石家庄站利用频振式杀虫灯于2011年6月20日晚诱到二点委夜蛾成虫411头，21日晚诱到806头，22日晚诱到903头。王振营等（2012）于2011年7月25—27日在保定市定兴县连续3晚利用高压汞灯进行诱蛾试验，每晚诱集的二点委夜蛾成虫大于1 000头。从石家庄试验站利用不同波段的杀虫灯诱虫效果看，360nm左右波段的诱虫效果最好。在二点委夜蛾成虫发生期，可利用杀虫灯大面积诱杀，降低虫源基数，减轻为害。

（四）化学防治

从室内生测结果来看，有机磷农药毒死蜱、辛硫磷对二点委夜蛾防治效果较好，校正死亡率分别为83.3%和86.7%；高效氯氰菊酯处理防治效果最差，校正死亡率仅为33.3%；阿维菌素和高效氯氰菊酯混合处理校正死亡率为66.7%。从用药方式方面来讲，主要方法有喷雾、毒饵、毒土、灌药等，其中，喷雾的效果仅仅次于田间大水浇灌灭虫，显著高于对根部喷药的方式。

1.撒毒饵

用炒香的麦麸或棉籽饼拌药处理做成毒饵。如亩用克螟丹150g加水1kg拌麦麸4~5kg，顺玉米垄撒施。亩用4~5kg炒香的麦麸或粉碎后炒香的棉籽饼，与对少量水的90%晶体敌百虫，或用48%毒死蜱乳油500g拌成毒饵，于傍晚顺垄撒在玉米苗边。

2.毒土

制成毒土撒施。亩用80%敌敌畏乳油300~500ml拌25kg细土，于早晨顺垄撒在玉米苗边，防效较好。或用毒砂熏蒸（用25kg细砂与敌敌畏200~300ml加适量水拌匀，于早晨顺垄施于玉米苗基部）的方法，有一定防治效果。如果虫龄较大，可适当加大药量。50%辛硫磷随水浇灌和毒土围棵撒施均可取得较好防治效果。

3.灌药

随水灌药，亩用50%辛硫磷乳油或48%毒死蜱乳油1kg，在浇地时灌入田中。或药液灌根可用2.5%高效氯氟氰菊酯或农喜3号1 500倍液，适当加入敌敌畏会提高效果。

4. 喷雾

使用 4% 高氯甲维盐稀释 1 000~1 500 倍喷雾，或用 10~20ml/15kg 水进行喷雾，施药要点：水量充足。一般每亩地用水量为 30kg（两桶水），全田喷施，对玉米幼苗、田块表面进行全田喷施，着重喷施。喷施农药时，要对准玉米的茎基部及周围着重喷施。或者将喷头拧下，逐株顺茎滴药液，或用直喷头喷根茎部，药剂也可选用 48% 毒死蜱乳油 1 500 倍液、30% 乙酰甲胺磷乳油 1 000倍液，或用 4.5% 高效氟氯氰菊酯乳油 2 500 倍液。药液量要大，保证渗到玉米根围 30cm 左右的害虫藏匿的地方。

综合来看，在重发田可采用随水浇灌 50% 辛硫磷 15kg/hm^2，防治效果最好；采用播种后出苗前辛硫磷毒土播种沟内撒施，保苗效果较好。播后发生为害，可采用毒土、毒饵围棵保苗或有机磷类药剂围棵喷灌保苗，效果好过全田喷雾，药剂用量较少，对环境友好。

本章参考文献

白雪峰，李国强，刘书义，等 .2012. 二点委夜蛾的生物学特性研究初报 [J]. 中国植保导刊，32（1）：31-32，16.

高文臣，魏宁生，吴云峰 . 1999. 甘蔗花叶病毒 MDB 株系传播特性的研究 [J]. 北京师范大学学报（自然科学版），35（1）：97-101.

江幸福，姚瑞，林珠凤，等 .2011. 二点委夜蛾形态特征及生物学特性 [J]. 植物保护，37（6）：134-137.

姜京宇，李秀芹，刘莉等 .2011. 河北省二点委夜蛾的发生规律研究 [J]. 河北农业科学，15（10）：1-3.

雷屈文，李旻，丁元明，等 .2013. 泰国进口玉米种子玉米褪绿斑驳病毒的检测 [J]. 华中农业大学学报，32（6）：51-54.

李莉，王锡锋，郝宏京，等 . 2004. 甘蔗花叶病毒在玉米种子中的分布及其与种子传毒的关系 [J]. 植物病理学报，34（1）：37-42.

李怡萍，李伯辽，陆俊娇，等 .2013. 陕西首次发现二点委夜蛾 [J]. 植物保护，39（6）：193-194.

刘洪义，刘忠梅，张金兰，等 .2011. 进境玉米种子中玉米褪绿斑驳病毒的检测鉴定 [J]. 东北农业大学学报，42（10）：36-40.

吕香玲，李新海，郝转芳，等 . 2007. 基于近等基因导入系发掘玉米抗甘蔗花叶病

毒主效基因 [J]. 玉米科学，15（3）：9–14.

马继芳，张全国，杨利华等. 2013. 二点委夜蛾在玉米上新为害部位的确定 [J]. 中国植保导刊，33（11）：43–44.

马占鸿，李怀方，裘维蕃，等. 1997. 玉米种子携带 MDMV 的检测 [J]. 玉米科学（2）：72 –76.

马占鸿，周广和. 1998. 玉米种子中矮花叶病毒分布部位的研究 [J]. 中国农业大学学报（S1）：27–30.

马占鸿，李怀方，范在丰，等. 1998. 影响麦二叉蚜传播玉米矮花叶病毒效率的因素分析 [J]. 植物保护学报（1）：46 –50.

沈建国，郑荔，王念武，等. 2011. 福建口岸首次截获玉米褪绿斑驳病毒和玉米矮花叶病毒 [J]. 植物检疫，25（5）：95.

王海光，马占鸿. 2003. 玉米花粉传播 SCMV 的遗传学鉴定 [J]. 作物杂志（5）：11–12.

王振营，石洁，董金皋. 2012. 2011 年黄淮海夏玉米区二点委夜蛾暴发为害的原因与防治对策 [J]. 玉米科学，20（1）：132–134.

席章营，张书红，李新海，等. 2008. 一个新的抗玉米矮花叶病基因的发现及初步定位 [J]. 作物学报，34（9）：1 494–1 499.

谢浩. 1983. 小麦线条花叶病毒的发生与防治 [J]. 新疆农垦科技（3）：5–10.

于洋，何月秋，李旻，等. 2011. 玉米致死性坏死病研究进展 [J]. 安徽农业科学，39（20）：12 192–12 194，12 266.

赵明富，黄菁，吴毅，等. 2014. 玉米褪绿斑驳病毒及传播介体研究进展 [J]. 中国农业科技导报，16（5）：78–82.

Adams I P, Miano D W, Kinyua Z M, et al. 2013. Use of next - generation sequencing for the identification and characterization of Maize chlorotic mottle virus and Sugarcane mosaic virus causing maize lethal necrosis in Kenya[J]. Plant Pathology, 62(4): 741–749.

Bockelman D L, Claflin L E, Uyemoto J K. 1982. Host range and seed–transmission studies of maize chlorotic mottle virus in grasses and corn[J]. Plant disease, 66(3): 216–218.

Brandes E W. 1920. Artificial and insect transmission of sugarcane mosaic[J]. Journal of Agricultural Research, 19 : 131–138.

Castillo J, Hebert T T. 2003. Nueva enfermedad virosa afectando al maiz en el Peru[J]. Fitopatologia, 38(4): 184–189.

Castillo J, Hebert T T. 1974. A new virus disease of maize in Peru[J]. *Fitopatologia*, 9(2): 79–84.

Deng T C, Chou C M, Chen C T, et al. 2015. First Report of Maize chlorotic mottle virus on Sweet Corn in Taiwan[J]. Phytopathology, 105(7): 956–965.

Eberhart S A. 1983. Developing virus resistant commercial maize hybrids[R]//International Maize Virus Disease Colloquium and Workshop, Wooster, Ohio (USA), 2–6 Aug 1982. Ohio Agricultural Research and Development Center.

Ford R E, Tosic M. 1972. New Hosts of Maize dwarf mosaic virus and Sugar-cane mosaic virus and a Comparative Host Range Study of Viruses infecting Corn[J]. Phytopathology, 75 : 315 –348.

Jensen S G, Wysong D S, Ball E M, et al. 1991. Seed transmission of maize mottle virus[J]. Plant Disease, 75 : 497–498.

Jensen S G. 1985. Laboratory transmission of maize chiorotic mottle virus by three species of corn rootworms[J]. Plant Disease, 69 : 864–868.

Jensen S G. 1979. Laboratory transmission of maize chlorotic mottle virus by rootworms[J]. Phytopathology, 69 : 1 033.

Jiang X Q, Meinke L J, Wright R J, et al. 1992. Maize chlorotic mottle virus in Hawaiian-grown maize : vector relations, host range and associated viruses[J]. Crop Protection, 11（3）: 248–254.

Jones R A C, Coutts B A, Mackie A E, et al. 2005. Seed transmission of Wheat streak mosaic virus shown unequivocally in wheat[J]. Plant Disease, 89 : 1 048–1 050.

Louie R. 1980. Sugarcane mosaic virus in Kenya[J]. Plant Disease. 64 : 944–947.

Mcmullen M D, Jones N W, Simcox K D, et al. 1994. Three Genetic Loci Control Resistance to Wheat Streak Mosaic Virus in Maize Inbred Pa405[J]. Molecular Plant Microbe Interactions, 7（6）: 708–712.

Messieba M. 1967. Aphid transmission of maize dwarf mosaic virus[J]. Phytopathology, 57 : 956–959.

Mike M A, D'Arcy C J, Fkrd R E. 1984. Seed Transmission of Maize Dwarf Mosaic Virus in Sweet Corn[J]. Journal of Phytopathology, 110 : 185–191.

Murry L E, Elliott L G, Capitant S A. 1993. Transgenic corn plants experessing maize dwarf mosaic virus strain B coat protein are resistant to mized in2 fectionsof maize dwarf mosaic virus and maize chlorotic mottle virus[J]. Bio Technology, 11: 1 559–1 564.

Nault L R, Gordon D T, Gingery R E, et al. 1979. Identification of maize viruses and mollicutes and their potential insect vectors in Peru[J]. Phytopathology. 69 : 824−828.

Nault L R, Styer W E, Coffey M E, et al. 1978. Transmission of maize chlorotic mottle virus by chrysomelid beetles[J]. Phytopathology, 68 : 1 071−1 074.

Nault L R. 1982. Update on perennial corn discovery crops and soils[J]. Magazine, 34 (6): 10−13.

Nault L R, et al. 1978. Transmission of maize chlorotic mottle virus by Chrysomelid beetles[J]. Phytopathology, 68 : 1 071−1 074.

Niblett C L, Claflin LE. 1978. Corn lethal necrosis: a new virus disease of corn in Kansas[J]. Plant disease Reporter, 62 : 15−19.

Phillips N J, Uyemoto J K, Wilson D L. 1982. Maize chlorotic mottle virus and crop rotation : Effect of sorghum on virus incidence[J]. Plant Disease, 66 : 376−379.

Scheets K. 1998. Maize chlorites mottle Machlomovirus and wheat streak mosaic removers concentrations increase in the synergistic disease corn lethal necrosis[J]. Virology, 242 : 28−38.

Stenger D C, Young B A, Qu F, et al. 2007. Wheat streak mosaic virus lacking helper component−proteinase is competent to produce disease synergism in double infections with Maize chlorotic mottle virus[J]. Phytopathology, 97 : 1 213−1 221.

Uymeoto J K. 1983. Biology and Control of Maize Chlorotic Mottle Virus[J]. Plant Disease, 67 : 7−10.

Uymeoto J K. 1982. Corn Lethal Necrosis : Disease Symptoms, Control, and Epidemiology Consideration [R] // Gordon D R, Knoke J K, Nault L R, et al. Proceedings International Maize Virus Disease Colloquium and Workshop[J]. Wooster : The Ohio State University, Ohio Agricultural Research and Development Center, 266.

Uymeoto J K. 1983. Biology and control of maize chlorotic mottle virus[J]. Plant Disease . 67 : 7−10.

Uymeoto J K, Bockelman D L. Claflin L E.1980. Severe outbreak of corn lethal necrosis disease in Kansas[J]. Plant Disease, 64 (1): 99−100.

Wang A W, Redinbaugh M G, Kingyua Z M, et al. 2012. First report of maize chlorotic mottle virus and maize lethal necrosis in Kenya[J]. Plant Disease, 96 (10): 1 582.

Xie L, Zhang J Z, Wang Q, et al. 2011. Characterization of Maize chlorotic mottle virus associated with maize lethalnecrosis disease in China[J]. Phytopathology, 159 : 191−193.